KB213188

제3의 눈

제3의 눈

김용호 지음

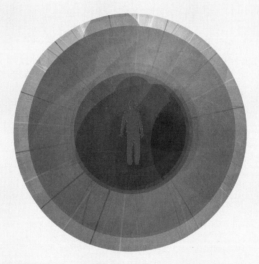

시선의 변화와 문명의 대전환

돌베
개

시선의 변화로 문명의 전환을 읽다

이 책에서는 다양한 학문 분야의 이론들이 인용되고 있다. 물리학을 비롯한 자연과학의 여러 이론들로부터, 언어학 등의 인문사회과학 이론들, 그리고 일부 철학 이론들도 인용된다. 종교나 신화, 동화도 과학 이론 못지않게 중요한 전거로 인용되기도 한다.

이런 방식의 저술에 대해 요새는 '통섭의 학' 혹은 '크로스오버학'이라 부르는 듯하다. 그러나 필자는 분과 학문들 간에, 나아가 과학·종교·예술 간에 통섭해야 할 구획이나 크로스오버해야 할 장벽을 크게 느끼지는 않는다. 장벽을 느낀다면 분과 학문들 사이에서보다는 오히려 '다른 시선들' 사이에서 더 크게 느낀다. 어떤 시선을 갖느냐는 어떤 사물이 보이고 어떤 의미가 지각되느냐를 상당 부분 결정한다. 따라서 시선이 다르면 같은 분과 학문 내에서도 대화하기가 어렵다.

미국의 물리학자 월드롭(Mitchell Waldrop)은 그의 저서 『카오스에서 인공생명으로』에서 혼돈 이론의 센터인 '산타페 연구소'가 세워지는 과정에 대해 기술한다. 여기에 모인 여러 전공의 자연과학자들과 사회과학자들은 다른 분과의 주요 개념만 알면 서로가 같은 얘기를 하고 있다는 발견에 도달한다. 그 이유는 간단하다. 그들은 시선을 공유하고 있기 때문이다. 시선이 같으면 분과의 벽은 간단히 무너진다.

오늘날 우리는 시선의 거대한 변화를 경험하고 있다. 20세기 초부터 시작된 과학혁명은 낡은 시선이 전적으로 새로운 시선으로 대체되는 과정이다. 이 책은 현재의 과학혁명을 '시선의 변화', 나아가 '새로운 눈의 탄생'으로 이해한다.

여기서 말하는 '시선의 변화'란 '관점의 변화'와는 다른 것이다. 관점의 변화는 이론들 간의 차이, 혹은 입장의 차이를 낳는 데 그친다. 반면 시선의 변화는 세상을 보는 방식이 근본적으로 변화한다는 것을 의미한다. 과학사에서 말하는 패러다임 전환 이상의 변화다. 이 정도면 '세상을 바라보는 새로운 눈이 생겼다'고 해야 적절하다. 현재의 과학혁명을 새로운 눈의 탄생으로 이해한다는 것은 인류에게 아주 낯선 새 시선이 생겨났다는 것을 의미하며, 그 파급효과는 과학뿐 아니라 인류사 전체에 미칠 수 있다.

통상 현재 진행되는 과학혁명은 서구 근대의 고전과학이 현대과학으로 바뀌는 정도로 이해되어왔다. 그 정도면 패러다임의 전환이라고 할 수 있다. 그러나 시선의 변화로 이해한다면 다음과 같이 표현할 수 있다. 낡은 과학과 철학은 '두 눈'의 시선에 근거한 것이고, 새로운 과학과 철학은 필자가 '제3의 눈'이라고 부르는 아주 새로운 시선에서 생겨난 것이다.

이 새로운 과학적 시선을 구체적으로 점검해보면, 현 과학혁명은 과거 인류가 지속적으로 견지해왔던 두 눈 시선의 변화를 강력하게 암시한다는 점을 알 수 있다. 인류의 얼굴 정면에 위치한 두 눈은 입체시(立體視)를 낳았고, 입체시는 사물의 거리와 부피를 분명히 지각함으로써 사물을 있음과 없음으로 구분하는 의미체계를 낳았다. 결과적으로 입체시는 '있음', 곧 존재를 탐구한 철학과 과학을 낳은 것이다. 그 정점에 이른 것이 서구의 근대철학과 과학이다.

반면 새로 등장한 과학적 시선은 이제까지 입체시가 지각하고 철학과 과학이 확인한 '있음'의 근거를 철저히 붕괴시켰다. 있음이 사라진 자리에는 '없음'과 '빔'이 전면에 부상했다. 그것은 서구 근대과학의 기반만을 허무는 게 아니다. 두 눈 시선에 기초한 모든 지식의 토대를 무너뜨리는 것이다. 전적으로 새로운 눈이 아니고서는 이런 근본적인 혁명을 일으킬 수 없다. 제3의 눈은 아주 오래되고 인습화된 인류의 낡은 시선을 대체할 파괴력과 창조력을 가지고 나타났다.

이 책은 그런 의미에서 '시선의 전환'을 다룬다. 우리는 현재 진행되는 과학혁명으로부터 인류가 세상을 바라보는 시선의 근본적 변화를 추출하고자 한다. 과학혁명에 대한 기술은 시선 전환의 범위와 내용을 드러내기 위한 것으로, 설명의 과학사적 체계화를 시도하지는 않는다. 우리의 목적은 낡은 시선을 넘어서는 새로운 시선의 성격과 그것이 바라보는 세상의 모습을 드러내는 데 있다.

이 책에서 다양한 분야의 이론들을 건드리는 이유는 새로운 시선의 광범위한 파급력을 보여주기 위함이다. 이런 기술방식은 각 분과 학문을 통섭하려는 것이 아니라 광범위한 분야에서 나타난 공통의 시선을 드러내기 위함이다. 이를 통해 새로운 시선이 분과와 분야의 벽을 투과하여 퍼진 하나의 거대한 눈으로부터 파생된 것이며, 그 눈이 바로 새로운 시대의 눈이고, 새로운 문명을 만들어갈 눈이라는 점을 드러내고자 한다.

때문에 독자들은 여기에 거론된 이론들의 세부사항을 모두 알고자 노력할 필요가 없다. 난해한 대목은 건너뛰어도 무방할 것이다. 핵심은 여러 이론과 철학들을 관통하는 공통의 경향성에 있다. 그것이 '제3의 눈'이라 부른 새 시대의 시선이기 때문이다. 이 책은 우리 안에서 생겨난 새로운 눈을 들여다보기 위한 것이다.

제3의 눈은 과학혁명을 일으킨 시선이면서 동시에 인류 문명의 대전환을 일으키고 있다. 과학과 문명의 두 가지 수준에서 진행되는 혁명은 서로 공명하면서 서로를 증폭시킨다. 과학혁명과 문명 전환을 하나의 거대한 흐름으로 이해한다는 점에서 이 책은 과학철학적 논의이면서 동시에 문명론이다. 1, 2부에서 기술한 새로운 과학적 시선은 3부 이하에서 기술한 문명 전환의 구조와 방향을 설명하기 위한 전제가 된다. 그런 측면에서 보면 이 책은 궁극적으로 문명 전환에 관한 논의로 수렴된다.

왜 시선에 관한 논의가 문명에 관한 논의로까지 확대될까? 그 대답은 의외로 간단하다. 우리는 아는 만큼 보고, 본 만큼 산다. 우리가 보고 이해한 의미는 다시 우리의 삶으로 펼쳐진다. 그것이 문명 형성의 가장 기초적인 원리다. 새로운 시선이 생긴다는 것은 새로운 의미를 보고 이해한다는 뜻이며, 새 의미에 따르는 새로운 삶의 방식을 펼쳐낸다는 뜻이다. 문명은 의미에 기초해 생성되며 의미는 시선에 의해 생성되기에 어떤 시선을 갖느냐는 어떤 세계를 사느냐의 문제이자 어떤 문명을 사느

나의 문제가 된다.

오늘날 인류는 있음이 없음으로, 항상성이 무상함으로, 질서가 무질서로, 확실성이 불확실성으로, 분리와 고립이 무한 연결로, 일방성이 다방성으로, 양극체계가 다극체계로, 위계조직이 그물조직으로, 기계적 힘이 정신물리적 의미로 대체되는 변화를 겪고 있다. 이 모든 변화의 진원지는 우리 안에 있다. 인류 문명을 뒤흔드는 거대한 진동은 우리 안에 새로 생긴 시선과 그 시선이 발견한 의미로부터 울려 나온다.

서서히 진행되던 문명의 전환은 20세기 후반 들어 여러 갈래 흐름들이 합친 대규모 격류로 바뀌어왔다. 한편으로는 구문명의 필연적 결과로 지구상의 생명체들이 사라지기 시작하면서, 인류의 생존도 의문시되는 극적인 상황에 도달했다. 바로 이 위기 때문에 구문명과 신문명의 충돌은 더 격렬해지고 있다. 문명 전환과 인간 종의 생존이 하나의 과제로 결합하고 있는 것이다. 현재 닥친 지구적 위기를 넘어서는 동시에 더 높은 수준의 문명을 창조하기 위해, 제3의 눈을 투명하게 뜨는 일이 현 인류의 공통과제가 되고 있다.

이 책에서 필자는 지금-여기에서 세상을 바라보는 관점을 유지하려고 노력했다. 지금-여기란 필자가 20세기 후반부터 한국 땅에 살면서 경험하고 배우고 느낀 것들을, 이 몸-마음이 놓인 가장 가까운 시-지점에서, 가급적 편견을 배제하고 온전하게 결합시킬 수 있는 관점을 말한다. 거기에는 세계사와 한국사, 그리고 개인사가 응결되어 있을 것이다. 그 시도가 성공적일 경우 지금-여기에서는 보편성과 특수성 모두가 살아나 결합하리라 기대할 수 있다.

개인사적 특수성과 세계사적 보편성을 매개해준 한국사의 경험은 필자의 관점을 세우는 데 중요한 역할을 했다. 한국 문화는 100여 년의 경험을 통해 세계 문화의 중요한 일부로 자리잡았다. 그 과정에서 한국인들이 세상을 바라보는 관점은 상당 부분 서구화되었다. 민족주의조차 서구적 관점으로 이해하고 실천하는 경우가 많았고, 동족끼리 총부리를 겨눈 것도 서구에서 발생한 대립적 관점으로 민족이 나뉘기 때문이다.

관점의 서구화는 과거의 지식 패러다임에서는 불가피한 과정이었다. 낡은 과학은 객관적 진리를 전제했다. 그 경우 진리는 단일한 관점에 의해 독점되었기에 그 관점을 좇거나 거부하거나 둘 중의 하나를 선택해야 했다. 한국 현대사는 꾸준히 서구의 관점을 취하는 방향으로 전개되어왔다. 근대화와 선진화라는 정치경제적 캠페인은 관점을 서구적으로 바꾸어가는 대중적 운동이었다. 그러나 그 과정을 통해 한국인들은 지구 전체를 보는 관점에까지 도달했다. 시점의 포괄성과 보편성을 얻은 것이다. 그것이 관점의 서구화가 의도치 않게 이룬 성과다. 관점의 서구화는 관점의 지구화 과정이었다.

그러나 관점을 다른 시간과 장소에 두면 그만큼의 대가를 치른다. 한국인들은 몇백 년 동안 중국의 안경을 써왔고, 이제는 서구의 안경으로 바꾸었다. 그 결과 남의 안경을 쓰지 않고 세상을 바라본다는 것은 매우 두려운 일이 되었다. 그만큼 창조성을 억눌러온 것이다. 그러나 시점의 포괄성과 보편성을 얻은 지금, 모든 안경을 벗고 자신의 맨 눈으로 세상을 바라볼 충분한 조건과 에너지가 형성되었다. 지금-여기에다 세상을 바라보는 눈을 두는 것은 그 첫걸음이다. 지금-여기는 지구적 보편성이 흐르면서 한국 사회와 그 속에서 사는 개인들의 특수성이 숨쉬는 곳이 되었기 때문이다.

제3의 눈은 그 가능성을 열어놓았다. 새 과학이 발견한 바에 따르면 객관적·절대적 시점은 없다. 지금-여기의 내가 질문하지 않으면 대상은 결코 응답하지 않을 뿐 아니라 그 어떤 대상이 있다고도 하기 힘들다. 지금-여기의 나는 세상을 드러내는 필수불가결의 창이 되었다. 나아가 지금-여기는 시공간적 특수성을 넘어 우주의 보편적 질서가 수렴하는 창이기도 하다. 결국 이 몸-마음이 놓인 곳으로부터 먼 곳에다가 자기의 관점을 둔다는 것은 사물에 대해서 스스로 질문해보지 않는다는 뜻이다.

이제 한국인들은 서구 문화의 강점과 약점, 그 특수성과 보편성을 평정하게 바라볼 정도로 많이 배웠다고 생각한다. 동시에 한국 문화에 대해서도 동일한 눈으로 바라보아야 할 때가 되었다. 그 평정한 시선이 있어야 중국에 기대온 관성으로부터 자유롭고, 또 미국에 기대온 새로운 관성으로부터도 자유로울 수 있다. 그 자유로움 속에서야 창조적 역량이 발동한다. 자기 안에 있는 특수성과 보편성을 결합해낼 때 한국 문화가 새로운 문명의 창조에 기여할 바는 적지 않을 것이다.

때마침 인간과 자연에 대해 무지스러운 힘을 행사했던 서구 지식의 기반이 바뀌고 있다. 새로 나타난 제3의 눈은 수많은 다른 지금-여기의 관점들과 결합할 개방성을 갖고 있다. 그들이 온전히 결합할 때, 낮은 수준의 지식으로부터 야기된 인류 문명의 위기를 넘어, 수준 높은 진리와 평화를 실현하는 새 질서로 나아갈 수 있다. 바로 이 과제를 달성하기 위해 20세기 내내 전 지구와 한국에 숱한 고통과 각성이 있었던 것이라 믿는다.

새로운 과학의 시선을 정리하는 데 있어서 영국의 물리학자 데이비드 봄(David Bohm)과 영국의 생물학자 루퍼트 쉘드레이크(Rupert Sheldrake)는 큰 영감을 주었다. 필자가 주로 공부했던 인문과학에서는 그동안 의미의 기반을 상실해왔다. 그런데 특히 봄 같은 물리학자를 통해 의미는 아름답게 부활했다. 온 우주를 품어 안고 다시 펼쳐내는 생명력을 가지고서. 달리는 철 기관차 같았던 서구 지식이 이런 학자들을 통해 부드러운 새로 변하여 하늘을 유유히 선회하는 것 같아 가슴 깊이 흐뭇하다.

필자는 서구의 지식과 문화를 배우는 데 많은 시간을 투여했지만, 동시에 개인적으로는 동양사상들에 대한 깊은 관심도 유지했다. 그것은 서구의 지식과 종교, 예술들이 채워주지 못하는 근원적인 허전함과 헛헛함이 있었기 때문이다. 이 책을 통해 필자가 접해왔던 두 조류의 문화를 결합하는 하나의 체계를 시도한 느낌이어서 인생의 한 과제를 마친 기분이 든다. 특히 책 후미에서 지식과 지혜의 온전한 관계를 제시하게 된 것은 하나의 진전이라 생각한다.

필자는 지식인으로 살면서 '지식은 지식을 안내할 수 없다'는 점을 통절히 느꼈다. 지식은 분명 힘이다. 그러나 지혜의 안내를 받지 않으면 지식은 무지스러운 힘이 될 수 있다는 것을 스스로가 많이 겪었고, 또 서구의 지식사에서도 분명히 확인할 수 있었다. 그런 점에서 한국 문화가 오래전부터 간직해온 지혜의 전통은 어떤 문화적 자산보다 값지다고 생각한다. 그런 문화적 자산을 필자에게 접하게 해준 인연에 감사하며, 그 전통을 이어온 한국 문화에 감사한다.

출판사에 원고를 넘기고 편집자들의 피드백을 받아본 적은 처음이다.

그들의 정성스럽고 날카로운 지적 때문에 초고의 번삽함이 많이 줄고 웬만큼 정돈될 수 있었다. 소은주 팀장과 김혜영 님, 한철희 대표께 감사 드린다. 여러 번 고쳤음에도 아직도 '무슨 소리인지 모르겠다'는 반응들 이 있었다. 여기까지가 필자의 한계라고 생각한다. 딸 김윤영의 그림을 본문 맨 뒤에 싣는 것도 또 하나의 기쁨이다.

2011년 10월 저자

차례

3부 흔들리다

4부 온전하다

서문 제3 눈의 탄생

우리는 눈을 믿고 산다. 눈이 우리를 속이지는 않으리라는 믿음, 그러니까 세상이 보이는 그대로 존재하리라는 믿음에 기대 산다. 그 믿음으로 '내 애인'으로 보인 몸의 팔짱을 끼고 걸으며, 텔레비전에서 본 '우리나라 대통령'이라는 인물에 대해 열 내며 비평하고, '나'로 불리는 몸을 치장하기 위해 거울 앞에서 꽤 많은 시간을 들인다. 그러나 그 당연한 믿음도 재검토할 때가 되었다.

눈은 생물의 역사에 따라 변화되어왔다. 눈의 변화는 보이는 세상도 변화시켰다. 지금 내가 보는 모든 것은 현재의 진화단계에서 형성된 눈이 그려내는 것이다. NHK 다큐멘터리 〈경이로운 지구〉(地球大進化) 5부에서는 인류 눈의 진화과정을 다음과 같이 그린다.[1]

5,500만 년 전 원숭이 조상 카르폴레스테스(carpolestes)는 나무와 나무 사이를 건너뛰지 못했다. 한 나무의 열매를 다 따먹고 그 옆의 나무로 옮겨가려면 줄기를 타고 내려와 다른 나무까지 뛰어가야 했다. 문제는

그 사이에 땅에서 기다리던 포식자들이 언제고 덮칠 수 있다는 것이었다. 게다가 당시는 침엽수림이 우세했기에, 열매가 있는 다른 활엽수를 찾아가는 것은 꽤나 긴 모험이었다. 그 과정에서 숱한 원숭이 조상들이 표범 같은 포식자들의 먹이가 되었다.

그들의 구원자는 저 먼 대서양 북쪽 그린란드 주변의 바다 밑에 있었다. 지하에 저장되어 있던 메탄수화물이 마그마의 상승에 의해 더워지면서 커다란 폭발을 일으켰다. 그 결과 대량의 메탄가스가 해수면을 뚫고 지상으로 퍼져나갔다. 메탄가스는 이산화탄소보다 온실효과가 23배나 크니, 당시 기온을 10~20도나 올려놓은 이유로 설명된다.

날씨가 더워지자 침엽수림 대신 열매가 많은 활엽수림이 번창했다. 활엽수는 가지를 옆으로 펼치기에, 옆 나무의 가지들이 서로 겹치면서 숲 천정을 만든다. 이리하여 지구의 식물 역사상 처음으로 숲 천정구조를 갖추게 된다. 이러한 지질학적 변화는 원숭이 조상들의 눈에 획기적인 변화를 가져왔다.

밑에서 숨어서 기다릴 포식자들에게 먹히지 않기 위해 몇몇 용감한 원숭이가 땅으로 떨어질 위험을 무릅쓰고 옆 나무의 가지로 힘차게 건너뛰었다. 그들의 성공에 고무된 다른 친구들이 그 뒤를 이었다. 그러기를 500만 년이나 하자, 이 원숭이 조상의 눈 위치에 변화가 생겼다. 카르폴레스테스의 얼굴 양 옆으로 붙어 있던 두 눈이 얼굴 앞면으로 모아진 것이다. 새 눈의 주인공은 쇼쇼니우스(shoshonius)라 불린다.

〈그림 1〉의 왼쪽은 카르폴레스테스, 오른쪽은 쇼쇼니우스의 얼굴 모양을 나타낸다. 여기서 나타나듯 카르폴레스테스의 눈은 얼굴 옆면으로 위치한 반면, 쇼쇼니우스의 눈은 얼굴 앞면으로 모아졌다. 500만 년 동

카르폴레스테스   쇼쇼니우스

〈그림1〉 눈 위치의 변화[2]

안 진행된 진화의 결과였다.

　이러한 눈 위치의 변화는 시선에 획기적인 변화를 가져왔다. 카르폴레스테스와 쇼쇼니우스의 시선은 각각 〈그림 2〉와 〈그림 3〉으로 비교할 수 있다.

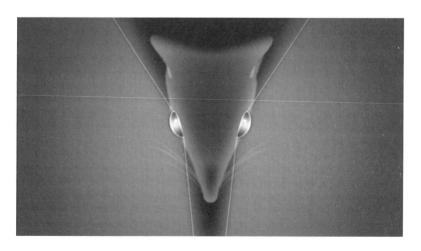

〈그림 2〉 카르폴레스테스의 시선(5,500만 년 전)[3]

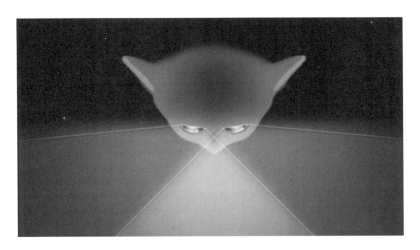

<그림 3> 쇼쇼니우스의 시선(5,000만 년 전)[4]

〈그림 2〉에서 제시된 카르폴레스테스의 시선은 물고기, 개구리, 토끼 등 진화의 역사상 앞서고, 포식자들을 피해 달아나야 할 필요가 큰 동물들의 시선이다. 몸의 뒤쪽까지 볼 정도로 넓은 지역을 감시하기에, 어느 방향으로든 나타날 포식자들을 피하는 데 적절하다. 그러나 두 눈의 시선이 겹치지 않으므로 대상이 가까이 있는지 멀리 있는지는 분간하지 못한다. 거리 감각이 없는 이 시선은 2차원적 평면상을 만들기에 '평면시'(平面視)라고 부른다.

〈그림 3〉의 쇼쇼니우스 시선은 눈이 감지하는 전체 시계(視界)는 좁아진 대신, 두 눈의 시선을 겹쳐 거리를 정확히 가늠할 수 있다. 이 때문에 원숭이들은 나무에서 떨어지지 않고 꽤 먼 거리를 정확하고 재빠르게 건너뛰게 되었다. 영국의 생물학자 아텐보로(David Attenborough)는 이를 '앞 겨눈 눈'(forward pointing eyes)이라 불렀는데, 이동할 곳이나 먹이의 거리를 가늠함으로써 목표를 분명히 겨눌 수 있다는 뜻이다.[5] 개나 고양잇

과의 육식 포식자들과, 쇼쇼니우스 이후 많은 영장류가 이 시선을 물려받았다.

상들의 거리를 가늠하면 그 형체와 부피도 뚜렷이 확인되므로, 대상은 비로소 입체로 보이기 시작한다. 따라서 이 시선을 3차원적 상을 만드는 '입체시'라고 부른다.

이리하여 영장류의 역사상 최초로 사물을 입체로 지각하는 시선이 형성되었다. 과거의 평면적 영상에 거리와 부피가 뚜렷이 부각되면서 사물들은 특정 공간을 점유하는 존재감을 갖게 된다. 이로부터 세상은 존재감을 갖는 있음들로 이루어지게 되었다. 따라서 입체시는 '있음의 시선'이라고 할 수 있다. 사물을 있음으로 드러내는 시선이라는 뜻이다.

초기 입체시는 그 후 몇 가지 보완을 거친다. 3,300만 년 전 지구는 기온이 30도 가까이나 떨어지는 한랭화를 경험한다. 남극 대륙이 과거 붙어 있던 다른 대륙들과 분리되면서, 차가운 해류에 둘러싸인 것이 주 요인이다. 그러자 숲이 줄어들면서 원숭이들이 먹을 열매도 줄었다. 이때 나타난 것이 카토피테쿠스(catopitecus)라는 원숭이다.

카토피테쿠스는 줄어든 열매를 좀더 잘 찾기 위해, 빛을 느끼는 시세포 수를 늘린다. 그러고는 안구 옆과 뒤에 흩어져 있던 시세포들의 상당수를 뒷면에 모은다. 이처럼 안구 뒷면에 시세포가 모여 큰 점처럼 보이는 것을 '중심와'(中心窩)라고 부른다.

〈그림 4〉와 〈그림 5〉는 안구에 중심와가 없느냐 있느냐에 따라 달리 맺히는 영상을 모의로 나타낸 것이다. 〈그림 5〉처럼 중심와가 있는 경우, 시선의 초점을 두는 곳에 뚜렷한 영상이 생긴다. 관심과 의도에 따라 사물을 분명히 분별하는 시선이다.

〈그림 4〉 중심와가 없는 눈에 비친 영상[6]

〈그림 5〉 중심와가 있는 눈에 비친 영상[7]

중심와와 더불어 카토피테쿠스의 눈에는 또 다른 장치가 생겼다. 머리뼈를 비교해보면, 그 이진에는 눈 뒤편이 휑하니 뚫린 구멍이지만, 카토피테쿠스에 이르면 눈 뒤편이 뼈로 막혀 있다. 즉, 안구가 흔들리지 않도록 안구 방을 만들어놓은 것이다. 중심와가 있더라도 몸의 움직임에 따라 안구가 계속 흔들린다면 분명한 영상을 얻을 수 없을 것이다. 이에 안구 방을 만들어 안정된 영상을 얻은 것이다.

이렇듯 카토피테쿠스에 의해 진화된 시선을 '의도의 시선'이라고 부를 수 있겠다. 의도에 따라 사물을 더 뚜렷이 분별하고 안정되게 포착하는 시선이라는 뜻이다.

한랭화가 더 진전되면서 눈에는 또 다른 기능이 개발되었다. 열매가 줄어들자 원숭이들은 그 대용식품으로 나뭇잎도 따먹어야 했다. 그러나 보통 나뭇잎에는 소화에 문제를 일으키거나 생명도 앗아갈 치명적인 독성이 포함되어 있다. 이에 섬유질이나 독성이 적은 어린 잎들이 선호되었다. 문제는 이 어린 잎들이 붉은색을 많이 띤다는 데 있다.

카토피테쿠스까지만 해도 세상을 녹색과 청색의 두 가지 주류 색깔로만 보았다. 이런 색채 감각을 '2색형 색각'이라 부른다. 그들에게는 붉은색이 보이지 않았으므로 어린 잎을 구분할 수 없었다. 이 문제를 극복하고 나타난 것이 현생 영장류들이다. 이들은 붉은색까지도 감지하는 '3색형 색각'을 지니게 되었다.

빛의 3원색인 녹색·청색·적색 모두를 감지하게 되자, 세상은 그야말로 색색의 다양성을 띠게 되었다. 우리는 이 시선을 '다름의 시선'이라고 부를 수 있겠다. 색색의 다름을 감지하는 시선은 사물을 더 자세히 나누어 지각하는 능력을 낳았다.

이 같은 세 번의 큰 도약을 통해 영장류의 시선은 완성되었다. 입체시라는 '있음의 시선'을 통해 공간과 존재가 부각되었고, 3색형 색각의 '다름의 시선'을 통해 공간 속에 존재하는 형형색색의 사물들이 드러났다.

여기에 중심와에 의한 '의도의 시선'이 결합하면서 관심에 따라 사물들을 더 뚜렷이 분간하여 이용하게 되었다. 눈을 통해 들어오는 정보가 이처럼 복잡해지자, 이를 처리하는 뇌가 발달하지 않을 수 없었다.

호모 사피엔스에 이르러 뇌는 비약적으로 성장했다. 사물을 '다르게 있음'으로 분간하는 눈이 복잡한 지식을 처리하는 뇌와 결합하자, 다양한 있음들에 관한 개념적 지식이 생겨났다. 지식은 인간의 의도와 결합하면서 자연을 가공했다. 마침내 1만여 년 전 농경과 목축이 시작되면서 인간의 문명이 지구상에 등장했다. 이 문명은 얼굴 앞으로 모인 두 눈의 지각에 기초한 것이기에, '앞 두 눈 문명'이라 부를 수 있겠다. 이를 줄여서 '두 눈 문명'이라고 하자.

두 눈 문명은 지식을 폭발적으로 증대시켰다. 사람들은 '아는 만큼 본다'는 사실을 깨달았다. 지식이 축적될수록 더 다른 있음들이 속속 드러났고, 새로 본 만큼 달리 이용하는 지식을 또 낳았다. 마침내 지식은 신화와 사상, 철학과 과학으로 체계화되었다. 지식은 있음들의 질서를 밝혀줌으로써 이들을 체계적으로 가공하고 이용하는 테크놀로지를 발전시켰다. 그 눈부신 성과는 오늘날 우리들 앞에 찬란하게 펼쳐져 있다.

그런데 지난 1만여 년 동안 지속된 두 눈 문명에 변화가 일어나기 시작했다. 20세기 초부터 두 눈으로 볼 수 없는 것을 보는 사람들이 생겨났다. 처음에 이들은 소수였고 산발적으로 나타났다. 그런데 20세기 후반부터는 이런 이상한 눈을 가진 사람들이 다수 출현할 뿐 아니라 상호 결합하는 양상까지 보인다.

이들은 지구라는 거대 몸체 속에서 작동하는 신진대사 체계도 보고,

태양과 지구 사이의 빈 공간이 휘어 있다는 것도 본다. 뿐만 아니라 물체를 구성하는 원자 속에 유령이 살고 있고, 유전자 속에도 유령이 있다는 이상한 목격담을 보고하기도 한다. 보이지 않는 정보창고가 있어서 물체와 육체를 만드는 데 관여한다고 하질 않나, 심지어는 '물체도 생각한다'고 주장하기도 한다. 눈으로 사물을 보는 것도 잠자며 꿈꾸는 것과 같다고 하는 사람이 있는가 하면, 우리 세계의 든든한 기둥인 시간과 공간이 환상이라고 말하는 사람들도 많다. 이전 같으면 정신병원에 수감될 만한 주장들인데, 그렇게 하지 못하는 이유는 이들이 유명한 과학자들이기 때문이다.

이 신기한 눈을 가진 사람들이 목격하고 주장하는 바의 공통점은 두 눈에 보이는 있음들과 그 질서는 사물의 실상이 아니라는 것이다. 있음의 세계 배후에 뭔가가 있고, 그것이 두 눈에 보이는 세계의 감추어진 연원이라는 것이다. 그들은 없음을 보면서, 없음이 있음의 뿌리라고 생각한다.

그들에게도 분명 두 눈은 있다. 그런데 우리가 못 보는 것을 본다면, 그들에게는 뭔가 새로운 눈이 추가로 생겨났다고 보아야 한다. 20세기 들어 인류에게 나타난 새로운 눈, 그것을 '제3의 눈'이라고 불러보자. 제3의 눈은 없음을 보므로, 그 눈 자체도 우리 두 눈에는 보이지 않을 가능성이 높다.

'내면의 눈'으로 간주된 제3의 눈(third eye)은 인도 사람들이 오래 갈망해온 것이다. 다른 사람의 오라를 볼 뿐 아니라 사람의 마음도 보고, 먼 데서 일어나는 사건이나 과거와 미래의 사건들까지도 보는 눈이다. 그 자리는 양미간이므로 그들은 두 눈썹 사이에 빨간 점을 찍고서 제3의 눈이 나타나길 염원한다. 그들의 염원이 충분히 무르익어서일까? 없음을 보는 눈이 인류에게 생기기 시작했다. 그것도 있음을 천착해온 서구 과학자들에게서 발생했다.

5,000만 년 전 쇼쇼니우스 이후 현생 인류에 이르기까지, 영장류의 눈은 있음을 좀더 분명히, 더욱 안정적으로, 다른 것과 더 뚜렷이 구분하는 방향으로 발전해왔다. 한마디로 말하면 있음을 더 잘 분간하기 위한 방향으로의 진화였다. 인류의 철학과 과학, 그리고 문명은 이 시선에 맞추어 발전했다.

그런데 갑자기 없음을 보는 이상한 시선이 생겨났다. 이 시선은 등장하자마자 곳곳에서 지식과 삶의 밑동을 파괴하기 시작했다. 이는 독일의 동화작가 엔데(Micael Ende)가 쓴『끝없는 이야기』의 상황과 같다고 할 수 있다. 환상(fantasia)의 나라에 없음(nothing)이라는 보이지도 않는 괴물이 나타나 호수도 산도 그냥 없애서 허무로 만들어버리는 상황이다. 사람들은 혼비백산하여 도망치지만 어디로 가야 할지, 무엇을 해야 할지 몰라 허둥댈 뿐이다.

우리가 오랫동안 믿고 의지해왔던 삶의 토대가 파괴되고 있는 것은 분명하지만, 파괴자도 보이지 않고 어떻게 파괴하는지조차 불분명하다. 이어지는 1부에서는 오늘날 벌어지고 있는 이 범상치 않은 조짐에 대해 살펴보고자 한다. 새로운 시선이 무엇이기에 이런 파괴행위를 자행하는 것일까? 우리가 진행하려는 조사는 제3의 눈이 나타나 폐허가 된 현장에서부터 시작된다.

1부

사라지다

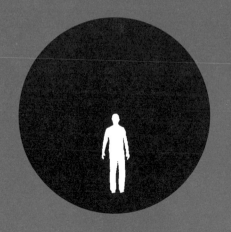

01 물체, 사라지다

입체시를 갖게 된 원숭이는 가지에서 가지로 건너뛰며 나무 위에다 삶의 터전을 세웠다. 그들의 세계는 나무와 허공이라는 두 가지 대조적인 공간으로 이루어졌다. 나무는 몸을 지탱할 수 있는 믿을 만한 의지처지만, 허공은 몸의 추락으로 이어질 위험한 것이다. 나무는 삶의 안정된 터전이지만, 허공은 불확실한 심연이다.

그들의 눈을 이어받은 인간은 이 두 가지를 있음과 없음, 확실성과 불확실성으로 철학적으로 정리했다. 눈에 보이는 있음의 세계와 보이지 않는 없음의 세계, 그것은 두 발을 디딜 대지와 온 몸을 잡아당기는 낭떠러지만큼이나 다른 것이다. 확실한 있음과 불확실한 없음은 생명을 좌우할 수도 있는 문제였다.

당연히 인간은 있음의 세계에 닻을 내렸다. 항해에 지친 뱃사람들이 육지를 대하듯 인간은 있음을 추구했고, 있음에 닻을 내렸으며, 있음으로 삶의 안정을 도모했다. 인간의 철학도 마찬가지다. 특히 서구 철학은 있음을 확실히 붙잡기 위해 2,500여 년의 철학사 전반을 소진했다고 해도 과언이 아니다. 안정되고 영원한 있음을 붙잡으려는 서구 철학의 노력은 나뭇가지를 움켜쥐려는 원숭이의 손놀림만큼이나 처절했다. 그런 노력은 마침내 근대 유럽 철학에서 큰 진전을 이루었다.

350여 년 전 프랑스의 걸출한 철학자 데카르트(René Descartes)에 의해 있음의 세계가 말끔히 정리된 것이다. 여러 다른 있음들을 지탱해주는 근본적 있음, 즉 그 있음을 부인할 수 없는 궁극의 있음, 그것이 '물체'와 '정신'이라는 두 가지 실체로 정립되었다. 오늘도 해가 뜨고, 대지 위에 풀이 자라고, 몸으로 살아갈 수 있는 것은 물체라는 실체가 뒷받침하고 있기 때문이며, 그런 사실을 분명히 알고 있음을 이용하면서 영원한 있음을 추구할 수 있는 것은 '정신'이 확고히 존재하기 때문이다.

신 같은 보이지 않는 존재들은 있음의 무대에서 사라졌다. 세상은 신 없이도 확고한 있음들이 확실한 법칙에 따라 착착 움직인다. 이제 인간의 이성은 있음들을 포착하여 자원으로 활용하는 데 걸림돌이 없어졌다. 높이 1,000미터를 바라보는 건물들은 이 있음의 철학에 기초한 과학 기술의 권능을 상징한다. 현대의 찬란한 바벨탑들은 '물체'라 불린 실체의 확실한 존재 위에 세워진 것이다. 이 사실은 또한 인간의 이성적 '정신'이 실재한다는 명쾌한 보증이 되었다. 데카르트가 정리한 있음의 철학은 그 완성에 도달했다.

그런데 제3의 눈이 나타나면서 있음의 철학과 과학의 기반이 파괴되기 시작했다. 현대 바벨탑의 초석이었던 물체와 정신이 없음의 쓰나미에 휩쓸린 것이다. 그 현장을 좀더 구체적으로 살피기 위해 우선 물체에 일어난 일부터 알아보자.

자연 속 물체를 찾아서

물체란 무엇인가? 데카르트에 따르면 물체란 정신 바깥에 실제로 존재하며, 그 특징은 연장과 운동이다. 연장(extension)이란 공간을 차지하는 특성을 말하니, 빈 공간의 일정 부분을 점하는 차 있음(fullness)을 뜻한다. 이런 차 있음들이 물리법칙에 따라 운동하는 세계, 그것이 물체의 세계였다. 많은 탐사대들이 데카르트가 제시한 개념적 지도를 들고서 물체를 확인하기 위해 찾아 나섰다.

물리학은 이 물질적 실체를 찾아 나선 탐사대의 선봉이다. 물리학이 취한 전략은 흙이나 몸, 책상과 같은 물체들을 쪼개고 또 쪼개어, 더 이상 쪼갤 수 없는 마지막 물체를 찾아내고 그 법칙을 발견하는 것이었다. 이 마지막 물체는 건물을 짓는 최소 단위의 벽돌, 혹은 가장 작은 당구공에 비유되었다. 기본 입자들이 벽돌처럼 쌓여 물질적 세상을 구성하므로, 그 입자를 찾는다면 데카르트가 제시한 물질적 실체를 실제로 확인하는 셈이다.

근대물리학의 완성자라고 할 뉴턴(Isaac Newton)은 궁극의 물체를 찾아 나선 물리학의 비전을 다음과 같이 천명했다.

태초에 신이 이렇게 물체를 만들지 않았을까 생각해본다. 견고하고, 질량을 지니고, 딱딱하고, 꿰뚫을 수 없고, 움직일 수 있는 입자들로서 물체를 빚어내시고, 당신의 창조목적에 가장 잘 이바지할 수 있도록 거기에 그러그러한 크기와 모양과 속성 그리고 공간에 대한 비율을 내리셨으리라. 저들 견고한 원초적 입자들은 고체이므로, 포개어 이룬 구멍이 있는 어떤 것에도 비할 수 없이 단단해서 결코 닳지도, 부서져 조각나지도 않는다. 신

이 몸소 빚어내신 이 최초의 창조물을 세속의 힘으로는 절대 나눌 수 없으리라.[1]

그 비전에 호응한 물리학자들은 물체를 쪼개어 분자를 찾아냈고, 분자를 쪼개어 원자를 찾아냈다. 그러나 원자도 다시 세속의 힘으로 나눌 수 있었다. 원자 속에서 발견된 것들은 '기본 입자'라는 의미에서 소립자라고 불렀다. 그런데 여기서부터가 문제였다. 말은 '입자'지만 이들은 전혀 입자처럼 행동하지 않았다.

우선 이들은 입자로 나타났다가 파동으로 나타나기도 한다. 입자는 당구공 같은 것이지만 파동은 바람 같은 것이다. 소립자들은 실험에 따라 당구공으로 나타났다가 바람으로 나타났다가 하는데, 보통 때는 언제나 이 둘 모두인 듯이 행동한다. 바람으로 변할 수 있는 당구공이라면 물체라고 하기 곤란하다. 입자-파동 이중성(wave-particle duality)이라고 불리는 이 현상은 궁극 단위에서 물체를 확정할 수 없음을 암시한다.

게다가 소립자들은 존재하는 위치도 이상하다. 문으로 통할 수 있는 두 방 A, B 중에서 방A에 전자 알갱이 하나를 놓았다고 해보자. 시간이 지난 후 다시 보면 전자는 어느 방에 있을까? 물체에 관한 상식에 따르면 전자 알갱이는 방A에 머물러 있든지, 아니면 문을 통과하여 방B에 있으리라 예상된다. 그러나 전자는 두 방 모두에 존재한다.

하나의 소립자가 두 곳 이상의 장소에 동시에 존재하는 현상을 위치 중첩(superposition)이라고 부른다. 우리가 아는 한 이런 존재는 손오공밖에 없다. 손오공은 요술을 부려 자기 몸을 무수히 복제하고는 여러 곳에 동시에 펼쳐놓는다. 이에 관해 물리학자들은 소립자가 '에너지 다발' 혹은 '구름 덩어리'로 존재한다고 표현한다. 한 개의 전자는 한 개의 입자로서 구름 덩어리 속에 동시에 어디든지 퍼져 있다. 이 때문에 물체가 특정 공간을 차지하는 데서 나타나는 연장의 성질이 모호해진다.

〈그림 6〉 전자가 감광판에 남긴 흔적[2]

데카르트가 물체의 두 특성으로 정의한 연장뿐 아니라 운동도 모호해진다. 〈그림 6〉은 전자가 감광판을 지나면서 남긴 흔적이다. 각 점은 전자가 감광판의 원자들과 작용해서 생긴 은 결정이다.

우리는 보통 한 개의 전자가 물수제비처럼 감광판을 스치고 지나간 흔적이라고 생각할 것이다. 그러나 영국의 물리학자 봄(David Bohm)은 전혀 다르게 말한다.

전자가 공간을 연속적으로 움직였을 것이라고 생각할 것이다. 그러나 양자역학적 해석에 의하면 이런 일은 일어나지 않았으며, 오직 말할 수 있는 것은 물체가 공간을 지나간 것이 아니라 '단지 은 결정이 생겼다'는 것이다. 유사 이론에서는 연속적으로 움직인다는 개념이 합당할지 모르지만, 완벽한 이론에서는 한계가 드러난다.[3]

물체의 운동에 관한 상식은 한 물체가 움직일 때 일정한 궤도를 그려야 한다는 것이다. 그런데 소립자는 운동의 궤적을 그릴 수 없다. 이에 대해 일본의 물리학자 이노키(猪木正文)는 더욱 이상하게 말한다.

> 전자는 운동하고 있지만 일정한 궤도가 없다. 바꿔 말하면, 전자는 우리 상식으로는 생각할 수 없는 유령과 같은 운동을 하고 있다.[4]

물리학이 원자 속으로 들어가 발견한 것은 온통 손오공과 유령투성이다. 원자 속 세계의 이상한 모습은 여기서 멈추질 않는다.

연장성은 물체와 물체 사이의 거리로도 나타나는데, 그 거리를 넘어 상호작용하려면 특정한 시간이 걸린다. 전파를 매체로 이용하더라도 두 지역에 떨어진 핸드폰 사이의 소통은 시간이 걸린다. 그런데 소립자들은 다르다. 비록 소립자 간의 거리가 지구에서 다른 은하계의 어느 별만큼 떨어져 있어도 그들은 마치 한 몸인 것처럼 움직일 수 있다. 이들은 떨어진 거리를 연결하는 매개체 없이 텔레파시로 직통하는 것처럼 보인다.

이런 현상은 소립자들이 특정 장소에 국한해서 존재하지 않는다는 뜻으로 비국소성(non-locality)이라 불리는데, 소립자들이 거리를 넘어 직결되어 있다는 점에서 엉킴(entanglement)이라고도 한다. 이에 대한 자세한 언급은 현기증을 일으킬 수 있으므로, 뒤에서 더 상세히 다루도록 하자. 다만 이러한 현상들은 물체의 연장성과 궤도운동의 특성이 원자 이하 수준에서 사라진다는 점을 가리킨다.

우리의 논의와 관련하여 가장 중요한 소립자의 특성은 이들을 '있음'이라고, 혹은 '존재'라고 부를 수가 없다는 데 있다. 소립자들은 항상 존재하는 것이 아니라 갑자기 생겨났다가는 순간에 사라진다. 물체란 그 정의상 있음의 지속성을 전제로 한다. 그런데 갑자기 생겼다 사라지는 것을 있음이라 부르기는 곤란하다. 이는 차라리 불교적인 개념으로 '순간에 생겼다 사라짐'(刹那生滅)이라고 보아야 할 것이다. 순간에 생겼다 사라지는 것을 '존재하는 물체'라고 볼 수 있는 방법은 도저히 없다.

게다가 소립자들은 진공 속에서도 나타난다. 진공이란 진짜로 비어 있는 공간인데, 거기서 소립자가 생겼다 사라진다. 물체란 '빈 허공'과 대비되는 '차 있음'이다. 그런데 소립자가 텅 빈 진공에서 홀연히 나타났다가 다시 밤의 심연으로 돌아간다면, 빈 것과 찬 것을 구분할 수가 없다. 있음과 없음, 존재와 무가 구분되지 않는다면 물체를 정의 내릴 수는 없다.

그렇다면 소립자는 어떻게 정의할 수 있을까? 앞서 우리는 소립자가 구름 덩어리처럼 존재한다고 했다. 〈그림 7〉은 소립자의 존재 가능성을 표현한 것이다.

양자 이론에서는 소립자의 존재를 '확률 함수'라고 불리는 수학식으로 표현한다. 확률 함수란 다양한 시간과 장소에서 소립자를 발견할 확률을 나타내는 수학적인 양이다. 〈그림 7〉은 이러한 확률 함수를 바탕으로 하여, 수소 원자 안에서 서로 다른 전자상태에 대한 확률밀도 분포를 시뮬레이션으로 나타낸 것이다. 즉, 한 원자가 이런저런 상태일 때, 점과 같은 전자를 어디서 찾을 가능성이 가장 큰지를 보여준다.

중요한 점은 이 다양한 구름 덩어리들이 실제 전자의 존재 형태나 위치를 나타내는 게 아니라는 점이다. 이 구름들이 나타내는 것은 특정 조건에서 전자가 발견될 '가능성'만을 나타낸다. 소립자들에 대해서는 '어디에 존재한다'고 말할 수 없다. 단지 알 수 있는 것은 '어디에 존재할 가능성'뿐이다. 있음은 말할 수 없고, 있을 가능성만 확률로 말할 수 있다

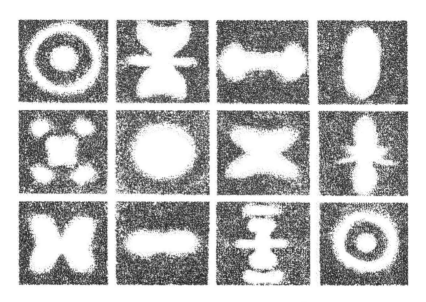

〈그림 7〉 수소 전자의 확률밀도 분포 시뮬레이션[5]

는 것, 그것이 소립자의 존재에 관한 물리학의 결론이다. 그래서 미국의 물리학자 카프라(Fritjof Capra)는 다음과 같이 말한다.

> 아원자 단계에서 물체는 어떤 한정된 장소에 확실하게 존재하는 것이 아니라 단지 존재하려는 경향(tendencies to exist)을 나타내며, 원자적 사건들은 확실성 있게 한정된 시간에 한정된 방식으로 발생하는 것이 아니라 발생하려는 경향(tendencies to happen)을 나타내 보일 뿐이다.[6]

존재와 발생에 대해 확실하게 얘기하지 못하고 단지 존재 가능성과 발생 경향성만을 얘기하는 것은 측정에 문제가 있어서가 아니다. 아원자세계가 본래 그렇게 생겨먹었기 때문이다. 확고한 있음이 사라진 곳에서 통계적 확률로 표시되는 추상적 잠재성, 가능성, 경향성만이 남게 되었다. '있을 가능성'이 존재의 새로운 정의다.

이제 소립자라는 말은 더 이상 사태를 정확히 표현하지 못한다. 그래서 물리학자들은 양자(量子, quantum)라는 말을 사용한다. 이는 무게, 전하, 스핀 등 숫자로 표현할 수 있는 양만이 아원자세계의 직접적 현실일 뿐, 이제까지 가정해온 '물체'는 발견할 수 없다는 뜻을 내포한다.

물체의 궁극적 원인을 찾아 나선 물리학은 뜻밖에 물체가 사라진 무대에 서서 두리번거리고 있는 자신을 발견했다. 물체에 대한 탐구는 물체의 소멸 속으로 빠져들었다. 있음의 궁극에서 발견한 없음의 방대한 지평에 대해 이노키가 말한다.

> 물질의 궁극적 존재를 탐구해온 물리학자들은 드디어 소립자에 이르렀고, 그리고 지금은 진공을 소립자의 배후에 있는 것으로 중시하게 되었다……. 탈레스는 '물은 모든 물체의 물질적 원인이다'라고 했다. 그런 지 약 2,500년이 지나 현대의 물리학자들은 '진공은 모든 물체의 물질적 원인이다'라고 말하려 한다.[7]

있음이 사라진 자리에 없음이 드러났을 뿐 아니라 비어 공허한 것이 차서 단단한 것들을 만드는 권능으로까지 부상하게 된 것이다. 물질적 실체를 집요하게 추적해온 물리학은 허무와 대면했다. 미국의 물리학자 스탭(Henry Stapp)이 말한다.

> 양자역학이 제공하는 경험보다 더 완전한 체험을 뒷받침하는 토대를 기술

하는 것이 불가능하다는 강력한 의미에서 양자역학의 자세가 옳다면, 통상적 의미에서의 실질적 물리세계란 존재하지 않는다. 실질적 물리세계는 존재하지 않을지도 모르며, 아니 오히려 물리세계는 단연코 존재하지 않는다는 허망한 결론에 이르고 만다.[8]

제3의 눈이 물체를 바라보자 허망하게도 그 있음이 사라져버렸다. 우리가 생각해온 물체는 자연의 심층부에 없었다. 자연에서 물체를 소멸시킨 제3의 눈은 동일한 시선으로 사회를 쳐다보기 시작했다.

사회 속 물질을 찾아서

사회과학에도 제3의 눈이 생겨났다.

사회생활은 물질 위에 구축된다는 것이 우리의 상식이다. 그런 상식에 기초하여 경제학 교과서에는 땅, 자본, 노동이 생산활동의 세 가지 필수요소라고 적혀 있다. 이 모두는 물질적 자산이므로, 생산은 물자에 의해 새로운 물자를 만드는 과정으로 이해되었다. 소비도 노동이라는 물자를 통해 번 돈이라는 물질적 가치로 상품이라는 물질을 구매하는 활동으로 이해되었다. 경제활동이란 물자에 의해 물자를 생산하고 소비함으로써 물질적 욕구를 충족시키는 물질적 활동이었다.

권력도 무력, 재화, 조직 등 딱딱하고 강고한 것들 위에 세워지는 힘이었다. 정신적 과정으로 여긴 문화도 정치경제적 계급과 계층의 이해관계와 세계관을 반영하고 시장을 통해 소통되므로, 궁극적으로는 물질적 활동으로 여겨지기도 했다. 요컨대 사회란 '물질적 토대' 위에서 세워지고 유지되는 것이었다.

그런데 1960년대를 전후로 하여 정보와 지식이 물질적 토대의 자리를 대체해가는 것을 보는 사람들이 나타났다. 이들에 따르면 과거 경제의 토대를 구성했던 원자재, 기술, 자본, 노동력은 물론 사회적인 시간과 공간까지도 정보로 대체되어가고 있다. 권력의 토대였던 무력, 조직, 재화도 지식으로 대체되어간다.

예컨대 과거 기업의 경제적 가치는 그 기업이 만드는 상품의 가치로 간주되었다. 이후 기업의 가치는 매출액으로 표현되었고 이는 다시 주식시장의 주가로 표현되었다. 주가는 회사의 업적 수치나 다양한 형태의 이벤트, 나아가 세계 도처에서 나오는 각종 통계와 지수에 연동된 현란한 숫자들과 연동되었다. 애초 출발점이었던 상품과 재화는 보이지도 않는 곳으로 희미하게 멀어지면서 주가는 각종 통계와 지수, 상징과 이벤트가 서로서로를 대체하는 과정에서 순간순간 달라지는 추상적 숫자가 되었다. 이에 대해 미국의 사회비평가 토플러(Alvin Toefler)는 "주식은 다른 상징물 이상의 아무것도 상징하고 있지 않다"고 말하기에 이르렀다.[9]

물질적 재화의 집약적 표현이었던 자본은 그 물질적 형상을 비우고 기호의 형태로, 나아가 초기호적인 형태로 옮겨갔다. 현실 경제의 토대가 기호로 변해가는 데 대해 토플러는 다음과 같이 말한다.

유형 자본에서 지식 자본으로의 전환이 현실(real)이라면, 자본 자체는 더욱 비현실적인(unreal) 것이 된다.[10]

숫자와 상징과 이벤트들이 자본을 구성하게 되자 실재하던 현실이 추상적인 비현실로 변했다는 것이다. 게다가 이 정보는 컴퓨터의 순간 전자영상을 타고 전 세계 구석구석을 돌아다니며 다른 정보들과 결합하면서 자신을 무한 증식시키고 있다. 네트워크 속 정보들의 전파와 결합, 편집과 증폭은 경제 호황과 불황, 권력의 부침, 전쟁의 승패를 좌우하는 근원적인 힘으로 부상했다.

추상적이고 가변적인 정보와 지식이 사회의 토대가 되면서 과거 사회의 기반이었던 물질은 아련한 저편으로 사라졌다. 사회의 물질적 토대가 안개처럼 모호해지면서, 사회는 현란하게 움직이는 정보가 순간순간 만들어내는 환상의 무대가 되었다.

물질이 사회적 무대 뒤로 퇴장했다는 지식사회론의 발견은 시작에 불과했다. 이때만 해도 지식사회의 무대 뒤편으로 돌아가면 물질적 실체를 발견할 수 있으리라는 희망이 있었다. 정보가 '물자의 대체물'로서 정의되었기에, 그 대체물들을 거슬러 올라가면 마침내 상품과 재화라는 물체를 찾아내고, 다시 그 위에 사회를 세울 수 있기 때문이다.

북미 대륙의 지식사회론자들이 사회의 토대를 뒤져 물자의 대체물인 정보를 발견하는 동안, 유럽의 포스트모더니스트들은 그 정보라는 것이 뭔가를 대체할 수 없다는 심각한 발견에 이른다. 그것은 정보를 구성하는 언어와 숫자, 기호 자체의 특성 때문이다.

예컨대 1,000원짜리 화폐는 1,000이라는 양에 해당하는 물질적 가치를 가진 것으로 간주되었다. 즉, 그 양에 해당하는 객관적 물자를 대체하는 것이 화폐였다. 물질적 욕구가 실재하고, 그 욕구의 대상인 상품도 실재하므로 화폐는 실재하는 욕구와 물자를 대변할 수 있었다. 이런 생각은 물물교환부터 태환지폐 시절까지의 환상이라는 것이 포스트모더니스트들의 발견이다.

1,000원의 가치는 그 화폐가 통용되는 정치·경제 체계의 약속에 의해 발휘된다. 이 약속체계를 '코드'(code)라고 부를 때, 화폐의 물질적 가치는 코드라는 추상적 약속체계에 의해 발생한다. 코드와 코드가 연계한 것이 외환체계다. 화폐를 포함한 모든 기호들은 코드의 산물이므로, 그 밑바탕에는 물자라고 불릴 만한 실질 가치가 없다. 화폐는 비어 있는 것이다.

한 화폐를 통용시킨 체계가 무너지면, 그 화폐는 어떤 물질적 가치도 지니지 못한다. 국제적 약속체계가 무너지면, 다른 화폐 간 교환도 불가능하다. 정보나 지식이 코드에 의해 가치를 지니는 기호인 한, 바깥에 있는 상품이나 재화를 대체할 수는 없다. 물질적 가치란 사회적 합의라는 추상적 인정체계의 산물이라는 것이다.

이로써 어떤 유물론적 경제학도 설 곳을 잃었다. 유적 존재로서 인간의 보편적 욕구를 전제하고, 그 위에 상품에 내재하는 본유적 가치인 사용가치를 세우고, 사용가치를 대신할 교환가치를 노동의 양으로 설명했던 '물질의 경제학'은 그 토대를 잃었다. 이제 교환가치는 물론 사용가치와 인간의 욕구까지도 코드에 의해 규정되는 기호의 경제가 부상한다. '기호의 정치경제학'을 주장한 프랑스의 보드리야르(Jean Baudriallard)는 다음과 같이 말한다.

소비는 더 이상 사물의 기능적 사용이나 소유가 아니다. 소비는 커뮤니케이션 및 교환의 체계로, 끊임없이 보내고 받아들이고 재생되는 기호의 코

드로, 즉 언어활동으로 정의된다.[11]

경제활동이 언어활동이라면, 정보 뒤에 물자가 있으리라는 가정은 코드가 만들어낸 환상이다. 물자는 무대 뒤로 사라진 것이 아니라 애당초 없었다. 자본이 비현실적인 것으로 변했다기보다는, 처음부터 자본은 환상적 기호였다. 모든 물질적 가치는 상징적 가치로 바뀌었다. 상징적 가치란 실재하지 않는다.

> 상징적 '가치'는 없다. 단지 상징적 '교환'이 있을 뿐이다. 상징적 교환을 출범시키기 위해서는 대상, 상품, 기호 등 모든 형태의 가치가 부정될 수밖에 없다. 이는 가치의 영역을 근본적으로 파멸시킨다.[12]

가치가 실재하지 않는다면 그 가치의 소통으로 이루어지는 현실도 실재하지 않는 초현실이 되어버린다. 이처럼 유럽의 사회과학 속에서 나타난 제3의 눈은 사회를 컴퓨터 화면 위의 시뮬레이션처럼 보았고, 그 눈은 북미의 토플러에게도 전염되었다.

> 전단으로 뿌려지는 미술, 시추에이션 코미디의 한 장면, 폴라로이드 스냅 사진, 제록스 카피, 이리저리 처리되는 그래픽……, 이런 것들이 순식간에 나타났다가는 이내 사라져버린다. 각종의 착상, 신조, 태도들도 의식 가운데 불쑥 떠올라서는, 도전받거나 부인되거나 하다가, 홀연히 어딘지도 모르는 곳으로 희미하게 사라진다. 과학이나 심리학 이론들은 하루가 다르게 뒤집히고 대체되어버린다. 이데올로기는 우르르 부서진다. 우리 인식

속에 들어온 수많은 저명인사들이 빙그르 돌며 물결처럼 사라진다. 상호 모순된 정치적·도덕적 슬로건들이 우리를 공략한다.[13]

물질을 잃고 정보라는 허망한 토대 위에 선 새로운 사회의 모습이다. 원자 속의 양자들이 이곳저곳에 유령처럼 출몰하듯이, 사회에서도 기호의 옷을 입은 정보들이 유령처럼 전 세계를 누비며 요동을 일으킨다. 물리학에서 생긴 제3의 눈이 사회과학으로 번지자 사회에서도 물체가 사라졌다. 사회는 아원자세계와 비슷해졌다.

물체의 소멸

자연에서도 사회에서도 현실의 확고한 토대였던 물체가 사라지고, '물체처럼 보이는 현상들'만이 남았다.

현상(phenomenon)이란 우리의 눈이나 귀와 같은 감각기관에 들어온 자극이 뇌의 지각과정을 통해 인식된 것들을 말한다. 현상은 실체와는 달리, 그 대상의 있음을 확정할 수 없다. 아침에 맛보았던 음식의 달콤함이 저녁때는 써지고, 아름다웠던 내 몸도 자고 나면 더러워진다. 이처럼 생멸·변화하는 현상으로는 안정적 현실의 기둥으로 삼을 수 없기에 철학은 현상 배후에 그 현상을 뒷받침하는 실체가 있다고 생각했던 것이다.

데카르트에 따르면 실체란 '그것이 존재하기 위해서 다른 아무것도 필요로 하지 않고 자체적으로 존재하는 것'이다.[14] 다른 데 의존하지 않고 스스로 존재해야 천변만화하는 경험세계를 든든하게 뒷받침해줄 기둥이 된다. 그런데 제3의 눈이 뜨이면서 자연과 사회를 뒷받침해준 기둥

중 하나였던 물체가 사라진 것이다.

우리의 일상생활은 '물체'라는 실체 개념에 의존해 있다. 우리는 오늘 내가 몸담았던 집과 가족과 사무실, 버스가 내일도 똑같이 존재하리라는 가정 위에서 산다. 만약 내일 내 가족 중 하나가 사라지거나, 사무실의 내 책상이 없어지거나, 주식에 투자한 돈이 날아가거나, 버스가 다닐 길이 망가진다고 가정하면 우리는 오늘도 제대로 살아갈 수 없다.

안정적인 육체나 물체가 없다면, 밤새 거칠어진 피부를 탱탱하게 하려고 화장대 앞에서 그토록 오랜 시간을 낭비할 필요가 없고, 죽기 전에 다 쓰지도 못할 돈을 모으고 지켜내기 위해 주변 사람에게 그토록 야박하게 대할 이유도 없으며, 자동차와 별장을 소유하기 위해 눈에 피가 터지도록 일할 근거가 없다.

결국 우리는 마치 원숭이가 나무의 존재를 전적으로 믿고 살듯이, 집과 사무실과 이 몸뚱이가 지금처럼 지속적으로 있어주리라는 믿음 위에서 살았다. 우리 주변의 물체들이 '실제로 존재한다'는 가정과 믿음은 우리 삶을 뒷받침하는 가장 밑바닥 토대다. 데카르트는 그런 일상적 가정과 믿음을 철학적으로 표현했을 뿐이다.

따라서 물체가 사라졌다는 사실, 본래부터 물체라는 것은 없었다는 발견이 타격을 입히는 것은 철학자와 과학자들뿐만이 아니다. 물체로 구성된 '안정적 현실' 위에서 살아온 모든 일상생활인들에게 땅이 꺼진 것이나 마찬가지다.

그래도 여기까지만이라면 비빌 언덕은 남아 있다. 남은 하나의 기둥, 즉 정신이라는 기둥이 중심만 잘 잡으면 '정신적 현실'을 지탱해낼 수 있기 때문이다. 게다가 정신은 물체보다 인간됨의 의미를 고양시켜줄

수도 있다. 그런 희망을 갖고 또 다른 탐험대들이 정신이라는 실체를 찾
아 나섰다.

02 정신, 없어지다

정신이라는 실체를 찾아 나선 탐사대 중 가장 주목할 만한 것은 언어학과 언어철학이었다. 그들은 인간의 언어 속을 뒤지며 그 속에 숨겨진 정신을 찾으려 했다.

독일의 실존철학자 하이데거(Martin Heidegger)는 '언어는 존재의 집'이라고 했다. 그 말을 우리 식으로 풀면, '언어는 정신이 존재하는 집'이라고 해도 무방하겠다. 정신적 사유는 '언어가 마련하는 수로를 따라 흘러가는 물'과 같기 때문이다. 한국의 언어철학자 이규호가 그 뜻을 부연하여 설명한다.

> 말이 있기 전에 우리의 생각은 어둠의 혼돈이다. 말과 더불어 우리의 생각에는 빛이 나고 질서가 이룩된다.[15]

언어가 생각을 담는 그릇이라면, 그 그릇의 구조를 살피면 정신이 발견될 것이다. 이러한 전제하에 언어를 파헤친 탐사대는 크게 두 갈래로 나뉘었다. 한 부류는 일반적 정신이 배어 있다고 가정된 일상언어를 파헤쳤고, 다른 한 부류는 이성이라 불린 고품격 정신이 배어 있다고 가정된 과학언어를 뒤졌다.

일반정신을 찾아서

정신은 그 정의상 보편적인 성질을 띤다. 정신이 개개인마다, 집단마다 특수한 것이라면 내가 하는 말을 남이 알아들을 수 없고, 다른 집단 간에 행동을 조정할 수도 없으니 공동체나 사회가 작동할 수 없다. 그런 보편적 정신은 호주의 원주민들이나 태국의 왕족이나 한국의 사업가들에게도 공통된 것이다. 그것을 우리는 '일반정신'이라고 부를 수 있겠다. 일반정신이 있어야 사업 파트너 사이에 합의가 가능하고, 누구나 동의할 객관적 보도도 가능하며, 국민이 합의하는 여론도 가능해진다.

그런데 일반정신은 어떻게 탐색할 수 있을까? 지각, 생각, 느낌 등의 복잡한 정신활동도 그 대부분은 이미지, 소리, 개념 등으로 구성된다. 머릿속에서 발생하는 이런 잠재적 기호들을 외부의 글, 그림, 소리 등 현재적 기호로 변환하여 표현할 수도 있고, 이는 다시 머릿속의 잠재적 기호로 전환되기도 한다. 이런 전제하에 기호의 작동원리를 탐구하는 분야를 기호학(semiotics)이라고 하며, 그 핵심 이론은 언어학에서 제공되었다. 여기서 기호(sign)란 이미지, 소리, 감촉 등을 포함하는 좀더 포괄적인 언어라고 생각하면 되겠다.

그러면 어떻게 기호 속에서 정신을 찾을 수 있을까? 언어학자들은 언어라는 형식을 통해서 표현되고 전달되는 내용인 의미(meaning) 속에 정신이 깃들어 있다고 생각했다. 다시 말해 '가리키는 것'(signifier)을 통해 표현되고 전달되는 '가리켜진 것'(signified)에 정신이 담긴다는 것이다. 결국 기호의 형식으로 표현되는 내용, 즉 의미 속에서 일반정신의 존재를 확인할 수 있을 것이다.

우리의 상식으로 보면, 언어나 기호는 실재하는 사물을 대신하는 것이다. 산이라는 물체를 나타내기 위해 매번 실물을 손가락으로 가리키며 '이것'이라고 할 수는 없으므로 소통의 편의를 위해 '산'이라는 말과 그림으로 실제 산을 대체한다. 슬픔이라는 감정을 표현하기 위해 매번 눈물을 흘려 보일 수는 없으므로 '슬픔'이라는 말이나 눈물이 흐르는 얼굴 영상으로 편리하게 대신하는 것이다. 이렇게 언어와 기호는 실재하는 사물의 꼬리표 같은 것으로 간주되었다.

재현(再現, represent)이라는 말은 언어기호의 이러한 기능을 잘 표현하는 말이다. 영어에서 재현은 '다시 내어 보여준다'는 뜻으로, 직접 내놓고 보여주는(present) 대신, 그것을 대체할 기호로써 원래의 사물을 대신하여 보여주는 것이다. 재현은 표상(表象)이라고도 번역하는데, 실제 사물 대신 그 이미지로써 보여준다는 뜻이다. 결국 언어나 기호는 실제 사물을 대신해서 그 의미로써 다시 내보여주는 것이다.

이것이 언어에 대한 우리의 상식이다. 이런 상식적 관념은 고전언어학에 그대로 담겨 있다. 고전언어학에 따르면 언어는 그 바깥에 실재하는 사물을 담아내는 그릇이다. 그릇에 담긴 것은 사물 자체가 아니고 그 사물을 가리키는 이미지나 개념, 즉 의미다. 이 의미는 정신적인 것이므로, 언어의 의미는 사물을 가리키는 정신적 손가락이다. 네가 언어의 의미로 무엇인가를 가리키면 나는 고개를 끄덕이며 공통의 대상을 확인한다. 고로 언어 속에는 너나 나에게 보편적으로 작동하는 일반정신이 의미의 형태로 스며 있다고 가정할 수 있다.

그런데 문화와 언어와의 관계를 추적한 사람들은 이상한 현상을 발견했다. 예컨대 어떤 에스키모인들에게는 눈의 종류를 가리키는 단어가 수십 가지나 되고, 사막 지역 사람들에게도 흙을 표현하는 단어가 수십 가지다. 눈이나 흙에 다른 이름들이 붙으면, 그 이용하는 방식들도 달라진다. 같은 사물에 대해서도 문화마다 사용하는 언어와 기호가 다르고, 그에 따라 그 사물을 이용하는 방식도 달라진다.

같은 텔레비전 드라마를 본 사람도 남자냐 여자냐에 따라서, 늙은이냐 젊은이냐에 따라서 그 내용을 기술하는 말들이 달라진다. 같은 사건을 사진으로 취재한 경우도 보수 신문이냐 진보 신문이냐에 따라서 전혀 다른 각도에서 찍은 사진을 게재한다. 하위문화마다 사물을 인식하고 기술하는 독특한 체계가 따로 있다는 뜻이다. 그러다 보니 '번역은 창작'이라는 말이 나온다. 번역은 원 의미를 그대로 가리키는 것이 아니라 번역어 체계에 맞는 새 의미를 만들어내는 과정이라는 뜻이다.

만약 언어기호가 바깥에 실재하는 사물을 재현하는 것이라면 이런 일은 있을 수 없다. 동일한 사물은 등가의 의미로 언어기호에 담겨야 한다. 그래야 언어는 바깥에 실재하는 사물 '그대로'를 가리킬 수 있다. 만약 동일한 대상에 대해서 문화마다 다른 의미를 갖는 언어를 사용할 수밖에 없다면, 언어와 사물 사이에는 깊은 심연이 놓여 있다는 반증이 된다. 언어와 대상 사이에 필연적 관계가 없다면, 언어는 사물을 '다시 보여주는 것'이 아니라 사물을 '창작해내는 것'일 수도 있다. 그래서 언어학자

코르지프스키(Alfred Korzybski)는 "지도는 영토가 아니다"라고 선언했다. 지도와 영토 사이에, 언어와 대상 사이에 필연적 연관관계가 없다는 뜻이다.

이런 의혹이 확대되면서 언어학에서 제3의 눈이 출현했다. '언어학 혁명'을 일으킨 스위스 언어학자 소쉬르(Ferdinand de Saussure)는 사후 3년이 지난 1916년 출판된 『일반언어학 강의』에서, 언어와 그 언어가 가리키는 사물 사이의 필연적 관계를 끊어버렸다. 언어의 의미는 언어 저편에 있는 사물에서 오는 것이 아니라 언어체계 내부의 관계에서 발생한다는 것이다. 그렇게 되면 언어는 사물을 '가리키는 것'이 아니라 의미를 통해 사물을 '창작하는 것'이 된다.

그에 따르면 한 단어의 의미는 그 단어가 속한 언어체계 속에서 다른 단어들과의 '차이'로부터 발생한다. '나무'라는 단어의 의미는 저 바깥에 있는 키가 큰 식물에서 오는 것이 아니라 '풀', '숲', '원숭이', '인간' 등 그 언어체계 속에 있는 다른 모든 단어들과의 차이 때문에 발생한다. 한 개념은 '다른 개념들이 아닌 어떤 것'이므로 "언어 속에서는 적극적인 개념이 없고, 단지 차이들만이 있을 뿐이다."[16] 즉, 뭔가를 적극적으로 가리키는 데서 의미가 생기는 게 아니라 단어들 간의 관계체계에서 다른 모든 단어들을 배제하는 소극적 작용의 결과가 한 단어의 의미가 된다는 것이다.

결국 한 기호체계 내에서 작동하는 차별화(differentiation)가 기호의 의미를 발생시키는 기제다. 차별화는 다른 모든 기호들의 의미를 배제하는 과정이다. 다른 모든 기호를 배제한 나머지를 추출한다는 것은, 한 기호체계 내부의 총체적 관계 속에서 한 단어의 의미를 발생시킨다는 뜻이다. 체계 내의 총체적 관계가 개별 단어와 기호의 의미를 생성하는 데 매번 관여한다는 것이다. 그래서 소쉬르는 다음과 같이 말한다.

> 언어는 상호 의존적인 용어들의 체계다. 이 속에서 한 용어의 가치는 다른 용어의 동시적 존재에서만 생겨난다.[17]

한 용어를 사용할 때 다른 모든 용어들이 배후에서 활성화되면서 총체적 관계 속에서 차별화라는 작용을 수행한다. 이 차별적 관계의 총체는 문법을 넘어선 문화적 약속체계, 즉 코드로 불린다. 용어를 사용하는 매 순간 이 코드가 해당 용어에 관여하며 의미를 발생시킨다. 한 단어는 코드라는 관습적·자의적 체계와 연관 지어질 때만 특정한 의미를 갖는다. 어른의 머리를 쓰다듬는 행위기호는 어느 코드에 들어가지 않는 한 아무런 의미도 지니지 않는다. 그러나 유럽의 코드로 들어가면 '동료에 대한 격려'의 의미를 발생시킨다. 반면 동일한 행위기호가 한국의 코드 안에 들어오면 '어른에게 모욕을 준다'는 의미를 발생시킨다.

개별 기호 그 자체로는 의미를 발생시키지 못한다. 다시 말해 특정 사물과의 '외적' 관계 때문에 한 기호의 의미가 발생하는 것이 아니다. 개별 기호들은 코드라는 문화적 약속체계 '안에서' 의미를 발생시킨다. 결국 의미를 발생시키는 것은 체계 자체다. 코드라는 체계 밖의 어떤 사물이 기호의 의미를 만드는 것이 아니라는 점에서 의미는 기호현상 '안으로부터' 나오는 것이다.

전 세계 모든 문화를 관통하는 수학적 코드라도 그것이 필연적이고 보편적인 의미를 발생시키는 것이라고 할 수는 없다. 수학기호는 수학이라는 문화장르가 약속한 자의적 체계 속에서만 의미를 갖기 때문이다. 그 코드에 익숙하지 않은 사람은 '1 더하기 1'이 '더 큰 1'이라고 생각할 수도 있다.

의미가 기호체계 내부에서 발생하는 것이라면 언어와 대상 간의 필연적 관계는 끊어진다. 바로 이 점이 소쉬르를 언어학 혁명가로 부르는 이유다. 언어와 대상 간의 필연적 관계가 있어야 의미는 보편타당성을 지닐 수 있다. 그럴 때야 비로소 일반정신이 의미를 통해 언어 속에 살아 있다고 할 수 있다. 그런데 소쉬르는 언어와 대상 간의 필연적 관련성이 없다는 사실을 발견함으로써 일반정신이 언어 속에서 숨쉴 공간 자체를 소멸시켰다. 그 결과는 소쉬르의 말로도 충분히 설명된다.

> 언어 속에는 어떤 사물도, 어떤 대상도, 일순이라도 즉자적으로 부여되어 있지 않다.[18]

> 애초부터 개념은 실재하지 않는 것(nothing)이었다. 개념이란 다른 유사한 가치와의 관계 속에서 결정되는 하나의 가치일 따름이다.[19]

언어 속에는 아무것도 없었다. 언어 속에는 사물을 가리키는 정신적 손가락이 없었다. 언어 속에 숨겨져 있으리라 예상되었던 사물과의 필연적 연계 끈, 그것이 사라진 것이다. 그 끈이 있어야 언어가 일반정신을 담는 그릇 역할을 할 수 있는데, 이제 언어에는 그런 기대를 할 수 없게 되었다. 이로써 일반정신이 언어 속에서 반짝이고 있으리라는 희망은 무너졌다. 언어 속에서 정신은 사라졌고 아무 실재성도 없는 자의적 의미들만이 남았다.

> 언어는 자의적인 기호들의 체계이므로 (언어를 통한) 토론은 필연적 기초나 확고한 기반을 결여한다.[20]

대화를 통해 '공통의 진리'에 도달할 수 있다는 생각은 민주주의에 관한 철학과 사회 이론들의 공통된 가정이었다. 그러나 생각과 토론이 자의적인 기호에 의존할 수밖에 없다면, 언론의 기사나 보도사진 속에는 객관적 사실이 담기지 못하고, 그 기사를 바탕으로 진행되는 토론으로는 진실된 여론을 형성할 수 없다. 결국 여론에 의한 통치는 자의적인 통치체계일 수밖에 없다.

언어기호를 통한 모든 행동은 이제 믿을 수 없는 것이 되었다. 때문에 기호학자 에코(Umberto Eco)는 '모든 말은 거짓말'이라며 한탄했다. 보편적 일반정신이 없다는 허망한 사실, 그것이 제3의 눈이 언어기호 속에서 발견한 것이다.

소쉬르의 전통을 이어받은 포스트모더니스트들은 그나마 있었던 코드의 안정성도 파괴했다. 문화와 관습이라는 약속체계가 안정적이면 의미도 안정적일 것이다. 의미가 안정적이면 삶도 안정적일 것이다. 그런데 문화의 변동속도가 빨라지면서 코드 자체도 끊임없이 요동치게 되었다. 이에 따라 총체적 관계로 얽힌 언어기호들도 출렁이면서, 임시적이고 단편적인 의미의 자취만 남기는 부평초가 되었다.

기호의 세계는 유령 같은 소립자의 세계와 비슷해졌다. 의미가 순간에 생겼다 사라지고 다른 의미로 대체되는 찰나생멸의 세계가 된 것이다. 그 안에서 항구적이고 보편적인 정신적 실체를 발견할 가능성도 신기루처럼 사라졌다.

그러나 아직 희망은 남아 있다. 정신 중의 정신이라고 할 이성, 그중에서도 최고로 날카로운 빛을 발하는 과학정신이 있다는 믿음을 저버릴 수는 없는 것 아닌가. 그리하여 정예 탐사대가 과학정신을 찾아 나섰다.

특수정신을 찾아서

데카르트 자신도 정신을 찾아 다닌 바 있다. 그는 '정신이 실재하는가?'라는 질문으로 회의하고 또 회의했는데, 결국은 회의하는 무엇이 있다고 할 수밖에 없었고 그 무엇이 바로 정신이라고 확정했다. 정신이 실재한다면 정신이 파악하는 물체도 실재한다. 회의를 통해 돌아보며 반성하는 과정을 통해 정신은 으뜸 실체로 자리잡았다.

게다가 정신은 동물과 인간 존재를 확실히 구별해준다. 동물과 내가 다른 것은 생각하기 때문이며, 그것도 회의를 통해 반성할 수 있기 때문이다. 그래서 데카르트는 선언했다. "나는 생각한다. 고로 존재한다"고.

이로써 바른 정신의 터전이 닦였다. 눈에 보인다고 해서, 귀에 들린다고 해서 존재하는 것이 아니고, 선배들이 옳다고 해서 옳은 것이 아니다. 그가 '방법론적인 회의'라고 부른바 회의하고 회의해서 남는 명석하고 판명한 정신, 즉 이성을 통해서만 경험의 진실치를 확보할 수 있다. 이성 속에 정신이 숨쉬고 있는 것이나.

'명석판명한 정신'은 과학의 이상이 되었으며, 과학정신 그 자체와 동일시되었다. 한 생각이 명석하다(clear)는 것은 그 내용이 정확하고 세세하다는 뜻이고, 판명하다(distinct)는 것은 다른 생각과 분명히 구분된다는 의미다. 한 개념이 그 내포에서 정확하고 외연에서 분명히 구분되니 혼란이 있을 수 없다. 이와 같은 생각의 명석판명성은 일반정신과 구분되며, 이를 우리는 '특수정신'이라고 부를 수 있겠다.

특수정신이 실재한다는 사실만 밝히면 일반정신은 없다고 해도 큰 문제가 아니다. 누구든 훈련을 통해 문화적 코드가 주는 편견을 극복하면 이 특별한 과학정신을 살려낼 수 있고, 이를 통해 보편타당한 진리를 추구할 수 있기 때문이다.

명석판명한 정신을 찾아 나선 탐험대 중에서 가장 혁혁한 성과를 올린 것은 언어철학의 일종인 분석철학(analytical philosophy)이었다. 논리실증주의로 불리는 그들은 과학언어의 논리체계를 정립하고, 이를 사실과 견주는 실증과정의 원칙을 세움으로써 과학 방법론의 토대를 쌓았다. 논리와 사실이라는 강력한 무기를 갈고닦음으로써 이성의 실체를 밝히려 한 것이다.

그 출발은 역시 언어다. 분석철학의 기수였던 비트겐슈타인(Ludwig Wittgenstein)은 1921년 출간된 혁신적 저서 『논리철학 논고』에서 언어에 대해 다음과 같이 전제했다.

어떻게 해서든 말로 언급할 수 있는 것은 분명하게 언급할 수 있다. 말할 수 없는 대상은 침묵 속에 지나칠 수밖에 없다.[21]

말할 수 없는 것은 정신이 파악하지 못하므로 지성적 탐구대상에서 배제된다. 그러나 어떻게든 말할 수 있다면 그것은 분명하게 표현할 수 있다. 분명한 언어 속에는 '명석판명한 정신'이 스며들 것이다. 이것이 논리실증주의를 뒷받침한 비트겐슈타인 전기 철학의 대전제다.

하나의 사태에 대해서 그 의미를 분명히 표현하는 기본 단위는 문장이다. 완벽한 의미는 하나의 명제로 표현될 수 있다. 따라서 명석하고 판명한 명제의 조건을 밝히면, 이성적 정신이 그 명제 속에서 숨쉬고 있는 것을 발견할 것이다.

이성을 담는 그릇이 될 과학적 문장의 조건은 두 가지다. 논리적이어야 하고 또 사실적이어야 한다. 논리적이면서 사실적인 명제를 추출하기 위한 논리실증주의의 과학 방법론은 〈그림 8〉로 정리할 수 있다.

예컨대 '사람은 본래 선하다'라는 일상언어의 문장을 살펴보자. 이런 일상적 개념으로 만들어진 문장은 그 자체로 옳다 혹은 그르다고 판단할 수 없다. '사람'은 모든 사람을 말하는 것인지 대부분의 사람을 말하는 것인지 분간하기 어렵고, '본래'는 마음은 선한데 행동은 악할 수 있다는 것인지, 혹은 악한 행동을 해도 항상 양심의 가책을 받는다는 것인지 불분명하다. 또 '선하다'는 개념은 착한 것인지, 도덕에 따른다는 것인지, 범법행위를 하지 않는다는 것인지 불분명하다. 따라서 이런 문장의 타당성을 확인하려면 연역의 과정을 통해 '검증 가능한 명제'로 바꾸어야 한다. 이 과정을 '논리적 환원' 혹은 '조작적 정의'라고 한다(〈그림 8〉의 ①).

'사람은 본래 선하다'라는 문장을 논리적으로 환원하면 다음과 같은 검증 가능한 명제의 후보들이 제시될 수 있다. 예를 들어 1) '모든 사람

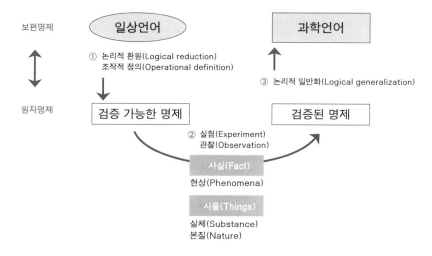

보편명제

일상언어

과학언어

① 논리적 환원(Logical reduction)
조작적 정의(Operational definition)

③ 논리적 일반화(Logical generalization)

원자명제

검증 가능한 명제

검증된 명제

② 실험(Experiment)
관찰(Observation)

사실(Fact)
현상(Phenomena)

사물(Things)
실체(Substance)
본질(Nature)

〈그림 8〉 논리실증주의의 과학적 방법론

은 갈등 상황에서도 도덕적으로 옳다고 인정되는 행동을 취한다' 또는
2) '모든 사람은 도덕적으로 그르다고 간주된 행동을 취하기 전후나 그
과정 중에 심리적 갈등을 느낀다' 같은 두 명제로 축약되었다고 하자.
이 두 명제는 '사람은 본래 선하다'라는 보편명제를 구성하는 기본 요소
가 된다는 점에서 원자명제라고도 부른다.

이 원자명제들에 대해서는 실험을 하거나, 사회조사를 하거나, 실제
상황에서 관찰하거나, 역사적 사실들을 조사함으로써 맞는지 틀리는지
를 판단할 수 있다. 그것이 실험과 관찰의 과정이다(〈그림 8〉의 ②). 1961년
예일대 사회심리학자 밀그램(Stanley Milgram)이 실시한 실험은 그 하나의
사례로 간주될 수 있다. 그는 '기억에 관한 연구'라고 속이고서 실험 참
가자들을 모았다. 피험자들에게는 옆방의 학생이 이어지는 질문에 대답
을 못하면 못할수록 15볼트에서 450볼트까지 올리며 전기충격을 가하

는 처벌을 하도록 했다. 학생과 비명소리 등은 모두 연출된 것으로, 이 연구의 실제 목적은 사람들이 전기고문과 같은 비도덕적 행위를 해야 할 때 '예일대 교수'와 같은 권위에 어느 정도 복종하는지를 알아보고자 함이었다. 이 실험 결과 65퍼센트의 피험자가 450볼트까지를 누른 것으로 나타났다.[22] 이것은 원자명제 1) '모든 사람은 갈등 상황에서도 도덕적으로 옳다고 인정되는 행동을 취한다'에 대한 실험이라고 할 수 있고, 이 명제는 65퍼센트 이상의 수준에서 틀렸다고 할 수 있다.

만약 이 실험에서 피험자들에게 뇌파감지장치를 달고 어느 정도의 심리적 갈등을 느끼는지를 함께 보았다면, 원자명제 2) '모든 사람은 도덕적으로 그르다고 간주된 행동을 취하기 전후나 그 과정 중에 심리적 갈등을 느낀다'도 함께 점검할 수 있을 것이다.

이런 실험은 지구에 사는 '모든 사람'에게 실시할 수는 없다. 따라서 대체로는 무작위 추출로 실험하고, 그 결과를 통계학적으로 일반화한다. 그 결과로 나오는 명제들은 다음과 같은 것일 수 있다. 1) '모든 사람은 갈등 상황에서 도덕적으로 옳다고 인정되는 행동을 취하지는 않는다.' 2) '모든 사람은 도덕적으로 그르다고 간주된 행동을 취할 때 심리적 갈등을 느낀다.' 이것이 〈그림 8〉에서 '검증된 명제'에 해당한다.

이를 바탕으로 논리적 귀납과정을 통해 일반화하면 보편적인 과학명제가 도출된다(〈그림 8〉의 ③). 예컨대 '보통 사람은 행동에서는 선하지 않지만, 심리적으로는 선하다' 같은 것이 보편타당한 명제로 성립될 수 있다는 것이다. 이처럼 논리절차와 사실확인을 통해 '사람은 본래 선하다'라는 일상언어를 과학인어로 바꿀 수 있고, 이 과학언어에는 객관적 진실이 담겨 있다고 할 수 있다.

과학명제가 진실을 담을 수 있는 것은 논리와 실증의 과정을 통해 논리적 진리와 객관적 사실이 명제 속에 담기기 때문이다. 실증의 과정을 통해 한 명제 속에 담긴 개념들을 명석하게 다듬을 수 있고, 논리의 과정을 통해 개념들 간의 관계를 판명하게 정돈할 수 있다. 비트겐슈타인은 과학언어가 '객관적 사실의 그림'이며 그 '논리적 모사'라고 생각했다. 과학언어는 객관적 사실을 그림처럼, 그리고 그 구조를 논리적 모사로서 담아낼 수 있다. 결국 과학언어는 그 사실성과 논리성을 통해 객관적 진리를 드러내는 보편타당성을 갖는다. 과학언어는 진리가 숨쉬는 특수정신의 집이 된다.

이런 방식으로 진리와 거짓을 분간할 언어의 조건을 분명히 함으로써, 이성이라 불린 특수정신의 실체를 확인한 셈이다. 오늘날까지도 적지 않은 과학자들이 논리실증주의의 원칙에 따르면서, 명석판명한 정신을 통해 객관적 진리를 파악하고 있다고 생각한다. 그들에게 정신은 살아 있는 실체다.

그러나 그런 과학자들의 오해와는 달리 분석철학에도 이미 한참 전에 제3의 눈이 등장했다. 그는 '분석철학의 데리다'로 불리는 미국의 철학자 콰인(Willard Van Orman Quine)이다. 콰인은 1951년 발표된 「경험주의의 두 도그마」라는 짧은 논문 한 편으로 논리실증주의의 기반을 흔들어놓았다.[23]

논리실증주의는 과학언어에 대한 두 가지 가정을 갖고 있었다. 하나는 과학법칙을 구성하는 보편명제는 관찰 가능한 원자명제로 구성되어 있다는 것이다. 마치 고전물리학에서 물체가 원자로 구성되어 있다고 보았듯이, 보편명제도 원자명제로 구성되어 있다고 본 것이다. 그렇다면 보편명제는 논리적 연역과정을 거쳐 원자명제로 환원할 수 있고, 다시 원자명제는 논리적 귀납과정을 거쳐 보편명제로 일반화할 수가 있다. 콰인은 이러한 가정을 '환원주의'라고 불렀다.

이를 뒷받침하기 위한 또 하나의 가정으로, 논리실증주의는 '분석명제'와 '종합명제'를 구분했다. 분석명제란 '선한 것은 악하지 않은 것이다'처럼 순수논리를 담는 문장으로, 형식적·보편적 진리를 실현하고 있다. 반면 종합명제는 '악한 자가 선한 자를 해친다'처럼 경험적 확인과정을 통해야 그 진실을 알 수 있는 문장이다. 분석명제에서 얻는 순수논리는 종합명제를 환원하고 보편화하는 데 적용되기에, 논리는 경험을 진실되게 가공하는 상위원칙을 구성한다고 하겠다.

이 두 가정 모두 논리의 진실성에 대한 그들의 믿음에서 비롯된 것이다. 논리는 보편타당한 진실을 구현하는 정신의 원리다. 따라서 논리를 경험적 문장의 안내자로 활용함으로써 명석하고 판명한 정신을 지켜낼 수 있다고 생각한 것이다. 심지어 그들은 대상세계조차 과학언어의 논리적 닮은꼴이라고 생각했다.

콰인이 들춰본 것은 바로 이 가정들이다. 그는 첫째 가정인 논리적 환원주의가 애당초 가능하지가 않다는 점을 다음과 같이 밝혔다. 예컨대 '선하다'는 개념을 논리적으로 환원하여 '도덕적으로 옳다'는 개념으로 바꾸었다고 하자. 이 개념이 정확한지를 점검하려면 다시 '도덕'이 무엇인지, 또 '옳다'는 것이 무엇인지를 정의해야 한다. '도덕'이나 '옳다'를 정의하려다 보면 직접이든 간접이든 '선하나'라는 개념에 결국 의존할 수밖에 없다. 그러므로 논리적 환원과정을 밟다 보면 동어반복과 순환

논리를 피할 수 없다. 개념의 정의 자체가 순환논리를 벗어날 수 없다는 것이다. 즉, 〈그림 8〉의 ①, 논리적 환원(조작적 정의)부터가 잘못된 가정에 입각한 것이므로 다른 모든 과정도 타당하지 않다는 것이다.

콰인은 두 번째 가정인 분석명제와 종합명제의 구분도 붕괴시켰다. '선은 악이 아니다'라는 논리적 명제라도, '선'과 '악'은 비슷한 말과 반대말에 대한 문화적 습관으로부터 그 의미가 발생한다. 그렇다면 그것은 논리적 진실이라기보다는 문화적 경험에서 비롯된 경험적 명제라고 볼 수도 있다. 결국 논리라는 것도 문화적 경험의 연장선상에 있다. 논리는 보편타당한 진리가 아니기에 논리적인 과학언어라도 보편타당한 진리를 담을 수는 없다.

이리하여 논리적 진리에 입각하여 과학언어를 세우려고 했던 분석철학의 시도는 그 기초가 붕괴되었다. 더불어 논리 속에서 빛을 발하고 있으리라 가정했던 이성의 숨결도 꺼졌다.

그렇다면 언어의 의미란 어떻게 생성되는 것인가? 여기서 콰인은 소쉬르가 이미 밝혔던 것과 유사한 결론에 도달한다. 소쉬르가 언어의 총체적 체계인 코드 속에서 개별 단어의 의미가 생성된다고 했듯이, 콰인도 언어의 한 부분은 전체와의 관계 속에서만 그 의미가 드러난다고 말했다. 하나의 개념은 그 개념이 속한 언어의 전 체계 속에서만 의미를 생성하기에 전체와의 관계를 단절한 부분은 의미를 갖지 못한다. 바깥 대상이 그것을 가리키는 언어의 의미를 형성하는 것이 아니라 언어 내부의 전체적 관계가 각 부분의 의미 생성에 깊이 관여한다는 것이다.

과학언어라 하더라도 그 논리 속에 문화가 깊이 스며 있고, 하나의 명제는 바깥 대상을 가리키기보다 그 언어 전체를 가리킬 뿐이다. 이렇게 보면 콰인에게는 물리학적 개념과 신화적 개념이 근본적으로 다른 게 아니다.

> 대상들은 경험에 비춘 정의를 통해서가 아니라 그냥 편리한 매개로서 우리 상황에 개념적으로 들어온다. (물리적 대상들은)…… 호머의 신들에 비견될 만큼 환원 불가능한 가정으로서 우리 삶에 들어올 뿐이다……. 인식론적 근거에서 보면, 물리학적 대상과 신화의 신은 정도의 차이만 있을 뿐 그 종류가 다른 게 아니다. 두 가지 모두 오직 문화적 가정들로서만이 우리의 개념 작용에 들어온다.[24]

소립자라는 물리학적 개념과 손오공이라는 신화적 개념이 그 발생원리에서 다르지 않다면, 과학언어와 일상언어를 확연히 구분할 선은 없다. 이로써 '명석판명한 정신'은 문화의 안개 속으로 사라졌다. 특수정신이 일반정신 속에 묻혀 들어가면서 함께 사라진 것이다. 정신이 사라진 자리에서 자신을 '이성적 존재'로 생각해온 사람들의 착각이 투명하게 빛났다. 제3의 눈이 쳐다보자 정신이라는 실체도 없어졌다.

정신 없는 사회

일반정신과 특수정신 모두가 언어 속에서 사라지자 사회에서도 정신이 없어지는 일이 발생했다.

논리와 실증을 통해 보편타당한 진리에 도달할 수 있다는 초기 분석철학의 이상은 사회 여러 분야에서 받아들이고 있었다. 사회적 '사실'은 저널리즘의 객관적 보도를 가능케 하고, 이를 통해 사회 구성원이 토론을 통해 진실에 도달할 수 있는 근거였다. 정부나 기업과 투자자는 사실 판단에 기초하여 미래 전략을 세우고 현재 행동을 결정했으며, 법원은 사실에 근거하여 옳고 그름을 판단했다. 모든 집단적·개인적 분쟁에도 불구하고 사실만 확인할 수 있으면 이성적 토론을 통해 공통의 진실에 도달하는 것이 가능하다는 게 민주주의와 합리적 사회의 이상이었다. 그런데 민주주의를 포기하지 않은 토플러가 그 근거를 허문다.

> '사실'은 의도적이건 아니건 간에 기존의 권력구조가 형성해놓은 다른 '사실'들과 가설에서 유래한 것이다. 그러므로 모든 '사실'은 권력-역사를 가지고 있으며, 또한 권력-미래를 가지고 있다. '참'인 사실과 과학적 '법칙' 그리고 이론의 여지가 없는 종교적 '진리'는 물론이고 허위사실과 거짓말 조차도 모두가 진행 중인 권력시합의 무기이며, 또한 그 자체가 일종의 지식이다.[25]

지식사회에서의 사실은 참된 지식의 단단한 기반이기는커녕 오히려 권력에의 의지로 짙게 윤색된 욕망덩어리가 되었다. 이로써 사실에 뿌리를 두었다는 뉴스, 토론, 판결이라는 것도 모두 권력투쟁의 지식 마당이 되었다. 사실과 여론이라는 민주주의의 토대는 이성의 소멸과 더불어 붕괴되어갔다.

포스트모던 기호학은 더 나간다. 언론 보도에서 각종 사실과 전문가의 의견을 통해 제시되는바 '사건의 핵심'이란 그저 맹목적으로 흐르는 기호라는 강물의 흔적에 불과하다. 보드리야르가 말한다.

'아마존 밀림의 핵심', '현실의 핵심', '전쟁의 핵심' 등 매스커뮤니케이션이 묘사하는 기하학적 장소이면서 현혹적 감상벽의 원천인 '핵심'이라는 것은 '아무것도 일어나지 않는 장소'다. '핵심'이라는 것은 비유적인 기호일 뿐으로, 기호는 이렇게 하여 안심시켜주는 기능을 다할 뿐이다.[26]

소쉬르가 지적했듯이 언어에는 없음(nothing)만이 있다. 언어기호에는 사태의 본질이 담길 수 없으므로, 무엇이 있는 듯한 비유만이 흔적을 남길 뿐이다. 옳고 그름을 가린다는 토론도 '진실을 찾는다'는 안심만 시켜줄 뿐이다. 혼을 잃은 기호들의 무한 폭류에서는 진실공방조차도 허무한 몸짓이다. 기호 흐름에 내맡겨진 소비행위도 마찬가지다.

소비과정에는 혼도 그 그림자도 더 이상 존재하지 않는다. 존재의 모순도, 존재와 현상의 대립도 더 이상 없다. 기호의 발신과 수신만이 있을 뿐이다. 개인으로서의 존재는 기호의 조작과 계산 속에서 소멸한다. 인간은 자신이 늘어놓는 기호의 내부에 존재하는 것이다. 초월성도 목적성도 더 이상 존재하지 않게 된 이 사회의 특징은 '반성'의 부재, 자기 자신에 대한 시각의 부재다.[27]

인간이 기호를 사용하는 것이 아니라 기호가 인간을 소비하는 기호사회에서는 존재, 혼, 목적 등 기호를 초월하는 모든 정신적인 것들이 사라진다. 여기서는 가장 고귀한 정신 역량인 반성, 곧 스스로가 스스로를 돌아보는 시각도 부재한다. 정신이 사라진 자리에 매스미니어와 컴퓨터, 핸드폰들을 타고 유령처럼 질주하고 사라지는 기호의 발신과 수신, 그리고 또 이어지는 발신과 수신만이 있을 뿐이다.

　사회에서 정신이 없어지면서 합리적 사회, 공동체적 진실, 민주주의의 이상도 터전을 잃었다. 남은 것은 합리성과 민주주의라는 허구를 꾸미는 문자, 이미지, 이벤트들 속에 숨겨진 욕망들뿐이다. 이 욕망들조차도 기호를 타고 찰나에 생멸하는 것이기에, 사회에는 모든 정신의 흔적이 사라졌다. 한마디로 정신 없는 사회가 된 것이다.

03   나, 소멸하다

물체와 정신이라는 근원적 있음이 사라지자 거기에 존재의 뿌리를 두고 있던 모든 사물들이 허공에 떠버렸다. 사물은 그것이 단단한 당구공 같은 것이건 체계적 지식 같은 것이건 자기 정체를 잃었다. 사물의 정체는 '나'라고 불리는 가장 기본적인 존재 단위로부터 부여된다. 물체가 원자라는 단단한 물질적 정체로 구성되듯이, 사회는 '나'라는 정체를 가진 개인과 조직으로 구성된다는 것이 두 눈 문명의 가정이었다. 이처럼 세상을 구성하는 기본 정체인 '나'가 제3의 눈의 등장으로 위기에 처했다.

우리가 물체니 정신이니 하며 있음의 확고한 기반을 찾으려 한 것도, 궁극적으로는 나의 정체를 안정화·영속화하기 위한 지적 몸부림이었다. '나'는 우리가 살면서 항상 지키려고 하고, 키우려고 하고, 영원히 존재하길 바라는 무엇이다. '나'는 삶이 맴도는 중심과 같은 것이며, 이 삶을 유지시키는 근원이기도 하다. 그 '나'의 뿌리가 사라지면서 다른 모든 '나들'도 먼지처럼 허공에 떠버렸다.

나의 발생

'나'는 확실히 존재하는 것이라고 사람들은 믿어왔고, 철학자들과 과학자들은 그 일상적 믿음을 체계적 지식으로 표현했다. 그러나 포스트모더니즘에서 발생한 제3의 눈은 '나'라는 주체가 '구성되는 것'이라는 점을 발견했다. 그보다 이전에 독일 출신의 이론물리학자 아인슈타인(Albert Einstein)은 '나'가 발생하는 구조에 대해 다음과 같이 말한 바 있다.

> 인간 존재는 우리가 '우주'라고 부르는 전체의 일부다……. 그런데 그는 자기 자신을, 자기의 생각과 감정을 나머지 다른 것들과 구분된 어떤 것으로 경험한다. 이는 그의 의식이 일으키는 일종의 시각적 기만이다. 이 시각적 미혹은 우리에게는 일종의 감옥이 되었다.[28]

우리는 우주의 일부다. 즉, 인간과 우주는 분리할 수 없다. 그럼에도 인간의 지각은 '나머지 다른 것들과 구분된 어떤 것'으로 '나'를 경험한다. 이런 방식으로 발생하는 나를 '배타적 나'라고 부를 수 있을 것이다. 나머지를 자신과 구분한 인간은 '나'라는 감옥에 갇힌다. 그런 점에서 '배타적 나'는 '자폐적 나'다. 이런 배타와 자폐의 원리가 모든 대상 사물에 적용되면서 다양한 사물이, 즉 다양한 '나'들이 형성된다.

'나'가 시각적 기만에서 발생한다는 아인슈타인의 지적은 깊은 통찰을 담고 있다. '나'라는 것은 우선 눈으로 확인된다. 쇼쇼니우스 원숭이의 입체시는 부피와 크기를 가진 것들을 '있음'으로 확인했다. 이 눈에 3색형 색각이 등장하면서 있음도 '다른 있음들'로 분별해냈다. 여기에 덧붙여진 중심와는 보는 자의 관심과 의도에 맞는 대상을 더 뚜렷하게 보여주는 지각체계를 형성했다. 이로써 '관심과 의도에 따라 다른 있음들이 드러나는' 세상이 나타났다.

　관심 중의 으뜸은 이 몸과 마음의 욕구 충족이다. 따라서 욕구의 일차적 대상인 이 몸과 마음이 '이편의 있음'으로, 그 밖의 모든 것들은 '저편의 있음'으로 구분된다. 이로써 세상은 이편과 저편으로 나뉜다. 이것이 '나'가 형성되는 일차적 지각구조다. '나'라는 것은 나에 해당하는 적극적인 무엇이 있어서 형성되는 것이라기보다는, 일차적 관심과 의도에 따라 '나머지 것들'을 배제함으로써 나타나는 것이다. '나'는 이 일차적 차별화의 산물이다.

　이차적 관심은 저편의 대상세계와 이편의 나 사이의 관계에 집중된다. 대상은 크기와 색깔, 냄새 등의 지각적 특성을 통해 차별화될 뿐 아니라 그 대상이 나와 어떤 성격의 관계를 갖느냐에 따라 뚜렷이 구분된다. 나를 허기에서 벗어나게 해주고, 나의 성적 욕구를 채워주고, 나와 친구가 되어주는 대상, 즉 나를 즐겁게 해주는 대상들은, 나에게 배탈을 일으키고, 슬픔을 안겨주며, 내 사회적 지위를 무너뜨리는 대상, 다시 말해 나를 불쾌하게 만드는 대상들과 구분된다. 즐겁게 해주는 대상은 나의 정체를 보강해주고 확대시켜주지만, 불쾌하게 하는 대상은 나의 정체를 훼손하고 위협한다. 따라서 즐거운 대상은 나와 동일시되며, 불쾌한 대상은 나와 차별화 혹은 대립화된다. 이런 동일시-차별화가 '나'를 만드는 이차적 구조다.

　동일시-차별화에 따라 즐거운 대상을 유지·확대하고, 불쾌한 대상을 축소·파괴하는 것은 '나'를 위한 보편적 행동원칙이 된다. 이를 위해 사물은 우리와 너희, 인간과 자연, 선과 악으로 구분된다. 동일시-차별화는 '나'를 중심으로 세계를 이해하는 관념 틀을 제공함으로써, 지각을 통해 형성된 '나'를 보강하는 관념적 '나'를 낳는다. 이 같은 지각적·관념적 이중구조를 통해 인간의 자아정체성은 겹겹이 두터워진다.

데카르트의 이원론 철학은 그 이전의 어떤 철학에 비해서도 뚜렷한 '나'를 세웠다. 그는 정신과 물체라는 실체를 규명하면서, 물체는 '정신의 바깥에 실재하는 것'으로 정의 내렸다. 안에 있는 정신과 바깥에 있는 물체는 서로 섞이거나 교섭하지 않고 독자적인 원리로 존재한다. 이에 따라 '생각하는 나'와 '생각 대상인 사물'이 분명하고 명백하게 쪼개졌다. '나'는 정신과 동일시되고 물체와 차별화되면서 '이성적 자아'라는 근대적 정체성을 낳았다.

이리하여 세상 사물은 '사유하는 정신'과 '기계적인 물체'로 대별되었다. 동물도 물체이며 인간의 육체도 물체다. 데카르트는 인간 신체도 바퀴와 스프링으로 돌아가는 시계에 비유한다.

나는 인간 신체를 기계로 생각한다. 내 생각으로는 병든 사람은 불량한 시계에, 건강한 사람은 잘 만든 시계에 비유된다.[29]

사유하는 정신이 기계적인 육체와 자연을 대상으로 바라보는 시선의 구조, 그 구조에서 근대적인 '나'가 탄생한다. 데카르트의 안내를 따라 과학자들도 사물을 기계로 보는 시선을 견지했다. 그가 바라보는 사물이 인간일지라도 흙이나 개미를 보듯 바라본다는 뜻이다. 그래야 명석하고 판명한 정신을 유지할 수 있고, 그 정신을 통해 얻은 지식으로 대상에 대한 통제력을 확보할 수 있다. 그래서 의학자들은 인간 몸을 바라볼 때 자동차 수리공이 자동차를 바라보듯 한다. 의사가 환자에 대해, 혹은 동물학자가 동물에 대해 감정이입을 하면 명철한 정신을 유지할 수 없고, 따라서 객관적인 지식을 얻을 수 없으므로 결국 대상에 대한 통제력도 가질 수 없다. 기계적 대상화는 객관적 지식을 통해 대상에 대한 지배력을 높임으로써 결국은 '나'를 드높이려는 것이다.

'나'를 세우는 전통적 시지각구조는 대상과 거리를 두고 보는 정도였다. 반면 데카르트의 시선은 대상과 '나' 사이에 투명한 벽을 설치한다. 이 투명한 벽을 통해 저편을 바라볼 수는 있으나, 이편과 저편은 본질적으로 다른 것이라는 전제를 가지고 바라보게 되었다. 이를 '이원적 거리를 둔 시선'이라고 할 수 있다.

과거에도 인간과 짐승, 이로움과 해로움 등의 이분법적 구분을 통해 '나'를 세우긴 했으나 그 구분 자체가 절대적이지는 않았다. 인간은 짐승과도 많은 교감을 통해 동질성을 느꼈기에 그 구분의 벽은 불분명했다. 그러나 데카르트에 이르면 인간은 정신이라는 실체로부터, 짐승은 물체라는 실체로부터 그 정체성을 부여받았고, 정신과 물체는 서로 교류할 수 없는 것이었기에, 인간과 짐승은 이원적으로 나뉘었다. 그만큼 인간의 자아정체성은 명백하고 분명해졌다.

근대철학의 창시자 중 한 사람인 영국 철학자 베이컨(Francis Bacon)은 이런 이원적 시선을 전투적으로 선전했다. 그에 따르면 "부유하는 자연은 사냥개를 풀어 사냥해야 할 대상"이다. 따라서 자연을 사냥하고 나면 "노예로 만들어, 인간에 봉사하도록 결박해야 한다." 과학자의 목적은 "자연을 고문하여 그 비밀을 자백하도록 하는 것"이다.[30]

이로써 신의 자리를 대체한 인간의 근대적 자아는 세상의 정점에 있는 존재로 우뚝 솟았다. 그러나 이런 유별난 정체성도 '나'를 세우는 이중구조에서 발생한 것이다. 즉, '나'를 세우는 전통적 시지각구조 위에, 근대철학의 이원적 시선구조가 결합하면서 형성된 것이다. '나'가 분명해지자 '너'도 분명해졌고 세상을 구성하는 사물들의 정체도 분명해졌다.

그러나 아인슈타인이 말했듯, 그 분명한 '나'와 '너'로 구성된 세상은 시각적 기만의 결과였다는 사실이 드러나고 있다.

살아 있는 너

정신적 사유는 생명활동을, 물체의 운동은 기계적 작동을 의미한다. 따라서 정신적 존재인 '나'는 살아 있지만 물질적 존재인 '너'는 죽어 있다. 이원적 시선이 강화되면서 '살아 있는 나'가 분명해지는 만큼 '너'는 죽어갔다. 그래서 동물도, 인간 육체도, 자연도, 그리고 사회도 기계가 되어갔다. 그것들이 활발히 움직일지라도 결국은 기계적 법칙을 따르는 것이므로 사실상은 죽은 것이다.

그런데 제3의 눈이 뜨이면서 죽은 기계로 생각했던 저편의 '너'가 살아나고 있다. 이는 마치 죽은 줄 알았던 사람의 몸을 건드리자 꿈틀거리며 일어나려는 광경을 대하는 것과 같은 충격을 안겨준다.

유전학은 기계론의 전통을 가장 잘 지켜온 과학 분야 중 하나다. 유전이란 순전히 육체적 요소들이 전달되는 과정으로, 정신은 관여하지 않는다. 유전자의 전달은 기계적 복제과정이며, 변화는 돌연변이에 의해 일어날 뿐이다. 선대의 조상이 어떤 환경에서 살았건, 어떤 태도로 살았건, 어떤 스트레스를 받았건, 그런 체험적이고 정신적인 요소들은 유전자에 새겨지지 않는다. 후대에 전달되는 것은 내가 부모로부터 생화학적으로 전달받은 유전자이므로, 내 삶의 방식이 내 자식에게 유전될 리는 없다. 데카르트의 심신이원론은 유전학에서 철저히 지켜졌다.

상대방의 사소한 성격까지 닮은 자식 때문에 부부 싸움을 해본 사람이라면 이런 유전학은 이상하다고 생각할 것이다. '당신 집안이 무슨 일을 겪어서 자식이 저 모양이다' 혹은 '당신이 술을 많이 마셔서 자식이 저 꼴이다'라고 생각하는 사람들은 이런 유전학에 반박할 자료를 갖고 있는 셈이다. 그러나 유전학은 정신적 경험과 생활습관의 유전이라는 상식을 엄격히 거부해왔다.

이에 대한 가장 체계적인 반론은 1980년대 스웨덴에서 우연히 나왔다. 사회의학자 뷔그렌(Lars Olov Bygren)은 스웨덴 북쪽 극지방의 외딴 마을 오버칼릭스(Overkalix) 사람들이 1803년부터 1935년까지 남긴 130여 년간의 자세한 인구기록을 조사할 수 있었다. 거기에는 마을 사람들의 출생과 사망, 기근과 수확 등에 대한 정보가 자세히 기록되어 있었다. 이 기록을 본 뷔그렌은 조부모 때 겪은 기근이 후손의 질병 사망에 영향을 미치는 것이 아닐까 생각했지만, 그런 생각에 동조해주는 유전학자를 찾을 수 없었다. 마침내 뷔그렌은 고집스러운 전통유전학에 반하는 한 논문을 읽게 되었고, 그 필자인 영국의 유전학자 펨브레이(Marcus Pembrey)와 2005년 이메일로 만났다. 두 사람은 오버칼릭스 마을의 기록을 자세히 분석하여 기존의 유전법칙에 반하는 새로운 법칙을 제시했다. 바로 '할아버지, 할머니 때의 식단이 손자의 수명에 영향을 끼친다'는 것이다.

이 마을은 외부와 고립되어 있었기에 기근에 민감하게 반응했다. 따라서 조부모 때 기근이 들면 식습관을 바꿀 수밖에 없었고, 이는 100년 후 손자 대에서 당뇨병 등으로 일찍 사망하는 데 영향을 미쳤다. 환경변화에 따른 영양상태의 변화가 유전자에 각인되어 전달된다는 것이다. 두 사람은 더 나아가, 조부의 경우는 사춘기에 기근을 겪었을 때, 조모의 경우는 자궁에 있을 때 기근에 영향을 받아 유전자에 각인시킨다는 차이까지 밝혀냈다.[31]

미국의 예후다(Rachel Yehuda)와 영국의 섹클(Jonathan Seckl)은 9·11 테러의 직접적 경험이 그 아이들에게 유전된다는 점을 밝혔다. 9·11 테러 당시 쌍둥이 빌딩에는 200명 가까운 여성들이 있었는데, 그중 절반이 '외상 후 스트레스 장애'(Post-Traumatic Stress Disorder)라는 정신질환을 겪었으며 그 자식들도 유사한 스트레스 증상을 보였다. 스트레스에 저항하는 호르몬을 코르티솔이라고 하는데, 이 아이들은 다른 아이들보다 코르티솔 수치가 현저히 낮았다. 특히 임신 8개월 때 9·11 사태를 경험한 태아들이 다른 아이들보다 코르티솔 수치가 낮아 더 높은 스트레스 장애에 시달렸다.

섹클은 이런 현상이 단순히 심리적인 영향이 아니라는 점을 밝히기 위해 스트레스 호르몬에 노출시킨 쥐의 2대, 3대까지 관찰했고, 3대까지도 높은 스트레스와 불안 장애를 겪는다는 사실을 발견했다. 정신적 스트레스가 유전된다는 것이다.[32]

전통유전학에 도전하는 최근의 발견들은 '환경의 영향이 유전된다'거나 '당신의 지금 경험이 자식과 손자에게 이어진다'는 말로 표현될 수 있다. 환경변화에 대한 반응, 정신적 경험 등이 유전자에 각인되고, 그것이 후대에서 발현될 수 있다는 것이다. 후천적 요인이 유전자에 새로운 정보를 입력한다는 의미에서 이 과정을 유전체 각인(genomic imprinting)이라고 부른다.

결국 몸은 기계가 아니라는 소리다. 기근이 발생하여 먹을 것이 없어지면 몸에서 당분이 떨어진다. 당분이 부족하다고 그냥 죽어버린다면 몸은 기계라고 할 수 있을 것이다. 그러나 몸은 '영양이 지속적으로 부족하다'는 상황을 판단하고 '스스로 당분을 많이 만들자'고 결단을 내린다. 그러고는 이런 결단을 유전자에 각인시킨다. 데카르트의 생각과는 달리 '몸도 생각한다.' 그 결과 후손에 이르러 영양이 충분한데도 당분이 과다 생산되어 당뇨를 일으키고 사망에까지 이르게 한 것이다.

물려받은 유전자의 발현도 기계적인 과정을 따르지 않는다는 연구들이 진행되었다. 그 대표적인 사례로 동일한 염색체가 망가져도 상이한 병들이 나타나는 현상을 들 수 있다. 같은 15번 염색체가 결실되어도 어떤 경우는 안젤만 증후군이라는 병으로, 어떤 경우는 프라더 윌리 증후군이라는 병으로 달리 나타난다. 안젤만 증후군은 모계로부터 받은 15번이 결실된 경우에, 프라더 윌리 증후군은 부계로부터 받은 15번이 결실된 경우에 발병한다.

세포는 자신의 유전자가 모계로부터 온 것인지 부계로부터 온 것인지를 알고 있다는 소리다. 세포는 결실된 15번이 모계로부터 온 것인지를 알고서 안젤만 증후군을 일으켰고, 부계로부터 온 것인지를 알고서 프라더 윌리 증후군을 일으켰다. DNA 이외의 무엇인가가 생각을 하면서 유전 스위치를 켰다 껐다 한다는 것이다.[33] 어떤 정보를 알고 그에 따라 달리 행동하는 것을 기계라고 볼 수는 없다. 육체에도 의식이 있다는 점을 인정하지 않고서는 설명하기 어렵다.

전통유전학에 따르면 인간의 몸에 관한 모든 것은 세포 속에 있는 유전자에 정보로 담겨 있다. 유전자는 마치 몸 전체에 관한 데이터베이스와 같아서, 한 항목별로 하나의 현상을 드러내게 하는 정보가 숨겨져 있으리라 가정되었다. 병에 관해서라면 하나의 유전자마다 하나의 질병을 일으킬 정보가 내장되어 있다는 것이다. 이런 가정을 입증하리라는 열망으로 출발한 게놈 프로젝트는 싱겁게 꼬리를 감추고, 대신 후천적 경험에 의한 유전자 활성화를 연구하는 후성학(後成學, epigenetics)이 부상하고 있다.

데카르트를 충실히 따랐던 유전학에서 제3의 눈이 등장하자 심신이원론이 붕괴되기 시작했다. 정신과 이원적 거리를 두고 기계처럼 존재한다고 간주된 육체도 '생각한다.' 당신이 밤 늦게까지 폭식하고 괴로운 일로 스트레스에서 벗어나지 못하면, 당신 후손의 몸이 그것을 안다. 몸에도 당신의 육체적·정신적 경험, 심지어는 도덕적 행위의 발자취가 뚜렷이 찍힌다.

위 연구들을 보여준 BBC 다큐멘터리의 제목은 〈당신 유전자 속의 유령〉이었다. 유전자 속의 이 유령은 원자 속에도 있다. 양자역학의 불가해한 현상들에 대한 논의를 편집한 물리학자 데이비스(Paul Davies)와 브라운(Julian Brown)의 책 제목도 『원자 속의 유령』이었다. 죽은 줄 알았던 몸이 꿈지럭거리며 뒤척이는 모습에 놀란 사람들이 '저 몸속에, 저 물체 속에 유령이 있다'며 허둥대는 형국이다.

바라보는 대상이 물체로 간주되었을 때, 대상에 대한 인간의 태도는 베이컨이 말한 것처럼 '사냥하고 고문하는' 전횡으로 치닫는다. 숲 속을 어슬렁거리는 짐승들은 기계적 본능에만 의존해 사는 저급한, 그리고 위험한 물체로 간주된다. 따라서 이들에 대한 토벌은 인간의 자아를 안전하게 확보하고 그 지위를 높이는 행위가 된다.

이러한 관념에 따라 제국주의 시대에는 전 세계에서 맹수를 사냥하는 일이 일반화되었다. 서구 제국주의자들은 아프리카, 인도, 남미, 태평양 등을 뒤지며 코끼리, 사자, 호랑이, 악어, 거북이, 고래 등을 대량으로 사살했다. 이들은 코끼리 상아를 팔거나 호랑이 가죽을 집 안에 걸었고 거북이 박제 전시를 자랑스럽게 여겼다.

일본 제국주의자들도 한반도에 들어와 호랑이 사냥 팀을 조직하면서 '호랑이 정벌군'(征虎軍)이라고 불렀다. 이들은 8개조로 나뉘어 대대적인 호랑이 사냥에 나섰다. 조선 호랑이는 그들이 정벌하려는 '대륙'의 상징이었기에, 사냥은 대륙 정벌 캠페인의 일환으로 진행되었다. 또한 늑대에 대한 현상수배를 내걸고, 한 마리당 쌀 두 가마니를 현상금으로 주기도 했다. 이후 한반도에서는 호랑이와 늑대의 씨가 말라버렸다.[34]

제국주의 시대의 사냥꾼은 오늘날의 지방 밀렵꾼으로 대를 이으면서 동물들의 멸종위기를 야기했다. 비록 그들이 모든 씨를 다 말리지는 않았다 하더라도 살아남은 소수 개체들은 건강한 번식을 위한 종의 다양성을 심각하게 상실했다. 이 모두가 데카르트와 베이컨 식으로 자연을 바라본 시선의 결과였다.

오늘날 동물을 바라보는 시선은 바뀌기 시작했다. 과거의 동물 다큐멘터리가 사자나 치타가 영양과 얼룩말을 잡아먹는 '약육강식의 야생'을 보여주는 데 병적으로 집착했다면, 오늘날에는 그들의 구체적인 생활을 세세히 보여주는 방식으로 바뀌어가고 있다. 그들도 엄마의 헌신적인 자녀양육이 있고, 계급과 권력에 따른 사회질서도 있으며, 죽은 동료에 대한 애통함과 장례절차까지 있다는 사실들이 드러나고 있다. 같은 종이라도 사는 환경이 다르면 다른 문화를 유지한다는 사실도 보여준다. 짐승들도 사회와 문화와 가정이 있다는 것이다.

일본 교토대학의 영장류 연구소에서는 40년 넘게 원숭이들을 연구해왔다. 이들의 실험 결과에 따르면 침팬지도 정신의 3요소라 할 지성, 감성, 의지가 있다. 일부 지성에서는 인간의 능력을 훨씬 뛰어넘는다. 심지어 인간에게만 있다던 자아의식도 발견되니, 정신의 주요 요소를 골고루 갖추었다고 할 수 있다.

다만 이 연구소의 마쓰자와(松沢哲郎)는 침팬지의 정신에 '반성능력은 없는 듯하다'고 지적함으로써 인간 정신과의 차이도 분명히 했다.[35] 반성(reflexion)이란 생각을 스스로 생각하는 능력이니, 자신의 생각을 돌이켜보면서 조정할 수 있고, 따라서 지속적인 향상을 가능케 하는 정신적 능력이다.

애완동물 심령술사(pet psychic), 혹은 동물 소통자(animal communicator)라 불리는 특별한 능력을 가진 사람들은 텔레파시를 통해 동물들의 구체적이고 놀라운 정신세계를 드러내준다. 영국의 동물 심령술사 피츠패트릭(Sonya Fitzpatrick)의 진술은 짐승들이 어느 정도 섬세한 의식을 갖고 있는지 알려준다. 인간의 퍼레이드에 참가하여 3등상을 받았다는 사실로 한껏 기분이 좋은 말의 자부심, 주인 부부가 이혼하려 한다는 사실을 알고 슬픔에 잠기는 개의 짙은 공동체감, 여주인이 외간남자를 끌어들여 방문을 걸어 잠그고 연애하는 데 대한 개들의 짜증과 불만, 한 달 후에 폭풍이 닥칠 것을 아는 고양이의 예지력, 주인이 자기를 너무 사랑하기 때문에 자신이 죽을 때가 되었는데도 떠나지를 못하는 개의 배려심 등[36]으로 미루어볼 때 짐승과 인간의 정신을 본질적으로 구분하는 것은 쉽지 않은 일이다.

미국의 동물 소통자 라이트(Heidi Wright)는 〈하이디의 위대한 교감〉이라는 방송 프로그램을 통해, 한국에 사는 동물들과 구체적인 의사를 소통했다. 어떤 암말은 자기가 낳은 새끼가 주인의 돌봄도 받지 못한 상태에서 죽었다는 사실 때문에 인간을 등에 태우길 거부하고, 어떤 개는 전 주인으로부터 버림받았다는 사실 때문에 새로운 주인이 아무리 친절히 해주려고 해도 얼굴을 돌리고 눕는다. 동물 소통자가 이들의 사연을 알고 통역자가 되어 인간과 짐승의 소통을 도와주었다. 버림받은 개는 '자신을 버린 전 주인도 이해한다'면서, '자기처럼 늙고 병든 개를 누가 좋아하겠느냐?'고 반문하기도 하고, '새 주인들이 잘해주는 것은 알지만 부담을 주기 싫어 곡기를 끊고 죽고 싶다'는 뜻을 전하기도 한다. 이 말과 개의 주인들은 그동안 자신들이 몰랐던 동물의 사연을 알고서 눈물을 펑펑 흘린다. 인간과 짐승 사이에 새로운 소통의 장이 열리자, 말과 개도 마음의 상처를 씻고 다시 인간과 화합한다.[37]

인간들은 인간만이 의식이 있고 도덕이 있으며 문화가 있다고 말해왔다. 또 인간만이 죽음을 의식하고 도구를 사용하며 자신을 희생하고라도 남을 배려한다고 말해왔다. 그런 것들은 웬만한 동물도 다 한다. 데카르트의 고집스러운 추종자들만 모르고 있거나, 알면서도 '대중의 호기심에 영합하는 선정주의'라는 이유로 마음의 문을 닫고 있을 뿐이다.

나무들도 서로 얘기를 나눌 수 있다. 남아프리카공화국의 동물학자 반 호벤(Wouter van Hoven)은 아프리카 영양의 한 종류인 쿠두를 사육하는 농장에서 1980년대 중반부터 쿠두들이 원인도 모르게 죽어가는 사태를 조사했다. 쿠두의 멋진 뿔 때문에 농부들이 넓은 밭을 쿠두 목장으로 전환하는 붐이 불던 때였다. 죽은 쿠두의 위 속 잔여물을 화학적으로 분석한 결과, 쓴 물질인 탄닌이 비정상적으로 많은 아카시아 잎을 먹었다는 게 밝혀졌다.

야생의 기린은 한 아카시아 나무에서 10분 이상 잎을 뜯어먹지 않는다. 몇 분 잎을 뜯고는 바람을 거슬러 어느 정도 떨어진 데 있는 아카시아 나무로 옮겨가거나, 바람이 불지 않을 때는 100미터가량 걸어가서 그곳 잎을 뜯는다. 그 원리가 쿠두에게도 적용되었던 것이다.

아카시아 나무는 짐승이 자기 잎을 뜯으면 잎의 탄닌 성분을 짐승에게 치명적일 만큼 증가시키는 한편, 달짝지근한 냄새가 나는 에틸렌가스를 대기로 퍼뜨린다. 그러면 주변 나무들도 자신을 방어하기 위해 탄닌을 더 많이 만들어내기 시작한다. 에틸렌가스가 '우리를 먹는 것들이 왔다'는 경고신호인 셈이다. 그것을 아는 야생의 기린은 조금만 뜯다가 바람을 거슬러 올라가 새 먹이를 찾는다. 반면 우리에 갇혀 사육되던 쿠두들은 멀리 돌아다닐 수가 없었으므로, 잎이 맛을 잃은 뒤에도 어쩔 수 없이 한 나무의 잎만 오래 뜯어먹은 것이다.[38]

나무가 화학적 신호를 통해 얘기를 나눈다는 것은 나무도 정보를 능동적으로 처리하는 언어체계를 갖추고 있다는 뜻이다. 특히 한 개체뿐 아니라 이웃 나무들의 생존을 위한 경고신호까지 보낸다는 점에서 '공동체를 위하는' 의식도 느껴진다. 그러나 의사소통 방식만으로 보면 로봇도 동일하게 움직일 수 있다. 그렇게만 보면 나무는 자기 잎이 뜯기면 자동적으로 화학신호를 보내는 기계로 볼 수도 있다.

그런데 '백스터 효과'로 알려진 탐지기 실험에서 식물들이 보인 반응은 로봇 수준을 훨씬 뛰어넘는다. 미국의 거짓말 탐지기 전문가였던 백스터(Cleave Backster)는 1966년 새로운 거짓말 탐지기를 실험하다 우연히 선물로 받은 화분의 용혈수를 바라보았다. 그 순간 '나무에 물을 주었을 때 잎까지 올라오는 시간을 측정해보자'는 생각이 들어 거짓말 탐지기를 용혈수에 연결했다. 물을 주고 지켜보자 용혈수는 기대와는 전혀 다른 반응을 보였다. 기계에 나타난 선은 사람이 잠시 기분 좋게 흥분했을 때 나타나는 전형적인 모양으로, 수많은 심문 경험을 통해 그가 잘 알고 있던 것이었다. 나무도 기뻐하는 감정을 가질 수 있다는 말인가?

이상하게 여긴 백스터는 '잎에 불을 붙여보자'는 생각이 들었다. 바로 그 순간, 나무는 격렬한 반응을 보였다. 나무가 나의 생각을 읽었단 말인가? 그는 성냥을 가지러 다른 방으로 갔다 왔다. 그가 돌아왔을 때 탐지기에는 격렬한 공포를 나타내는 선이 그려져 있었다. 나중에 그가 잎을 태우려는 시늉만 했을 때, 나무는 반응을 보이지 않았다. 나무는 진정으로 태우려는 위협과 단지 태우려는 척하는 것을 분간한단 말인가? 그 후 백스터는 숱한 실험을 통해 자신의 주장을 정리했고, 직업까지 버리면서 생물학자들과의 논쟁에 휘말려들었다. 그의 삶은 논쟁으로 피폐해졌다. 식물이 생각할 뿐 아니라 남의 생각도 읽는 독심술 능력까지 있다는 주장에 순순히 동조할 생물학자들은 없었기 때문이다.[39]

백스터 효과는 그 후 다양한 현상들로 드러났다. 방 안에 있는 사람들이 보통 대화를 할 때는 전혀 반응을 보이지 않다가 섹스 얘기를 하면 식물도 흥분했고, 주인이 여행을 하면서 그 식물의 사진을 들고서 자주 생각해주면 시들지 않고 생생하게 자랐다. 인간이 식물에 대해 욕을 하면 시들었고, 칭찬을 하면 잘 자라났으며, 욕을 먹어 시든 식물에게 다시 칭찬하고 잘 대해주면 칭찬만 받은 식물보다 더 왕성하게 자랐다. 탐지기에서 별 반응을 보이지 않던 식물도 주인 남자가 여자 친구를 데려오자 격렬한 질투의 반응을 보이기도 했다.

동물 소통자들이 동물에게서 확인할 수 있었던 것과 거의 동일한 의식활동이 식물에게서도 발견된 것이다. 인간이 죽은 땔감이나 목재 정도로 대했던 식물은 인간만큼이나 왕성하게 살아 있었다.

동물과 식물은 생물이니까 그러려니 생각할 수도 있다. 그런데 물체 중의 물체인 원자 속에서 이상한 현상이 발견되었다. 그 시발은 1803년 영국의 영(Thomas Young)이 실시한 두 구멍 실험(double slit experiment)이다.

〈그림 9〉와 같이 중간에 두 개의 긴 구멍이 뚫린 스크린을 놓고, 왼편의 빛을 오른편의 벽면으로 비춘다. 이제 스크린의 한 구멍을 막고 빛을 비추면 〈그림 10〉과 같은 양상이 나타난다. 이는 우리의 상식과 일치한다. 빛은 야구공처럼 구멍을 통과하여 벽면에 부딪치며 공이 납작해진 모습과 같게 나타난다. 이것이 빛의 입자적 성격이다.

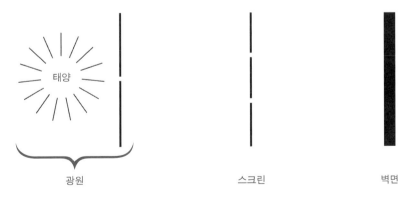

광원   스크린   벽면

〈그림 9〉두 구멍 실험의 구조[40]

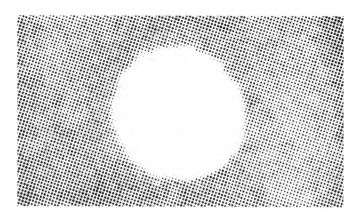

〈그림 10〉 한 구멍이 열렸을 때 맺힌 상

이제 막았던 구멍을 열어 두 구멍 모두로 통과하게 해보자. 우리의 예상대로라면 벽면에는 두 개의 밝은 동그라미가 그려질 것이다. 그런데 우리의 예상과는 달리 벽면에는 〈그림 11〉과 같은 양상이 나타난다.

이것이 소립자의 입자 – 파동 양면성이다. 구멍이 두 개 열렸을 때 빛은 변신하여 파동이 되었고, 파동의 간섭현상을 벽면에 비춘 것이다. 구멍이 하나일 때는 입자로, 둘일 때는 파동으로 변하는 그것이 하나의 동일한 물체라고 할 수 있을까? 혹시 여러 개의 광자가 부딪치면서 간섭을 일으킨 것일 수도 있으므로, 광자 하나만을 비추어보기로 하자. 그럼에도 구멍이 두 개 다 열리면 동일한 간섭무늬가 형성된다.

오스트리아의 실험물리학자 자일링거(Anton Zeilinger)는 한 걸음 더 나아갔다. 수학적으로 보면 소립자는 확률적 가능성이다. 스크린에 부딪혀 못 통과할 수도 있고, 두 구멍 모두를 통과할 수도 있고, 어느 한쪽 구멍만으로 통과할 수도 있다. 그러면 어느 가능성이 실현되는지를 보기 위해 두 구멍 모두를 열고 탐지기를 구멍에 설치하고 측정한다. 그러면

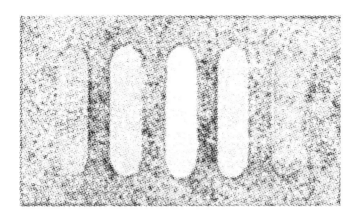

〈그림 11〉 두 구멍이 열렸을 때 맺힌 상

광자는 다시 입자처럼 움직인다. 어느 한 구멍만 통과하여 벽면에 입자 상을 비추는 것이다. 인간이 자신을 쳐다본다는 이유만으로 광자는 자 신의 정체를 바꾼 것이다.[41]

두 구멍 실험은 현대물리학의 화두다. 광자는 구멍이 한 개만 열렸는 지, 두 개 모두 열렸는지, 그리고 구멍을 쳐다보는 자가 있는지 없는지를 '알고서' 자신의 형태를 입자 혹은 파동으로 바꾼다. 이런 현상은 광자뿐 아니라 모든 소립자들에게서 나타난다. 양자들은 사태에 따라 자신의 정체를 바꾸는 '의식적' 행동을 한다는 것이다. 어떤 것이 의식적으로 행 동한다면 그것을 물체라고 할 수는 없다. 소립자는 일종의 생명현상이 다. '의식의 물리학', '양자의 마음' 같은 개념들을 사용하는 미국의 물리 학자 워커(Evan Harris Walker)는 다음과 같이 말한다.

의식은 일체의 양자역학 과정에 연결되어 있을지 모른다……. 일어나는 모든 현상은 하나 이상의 양자역학적 사건들의 결과이므로 우주에는 우주의 상세한 작용을 책임지고 있는 거의 무한수의, 다소 불연속적이지만 의식적인 비사유 실체들이 살고 있다.[42]

이처럼 인간의 육체로부터 동물과 식물, 나아가 소립자에 이르기까지 광범위한 의식현상이 제3의 눈에 의해 목격되었다. 죽은 기계라고 여겼던 저편의 대상들이 생생히 살아 있었던 것이다. 이로써 사물을 산 정신과 죽은 물체로 나누어 바라본 이원적 시선구조에 깊은 균열이 생겼다.

생물학에 등장한 '생태계'(ecosystem)라는 개념은 이러한 이원론을 넘어서기 시작하는 중요한 시도라고 할 수 있다. 나를 포함해서 내가 사는 마을, 나아가 주변 나라까지 포함하는 광범위한 지역에 존재하는 동식물과 광물과 기후는 서로 밀접히 연결된 하나의 생명체계를 이루고 있다는 개념이다.

나아가 '생명권'(biosphere)이라는 개념은 생태계라는 개념 속에 아직 남아 있는 인간 대 환경의 이분법까지 극복하려고 시도한다. 지구에 존재하는 것들뿐 아니라 태양계, 은하계, 그리고 우주도 서로 밀접히 결합된 유기적 체계다. 우주에 펼쳐진 생물체, 물체, 분자, 원자, 양자는 생명권이 각각 특정한 방식으로 발현되는 양상이라는 이해다.

죽었다고 생각했던 자연은 두 눈을 시퍼렇게 뜨고 우리를 쳐다보고 있었다. 제3의 눈이 발견한 광범위한 생명현상은 물체로 간주되었던 저편도 살아서 의식활동을 하고 있다는 각성을 낳는다. 이로써 대상을 물체로 차별화함으로써 정신과 동일시된 '나'를 확보하려 한 이원적 거리가 소멸되었다. 근대적 자아를 세운 구조가 사라지면서 근대적 '나'도 사라졌다.

그러나 근대적 '나'를 발생시킨 정신 대 물체, 삶 대 죽음, 인간 대 자연의 이원적 구조만이 붕괴된 게 아니다. '나'를 발생시키는 모든 이분법적 구분, 즉 '나'와 '너'를 배타적으로 설정함으로써 '나'를 확보하려는 지각적·관념적 시선 자체가 타당한 근거를 잃었다. '내가 대상을 바라본다'는 두 눈 시선의 원리가 허구로 드러난 것이다.

나-너의 교직

'너도 살아 있다'는 발견은 '너를 어떻게 보아야 하는가' 하는 인식의 문제로 연결된다. 죽어서 기계처럼 움직이는 대상에 대해서는 '객관적 시선'이라는 것이 가능하다. 그러나 살아서 두 눈을 뜨고 있는 저쪽은 이쪽의 행동을 관찰하며 다르게 반응한다. 권투로 말하면 샌드백을 친다고 생각했는데, 갑자기 샌드백이 이쪽의 잽을 피하며 어퍼컷으로 응수하는 상황에서, 그 샌드백을 어떻게 보아야 바르게 인식할 수 있느냐는 문제다.

이런 인식론적 문제를 제기한 것은 20세기의 문을 열면서 제3의 눈을 뜬 아인슈타인에서부터다. 가만히 앉아 있는 당신 앞에서 개가 뛰어간다고 하자. 개는 뛰어가는 방향으로 달리는 속도에 비례하여 몸길이가 줄어들고, 빛의 속도에 이르면 길이는 사라진다. 개의 몸무게는 달리는 속도에 비례하여 증가하다가 빛의 속도에 이르면 무한대가 된다. 시간은 달리는 속도에 비례하여 느려지다가 빛의 속도에 이르면 완전히 정지한다. 이러한 변화는 당신처럼 정지된 관찰자에게만 나타난다. 개 자신에게는 몸길이, 몸무게, 시간에 변화가 없다. 이것이 특수상대성 이론의 원리다. 즉, 대상의 운동값들이 관찰자의 운동상태에 따라 달라진다는 것이다.

그렇다면 모든 관찰마다 대상의 값이 달라질 텐데, 우리는 다른 지역과 시간에서 실시한 같은 실험에서 공통의 값을 숱하게 얻어왔다. 왜 그런가? 그것은 실험자들이 지구라는 동일한 운동체를 타고 있기 때문이다. 따라서 지구 위에서 진행하는 실험의 경우 관찰자들은 거의 동일한 운동상태에 있다고 할 수 있다.

과학실험이 신뢰성을 가지려면 누가 어디서 실험을 하건 동일한 값을 가져야 한다는 것이 그간의 원칙이었다. 이를 '실험의 재현성'이라고 한다. 저편의 대상세계는 이편과 관계없이 독자적으로 존재하는 것이므로, 이편이 어떤 상태에 있느냐에 영향을 받지 않고 동일한 값을 드러내리라는 가정 위에 선 원칙이었다. 그런데 관찰자의 운동상태에 따라 대상이 다른 길이, 다른 질량, 다른 시간을 나타낸다면 실험의 재현성 원칙은 붕괴된다. 특수상대성 이론을 설명하던 미국의 물리평론가 주커브(Gary Zukav)는 다음과 같이 말했다.

> 아인슈타인은 '지금', '더 빨리', '동시에'라는 낱말들은 상대적 용어라는 결론에 도달했다. 이 모두가 관찰자의 운동상태에 좌우된다. 전 우주에서 통용되는 '지금'이 언제라고 누가 어떻게 말할 수 있는가?[43]

이는 추가적인 문제를 발생시킨다. 과학자들은 관찰의 객관성을 위해 '주관을 배제해야 한다'고 철석같이 믿어왔다. 이쪽의 주관적 편견과 특수성을 버리면 객관 그 자체가 드러나리라는 가정 때문이다. 특수상대성 원리를 통해서 드러난 것은 모든 과학자가 주관을 다 배제해도 지구인이라는 편견은 남는다는 것이다. 지구라는 동일한 운동체를 타고 있는 사람들끼리 합의해도, 화성인이나 목성인은 합의할 수 없다. 관찰자가 존재해야 관찰이 가능할 수밖에 없다면, 관찰에서 주관성을 배제할 수는 없다. 이런 결론은 과학자들의 오랜 믿음을 허물어버린다. 주커브가 이어서 말한다.

> 지난 3세기 동안 주목을 끌지 못한 채 지나쳐버린 문제가 있다. 객관성을 과학자의 임무로 삼고 있는 사람은 분명히 편견에 빠져 있다는 것이다. 그의 편견은 '객관적'이고자 하는 것, 즉 미리 형성된 의견이 없고자 하는 태도다. 실제로 의견이 없는 상태란 불가능하다. 의견이란 일종의 관점이다. 우리에게 관점이 없을 수 있다는 관점 역시 일종의 관점이다.[44]

주관의 개입이 필수적이라면, '객관적 진리'의 이상도 무너진다. 전 지구의 과학자들이 '진실'이라고 합의하더라도 그것은 지구인에게 한정된 것일 수 있다. 그런 진실은 '지구인들의 공동 환상'이라고 불러도 같은 뜻이 될 수 있다.

아인슈타인이 대상으로 했던 거시세계에서 눈을 돌려 미시세계 깊숙한 곳에 있는 원자 속의 양자들을 관찰해보자. 이 작은 존재들을 관찰하려면 수 킬로미터의 입자가속기를 통해 충돌시킨 후 그 반응을 컴퓨터로 확인하는 것이 가장 일반적인 방법이다. 그런데 독일의 물리학자 하이젠베르크(Werner Heisenberg)는 가상의 현미경이 있다고 가정하고 사고실험을 통해 양자들을 관찰해보았다.

어떤 대상을 육안으로 보려면 그 대상보다 파장이 작은 빛을 비추어야 한다. 그러므로 감마선을 사용하면 양자들을 확인할 수 있을 것이다. 감마선은 알려진 빛 가운데 파장이 가장 짧기 때문이다. 감마선을 사용하면 전자의 위치를 확인할 수 있게 된다.

그러나 문제는 파장이 짧은 감마선은 아주 센 에너지를 갖는다는 점이다. 감마선이 전자를 때리는 순간 그 전자의 위치는 확인되지만, 센 에너지 때문에 전자를 쳐내어 그 방향과 속도를 변화시킨다. 즉, 위치는 알지만 운동량(속도×질량)은 알 수 없다.

그렇다면 에너지가 낮은 빛을 사용해야 한다. 그러면 전자의 운동량을 알 수 있다. 그러나 에너지가 낮은 빛은 파장이 길어서 전자의 위치를 확인할 수 없다. 결국 움직이는 입자의 위치와 운동량을 동시에 알 수 있는 방법은 없다. 아원자 수준에서는 그 대상을 변화시키지 않고는 관찰할 수가 없다.[45]

고전역학에 따르면 현재 한 당구공의 위치와 운동량을 알면, 일정 시간 후 그 당구공이 어디서 어떤 속도로 움직이는지 정확히 예측할 수 있다. 한 대상에 대한 현재의 지식을 바탕으로 그 대상의 미래를 확정적으로 예측할 수 있다는 점에서 이를 확정성(certainty)이라 부른다. 현재의 관찰내용이 미래에 대한 지식으로 이어질 때 과학법칙이 성립한다. 따라서 확정성은 과학법칙을 가능케 하는 핵심 원리였다.

그런데 하이젠베르크는 양자에 대한 현재의 지식을 얻는 데 필수적인 두 값 중 하나만 알고 다른 하나는 모를 수밖에 없다는 사실을 밝혔다. 그것은 관찰행위 자체가 대상을 변화시키기 때문이다. 야구 관중이 투수가 던지는 야구공을 바라보면 모든 광자가 야구공을 때리고 다시 관중의 눈으로 돌아간다. 이 광자들은 야구공의 상태에 별 변화를 주지 않는다. 그러나 야구공이 전자처럼 무한히 작다면 야구공의 상태는 관중이 바라본다는 사실만으로도 그 운동에 변화가 생길 수 있다. 따라서 대상에 대한 현재 지식을 충분히 채우지 못하기 때문에 미래 지식도 확정할 수 없고, 확정적 법칙을 세울 수도 없다. 이것이 하이젠베르크의 불확정성 원리(uncertainty principle)다.

불확정성 원리에서는 주관의 역할이 중요하다. 위치와 운동량 중 어느 값을 측정할지는 관찰자가 선택해야 한다. 관찰자가 선택하지 않으면 대상의 일부도 드러나지 않는다. 관찰자의 선택은 대상을 드러내는 필수요소가 되었다.

측정이 바뀌면 입자에서 얻는 값의 성격이 달라진다. 두 구멍 실험에서 보았듯, 측정이 바뀌면 입자의 성질도 바뀐다. 질문이 달라지면 돌아오는 대답도 달라지는 것이다. 입자는 주관 저 너머에서 존재하는 객관적 실체가 아니라 주관과의 관계 안에서만 그 성질을 드러내는 대단히 상호 주관적인 존재임이 밝혀진 것이다. 이에 대해 하이젠베르크는 다음과 같이 말한다.

> 입자는 자연과 우리 자신 사이에 일어나는 상호작용의 일부다. 우리가 관찰하는 것은 자연 그 자체가 아니라 우리의 질문방식에 따라 도출된 자연이다.[46]

주관과 객관의 관계가 주관과 주관의 관계, 다시 말해 상호 주관의 관계(intersubjectivity)로 변했다. 그것은 모든 살아 있는 것들끼리의 관계에서 나타나는 전형적인 양상이다.

영화 〈아웃 오브 아프리카〉에서는 농장주로 남게 된 백인 여주인(메릴 스트립 연기)이 한쪽 다리를 심하게 다친 흑인 사내아이에게 "그 다리를 치료해도 되겠니?" 하며 서양식으로 묻는 장면이 나온다. 그러나 아이는 "집에 가서 다리에게 물어보고 대답하겠습니다"라고 말한다. 그 아이는 다리의 승낙을 얻고 와서는 치료를 받는다.[47] 아이와 다리와의 관계는 상호 주관적이고 불확정적이다.

식물과 관찰자의 관계도 불확정적이다. 백스터의 거짓말 탐지기를 식물에 대고 실험해본 사람들 중에는 식물이 즐거워하거나 두려워하는 등의 감정적 반응을 전혀 경험해보지 못한 사람들이 많다. 어떤 유명한 시리즈 다큐멘터리에서도 식물을 불태우려 위협했는데 식물에 아무런 반응이 없자 백스터가 틀렸다고 결론 내린다. 백스터의 실험실을 방문한 캐나다의 여류 식물학자도 마찬가지였다. 그녀 앞에서 식물은 어떤 반응도 보이지 않았다. 기계에는 문제가 없음을 여러 차례 확인한 백스터가 그녀에게 물었다. '일할 때 식물에게 상처를 입히지 않느냐?' 이상한 질문이라고 생각한 그녀는 '식물을 측정하기 위해 오븐에 굽는다'고 대답했다. 식물은 식물 살해자를 알아보고 죽은 척한 것이었다.

백스터의 실험을 승계한 포겔(Marcel Vogel)은 주로 어린이들을 실험에 활용했다. 그것은 어린이들이 식물과 대화가 된다는 것을 더 잘 믿고, 실제로도 식물과 더 잘 교감하기 때문이다. 식물은 누가 자기를 처다보느냐에 민감하다. 식물은 낯을 가리기 때문에 누구에게나 동일한 반응을 보이지 않는다.[48]

식물뿐만 아니라 광물인 물도 낯을 가린다. 다양한 자극에 대해 달라

지는 물의 결정을 사진에 담아『물은 답을 알고 있다』라는 유명한 책을
낸 일본의 물 연구자 에모토(江本勝)도 동일한 경험을 했다. 그에 따르면
샬레에 물방울을 떨어뜨리는 방법에 따라, 또 물을 떨어뜨리는 사람의
심리적 상태에 따라 물 결정의 형태가 달라진다는 것이다. 물은 마치 인
간처럼 상대가 나를 대하는 태도에 민감하게 반응한다. 에모토가 말한다.

> 당신이 물을 들여다보고 있을 때, 물도 당신을 바라보고 있습니다. 그뿐만
> 아니라 당신이 생각하는 것, 당신의 마음속에 있는 품격, 뿜어내는 분위기,
> 그 모든 것을 물은 기억하고 있습니다.[49]

식물이나 물이 이러한 반응을 보이는 구체적 이유에 대해서는 6장에
서 살펴보기로 하자. 여기서는 관찰자와 사물의 관계가 마치 인간과 인
간의 관계처럼 상호 주관적 성격을 가질 수 있다는 점만 확인하면 되겠
다. 이 경우 불확정성 원리는 양자세계를 넘어 보편적으로 적용된다.
관찰자를 관찰하면서 관찰자의 행동과 태도에 따라 다른 반응을 보이
는 사물은 '관찰'이라는 말 자체의 변동을 요구한다. 이에 미국의 물리학
자 휠러(John Wheeler)는 '관찰자'라는 말을 '참여자'로 대체하자고 제안하
면서, "우주는 참여하는 우주다"라고 주장했다.[50]
이제 과학은 관찰의 학문이 아니라 대화의 학문이 되었고 참여의 학
문이 되었다. 그것은 나와 너, 관찰자와 관찰대상이 씨줄과 날줄처럼 이
세상을 같이 짜내고 있다는 발견에 기인한 것이다.
불확정성 원리는 주관과 객관, 관찰자와 관찰대상에 대한 인식론적
통념을 붕괴시킨다. 질문방식에 따라 다른 대답을 하는 양자세계를 경

험한 물리학자들은 좀더 근본적인 질문을 던진다. '우리가 입자에 대해 생각하고 측정하기 이전에 도대체 입자가 존재했을까?'

실제로 양자들의 상태를 나타내는 파동함수(wave function)는 관찰자까지 포함한다. 관찰자가 무엇을 측정하기를 원하는지, 그리고 어떻게 측정하려는지가 양자상태의 일부라는 것이다. 이제 주관의 의도나 행위와 분리되어 저 바깥에서 독립적으로 실재하는 대상에 대해서는 말할 수 없다. 대상은 질문자와의 상대적 관계 속으로 들어올 때만 드러나는 무엇이다. 주커브가 말한다.

> 내가 보는 것으로 우주는 스스로를 실현한다……. 자연과 상호작용할 인간이 없으면 자연은 존재하지 않는다. 이 결론은 이야기의 절반에 지나지 않는다. 자연이 없으면 인간은 존재하지 않는다.[51]

이에 이르러 '내가 대상을 바라본다'는 두 눈 시선의 인식론적 구조는 붕괴된다. 본다는 것은 대상을 변화시키는 행위다. 원숭이들도 보이지 않는 창문 저편에서 인간이 쳐다볼 때는 보통 때와 다른 행동을 취한다. 시선에는 에너지가 담겨 있다. 어떤 시선이냐에 따라 다른 에너지가 전달되고, 따라서 다른 반응을 일으킨다.

'나'와 '대상'의 이분법적 구분은 두 눈 시선의 착시에 기초하고 있다. '너'와 구분된 '나'는 아인슈타인의 표현처럼 시각적 기만이다. '나'는 시지각의 기만에 따라 생겨난 것이다. '나'가 미혹된 것이라면 '너'도 미혹이고, 세상 모든 사물의 독립된 정체성도 미혹된 시선의 산물이다.

나와 너, 인간과 자연은 우주의 씨줄과 날줄로 얽혀 있다. 대상과 나는, 즉 '우리'는 본다는 행위를 통해 함께 세상을 짜낸다. 거기서 왜곡 없이 '나'를 따로 분리해낼 방법은 없다.

그러나 인간 문명은 분리할 수 없는 것을 분리해왔다. 그 착각과 미혹에는 대가가 없을 수 없다. '나'라는 것은 일종의 질병이 되었다.

나 증후군

설사 '나'라는 것이 거짓이요 환상일지라도 우리는 그 '나' 때문에 삶을 발전시켜온 것 아닌가? 인간의 문명도 '나'를 자연으로부터 독립시킨 결과이며, 근대 산업사회도 '이성적 존재'로서의 정체성이 세워졌기에 가능한 것 아닌가? 심리학자들도 '에고를 바로 세울 것'을 권하지 않는가? '나'에 대한 믿음, 즉 자신감이 없으면 어떻게 세상 난관을 돌파할 수 있다는 말인가? 이런 질문은 '나'가 실재하지는 않더라도 그 유용성은 있다는 취지를 내포하고 있다.

실제로 그 유용성은 문명의 밑동에서 확인할 수 있다. 중동과 지중해권의 신화에 따르면 인간은 신이 진흙으로 빚은 형체에 자신의 숨을 불어넣어 만든 것이다. 즉, 흙과 신의 숨이 합한 것이 인간이다. 이는 자연과 신의 결합체로서 인간의 정체성을 설정함으로써, 자연으로부터 독립한 원시 문명의 자부심을 표현하고 있다.

데카르트의 심신이원론도 이런 원시적 인간관을 전승한 것이다. 흙에는 물체라는 실체를, 신의 숨에는 정신이라는 실체를 부여함으로써 육체와 정신의 결합체로서 인간상을 그린 것이다. 그의 근대성은 신의 숨을 정신으로 대체한 데 있을 뿐이다.

본래 데카르트는 세 개의 실체를 언급했다. 정신이라는 제1실체, 신이라는 제2실체, 물체라는 제3실체가 그것이다. 정신을 신보다 우위의 실체로 설정한 것도 당시 종교 측에서 보면 매우 불경한 태도다. 게다가 간신히 제2실체로 설정된 신도 저 바깥의 물체, 즉 제3실체가 실재함을 보증하는 역할에 불과하다. 다시 말해 '신은 선하고 성실하므로 내가 보고 있는 바깥의 사물을 거짓으로 꾸미지는 않았으리라'는 식이다. 데카르트는 교회의 처벌을 지레 짐작하고 슬슬 도망 다녔으니, 도둑이 제 발 저렸기 때문이다.

이는 '이성적 존재'로서의 인간이 신에 의존하지 않고 두 발로 우뚝 섰다는 휴머니즘의 철학적 선언이었다. 그 문명사적 의의는 인간이 미신과 맹신을 벗어나기 시작했다는 데 있다. 전 세계에 퍼져나간 서구 근대 문명은 맹신을 벗어나는 세속적 캠페인으로 이어지면서 지구 곳곳에 덕지덕지 붙어 있던 미신의 때들을 벗겨나갔다. 인류는 미신을 버린 만큼 도그마와 억지 고집에서 벗어났으며 그 대가로 이전보다 더 투명한 눈을 얻었다. 이런 측면에서 보면 '나'의 유용성은 뚜렷해 보인다.

그러나 '나'에 대한 뿌리 깊은 집착은 '나 증후군'이라고 불릴 만한 정신적 질환을 인간의 마음 깊숙한 곳에 심어놓았다. 그것이 두 눈 문명의 어두운 그림자다. 우리가 늘 겪는 성공의 환희와 실패의 좌절감, 미래에 대한 불안과 과거에 대한 회한, 기쁨과 슬픔의 감정도 이 '나'라는 착각과 환상으로부터 비롯된다. 이를 좀더 구체적으로 살펴보기 위해 '나 증후군'을 일으키는 시선의 구조를 점검해보자.

〈그림 12〉는 '나'를 만드는 시선의 구조다. 그림에서 가운데 점선은 투명유리 같은 것으로, 나와 대상 사이의 본질적 차이를 전제한 이원적

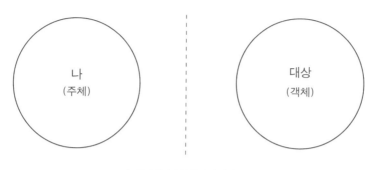

〈그림 12〉 '나 증후군'의 시선구조

구분을 가리킨다. 세상은 나와 내가 바라보는 대상으로, 인간과 인간을 둘러싼 자연환경으로, 우리 공동체와 이 공동체의 안녕을 위협할 수도 있는 경쟁적이고 적대적인 세력들로 나뉘어 구성된다고 보는 시선이다. 이 시선은 입체시의 착각으로부터 나왔고 각종 느낌과 지식, 철학으로 보강된다.

'나 증후군'을 일으키는 시선은 대상과의 관계에서 내가 어떤 상태에 있느냐에 따라 극단적으로 다른 두 가지 병적인 태도를 낳는다. 주체의 힘이 커져 객체를 알고, 통제하고, 가공할 때면 내가 대상을 덮어버린다. 이 경우 내가 대상을 지배한다는 권력을 느끼거나, 분리된 대상이 나와 통합했다는 일체감 혹은 사랑을 느낀다. 이는 '나'를 한층 고무시키고 즐겁게 하기에 '조증의 시선'이라고 부를 수 있겠다(〈그림 13〉).

반면 주체가 객체를 모르고 대상을 통제할 힘이 없으면, 어느 땐가 객체의 힘에 의해 내가 좌지우지된다. 이 경우 내가 대상의 힘에 눌렸다는 열패감, 그리고 나를 상실했다는 좌절감을 느낀다. 이는 '나'를 위축시키고 괴로움을 낳기에 '울증의 시선'이라고 할 수 있다(〈그림 14〉). 이 둘은 주체가 권력을 가졌을 때와 무기력할 때, 경쟁에서 상대를 이겼을 때와

졌을 때, 원하는 재산을 쌓았을 때와 그것을 상실했을 때, 사랑하는 이를 얻었을 때와 잃었을 때 세상을 바라보는 시선으로서, 대상과의 관계가 달라짐에 따라 변하는 '나'의 존재감이다.

대상이 나와 분리되어 있는 한 그 대상은 언제라도 '나'를 위협할 잠재력을 갖는다. 남한에 대(對)해서는 북한이 항상 존재하고, 유능한 사원에 대해서는 새로 들어온 또 다른 유능한 사원들이 항상 치받고 있으며, 현재에는 과거와 미래가 항상 대해 있다. 나에게는 네가 항상 대해 있고,

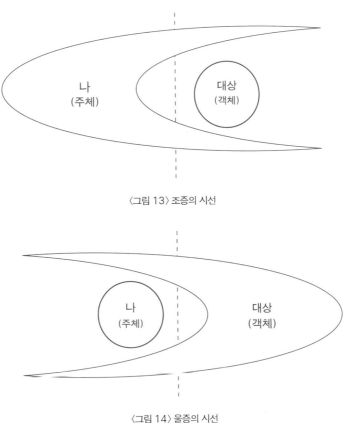

〈그림 13〉 조증의 시선

〈그림 14〉 울증의 시선

인간에게는 자연이 항상 대해 있으며, 심지어 지구인에게는 지구정복을 노리는 우주인들이 대해 있다.

이처럼 '대해 있음'들 사이에는 내가 대상을 덮느냐, 대상이 나를 덮느냐의 대립이 잠재적·현재적으로 항존한다. 여기서 경쟁은 삶의 필수적 조건이 되고, 나의 존재를 확인해주는 증거가 된다. 대해 있음은 내 존재를 확인시켜주지만, 동시에 내 존재에 대한 항시적 불안을 야기한다. 대해 있음은 내 정체성과 동시에 정체성에 대한 위협을 제공한다. '나'는 대해 있음의 산물이다.

따라서 대해 있는 존재로서의 '나'는 조증과 울증을 왔다 갔다 한다. 대상을 제압하면 기쁘지만, 내가 제압당하면 슬프다. 저 멀리 있는 아름다운 대상을 얻으면 즐겁지만, 그것을 잃으면 괴롭다. 이전에는 죽고 못 살 연인도 시간이 흐르면 피를 부르는 적으로 변하기도 한다. 영원히 즐겁고 영원히 괴로운 것은 없다. 한 번의 승리는 필연코 다음 번의 패배를 예고하기 때문이다. 따라서 '나'는 조울증을 벗어날 수 없다. 항시적인 불안은 '나'의 존재조건이다.

대해 있음으로서의 '나'에게 성공의 환희란 성공이라는 사실에서 오는 것이라기보다는 대립의 항상적 불안이 일시 해소되는 데서 오는 안도감의 성격이 짙다. 따라서 진정한 기쁨이 아니기에 다시 새로운 경쟁과 대립의 불안에 휩싸인다. '나'의 존립조건이 대상과의 대립이기에, 심지어는 경쟁에서 패해도 일순간 기쁨을 맛보기도 한다. 팽팽한 대립구도가 일시 붕괴된 데서 오는 이완 때문이다.

근대 서구인들은 세계인들에게 경쟁은 모든 존재에게 피할 수 없는 조건이며, 자아를 향상시키는 계기라고 가르쳤다. 그러나 경쟁은 이원

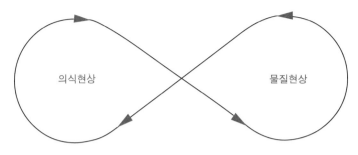

〈그림 15〉 '나'를 보는 제3의 눈의 시선

적 거리감의 착시와 이원론의 환상으로부터 나온 것이다. 존재 불안은 대해 있음의 산물이다. 모든 존재를 '대해 있음'으로 규정한 서구 근대 문명은 구성원들의 불안과 스트레스를 먹고 발전했다. 이분법적 착시와 환상에서 생긴 '나'는 우리가 겪어온 질병의 근원이다.

　제3의 눈은 '나'가 지각적·관념적 착시의 산물이라는 사실을 보았다. 이 발견을 통해 드러난바 '나'를 바라보는 제3의 눈의 시선은 〈그림 15〉 와 같이 표현할 수 있다.

　이 그림에서 '나'로 불릴 만한 뚜렷한 정체는 사라졌다. 따라서 '대상' 으로 불릴 만한 뚜렷한 정체도 사라진다. 정신과 물체라는 실체도 사라졌기에 남는 것은 '의식현상'과 '물질현상'뿐이다. 의식과 물질은 서로가 서로를 드러내는 데 불가피하게 관여하기에, 씨줄과 날줄로 맞물려 세상을 짜내는 교직(交織)관계를 이룬다. 이것이 제3의 눈이 발견한 '나' 혹은 '너'라고 불린 사물의 실상이다.

　이로써 '나'는 소멸했다. 이는 두 눈 문명의 주체가 소멸했다는 것을 의미한다. 이뿐만이 아니다. '나'는 모든 사물의 정체성을 구성했으므로 그 소멸은 모든 있음들이 그 확고한 기반을 잃었다는 것을 의미한다. 물체를 구성한 가장 기본적인 입자가 사라졌듯이, 있음의 문명을 구성한 가장 기본적인 있음이 사라졌다. 있음이 사라지면서 없음의 방대하고 어두운 지평이 열렸다.

허무와 맹신

제3의 눈이 사물을 쳐다보자 모든 있음이 연기처럼 사라졌고, 우리가 그토록 기피했던 없음이 전면에 드러났다.

없음을 정면으로 대한 것은 서구 사상사에서는 처음이라고 할 수 있다. 동양 특히 인도에서는 없음을 지각하고 이를 사상과 종교로 발전시킨 전통이 있었다. 그러나 그것은 소수의 사람들이 특별한 수행을 거친 결과였으므로 일상생활을 하는 보통 사람들이 바로 지각할 수 있는 세계는 아니었다. 대부분의 인류에게 없음은 진짜로 없는 것이었다.

그런 점에서 없음이 전면적으로 등장한 것은 1만 년이 넘는 문명사상 처음이라고 할 수 있다. 인간의 문명사는 자연 속의 있음들을 인간을 위한 자원으로 활용해온 역사로, 문명 자체가 있음들의 세상이었다. 지식은 그 있음을 알고 이용하는 최고의 방편이었는데, 그 지식의 역사에서 처음으로 없음이 등장한 것이다.

시지각의 역사로 보면, 쇼쇼니우스 원숭이들이 입체시를 통해 확실한 있음을 지각한 이후 5,000만 년 만에 '우리가 보는 사물이 실재하지 않는다'라는 발견에 이른 것이다. 그토록 오래 믿어왔던 있음의 소멸은 원숭이에게 몸을 지탱해준 나무가 사라진 것과 같은 충격을 안겨준다.

20세기 들어 나타난 없음이 문명 전반에 주는 충격은 두 가지로 나눌 수 있다. 그 하나는 허무주의며 다른 하나는 맹신주의다. 이 둘은 외형상 대립적이지만 공통의 뿌리는 허무(nihil)다.

없음은 의미의 기반을 붕괴시켰다. 의미는 있음으로부터 나오는 것이었기에 있음이 사라지면서 의미도 근거를 잃었다. 물체도 정신도 그리고 그 둘에 기댔던 '나'도 환상이라면, 인간으로서 사는 삶의 의미도 근거가 없는 것이다. 휴머니즘의 깃발 아래 인간됨에 느꼈던 자부심도 햇빛에 바랜 누런 이파리처럼 쭈글쭈글해졌다. '인간성'이라는 이상도 빛나는 정신에서 나온 게 아니라 차별화라는 언어의 의미생성 기제가 만든 환상이었다. 보드리야르가 말한다.

> '인간성'은 구조적인 자신의 복제품, 즉 '비인간성'을 설정한다. 인류와 문화의 진보란 '다른 존재'를 비인간적인 것으로 만들고, 그 결과 무가치하도록 만드는 계속적인 차별의 연속일 뿐이다. 보편으로 향한 문명의 '객관적' 진보는 보다 엄격한 차별에 부응하여 오는 것으로, 결국 인간의 결정적 보편성이 실현되는 시기는 모든 인간이 쫓겨나는 때가 될 것이다. 이렇게 되면 개념의 순수성만이 공허 속에서 빛날 것이다.[52]

'인간'을 드높이기 위해 근대 서구인들이 취한 방책은 '비인간'과 차별화하는 것이었다. '비인간'의 범주에 속하는 모든 것들을 밀어낸 결과가 찬란한 인간성이요 문명의 진보라는 것이다. 결국 비인간을 다 몰아내면 그 짝인 인간도 남지 않을 것이니, 그때에야 비로소 인간성이라는 순수 개념만이 공허하게 빛나리라는 야유에 다름 아니다. 휴머니즘의 이상은 언어의 허깨비 장난이었다.

포스트모더니스트들이 허무주의에 빠져든 이유는 의미의 필연적 근거가 없어졌기 때문이다. 소쉬르가 밝혔듯, 모든 의미는 자의적이다. '나'라는 말도 '인간'이라는 말도 어떤 실체에 닻을 내리지 못한다. 이리하여 의미로 구성된 삶의 무대는 매트릭스 세계가 되었다. 포스트모더니스트들에 따르면 모든 말은 '거짓말'이요, '신비의 가면'이요, 모든 독서는 '오독'(誤讀)이다. 모든 존재는 신기루고, 모든 행위는 헛몸짓이다. 그 환상세계에 빠져 울고 웃는 인간들은 '언어의 감옥'에 갇힌 수인들일 뿐이다.

이 언어기호의 세계를 탈출할 방법은 없다. 만약 탈출하려고 하면 '대안'이니 '목적'이니 하는 것을 세워야 하는데, 이들 또한 기존 개념들의 반대말로 꾸미는 차별화의 산물일 뿐이다. 그러니 그 유혹을 따라가보았자 언어의 또 다른 감옥일 뿐이다. 이 상황에 대해 보드리야르는 "의미로 사는 자는 의미로 죽는다"고 표현했다.[53] 의미 사슬의 아나콘다에게 칭칭 감긴 영양이 헤어나려 해보았자 죽음만 재촉할 뿐이다. 그래도 프랑스의 해체주의자 데리다(Jacque Derrida)는 한 가지 길을 제시한다. 거짓 의미들로부터 벗어나려 하지 말고 이 없음의 세계를 '유쾌하게 긍정하라'는 것이다.

> 이 유쾌한 긍정은 확고한 터전이 없는 게임을 유희한다. 왜냐하면 확실한 자유유희(freeplay)가 있기 때문이다.[54]

어떤 터전에도 기대지 않는 '자유유희'라는 말은 멋지다. 그러나 데리다는 솔직하지는 않다. 실체가 모두 해체되고 남는 공허한 없음의 공간을 자유롭게 즐길 자 누가 있겠는가? 그것은 허무를 숨기는 또 다른 '신비의 가면'이다. 그에 비하면 보드리야르는 훨씬 솔직하다.

> 포스트모던 세계는 의미가 없다. 그것은 허무주의의 세계다. 거기에는 이론의 배들이 안전한 항구나 계선장에 정박하지 못한 채 허공을 부유할 뿐이다.[55]

의미의 배를 타고 사는 우리는 갑자기 배가 닻을 내릴 항구가 없다는 것을 발견했다. 언어기호의 배들은 떠나온 항구도, 도달해야 할 항구도 잃은 채 빈 바다를 떠다닐 뿐이다.

포스트모더니스트들은 의미의 실체를 해체했다는 점에서 제3의 눈의 한 측면을 갖고 있다. 그러나 그들은 있음의 세계가 사라진 데 대한 짙은 상실감에 사로잡혀 있다. 있음의 세계에 대한 버릴 수 없는 미련이 그들을 허무주의로 이끄는 것이다. 그들은 구문명으로부터 한 발을 떼었지만, 다른 한 발은 여전히 과거에 딛고 있다. 프랑스를 중심으로 일어난 포스트모더니즘이 그들의 할아버지인 데카르트를 비판하는 데 그토록 열을 올린 것과 같은 정도로 할아버지에 대한 미련에서 벗어나지 못하고 있는 것이다.

없음이 허무감을 일으키는 것은 있음 이외의 다른 세계에 대한 비전이 없기 때문이다. 그도 그럴 것이 인류의 문명은 두 눈이 지각하는 있음과 그 있음에 대한 지적 이해에 터전을 두고 있었다. 그러니 있음이 사라지면서 허무의 심연에 빠져드는 것은 지극히 자연스럽다.

지식인들로부터 시작된 허무주의는 일반인들에게까지 널리 번지면서 현대 문명이 사람들에게 적극적인 의미를 줄 능력을 상실했다는 점을 드러냈다. 어떤 조직이든 구성원들이 그 안에서 일하고 살아갈 의미를 주어야 그들의 충성을 이끌어낼 수 있다. 그 조직에서 충분한 의미를 제공해주지 못하면 구성원들은 저항하거나 그저 떠날 뿐이다. 한 조직에 대한 가장 큰 위협은 '그냥 떠나는' 사람들이 줄을 이을 때다. 문명도 마찬가지다.

한국은 그 적절한 사례를 보여준다. 한국은 지난 100여 년 동안 동양의 어떤 나라보다도 자발적으로 서구 문명이 제시한 지향을 좇았다. 서구 문화를 따르기 위해 원산지 중국보다 더 몰입했던 유교도 버렸다. 대신 기독교로 개종한 사람들이 전체 인구의 30퍼센트를 차지할 정도로 서구 선교사들의 약속을 믿었다. 종교 인구의 절반이 서구 종교를 추종하는 것이다. 주변 일본과 중국의 기독교도가 1퍼센트에도 못 미치는 데비하면 한국인들의 서양 문화 수용성은 놀라운 수준이다. 서구로부터 배운 좌우 이념에도 깊이 빠져들어, 서구 국가들도 경험하지 못한 잔혹한 동족상잔과 민족분단의 아픔을 겪어왔다. 한국인들은 근대화의 슬로건하에 서구인들보다 더 열심히 일했고, 50년도 안 되는 단기간에 서구가 도달한 경제 수준에 근접했다. 그런 한국인들이 이제 이 문명에 대한 충성을 반납하기 시작했다.

산업 문명에 급속히 편입된 지난 50년 사이에 한국의 GDP는 세계 10위 안팎까지 치솟았다. 반면 출산율은 더 선진화되어 세계 1위 수준으로 낮아졌고, 자살률도 세계 1위 수준으로 선진화했다. 아이는 낳지 않으면서 스스로 목숨을 끊는 비율이 세계 최고 수준에 도달한 것이다. 이 문명 속에서 생명을 키우지 않겠다거나 더 이상 살지 않겠다는 의지가 경제적 성과보다 커진 것이다.

전통사회에서는 '스스로 목숨을 끊는다'는 개념이 없었다. 그러나 이제는 자살할 사람들을 공모하는 웹사이트를 통해 만난 젊은이들이 삼삼오오 팀을 짜서 집단적 자살여행을 떠난다. 그들은 특별한 메시지도 남기지 않는다. 이 문명의 그림자가 덜 드리워진 아름다운 산골을 찾아가 그냥 떠날 뿐이다.

제국주의의 수탈, 이웃들까지 죽인 이념 대립, 급속한 경제개발에 따른 공동체 붕괴 등을 겪으면서도 생명을 지켜준 것은 가정이었다. 그러나 이제는 이혼율도 세계 최고 수준으로 선진화했다. 핏덩이를 방구석에 버려놓고 도망가는 엄마들도 많아, 입양아 수출 세계 1위에도 올랐다. 50년 전에는 상상하기도 힘들었던 부모 살해, 남편이나 아내 살해도 수시로 발생하면서, 보험의 제도화에 따라 가족 살해도 제도화된 듯한 느낌마저 준다.

사람들은 '잘살기 위해' 삶의 가치 순위를 크게 바꾸었다. 돈을 벌기 위해 고향을 떠났고, 비합법적인 수단도 마다하지 않고 집을 사고 재산을 불렸다. 젊음을 다 바쳐 재산을 모았는데, 정작 써보지도 못하고 죽는 세대들이 지나가고 있다. 그 유산을 차지하기 위한 형제자매들 간의 전쟁도 연이은 파도처럼 밀어닥쳤다.

한국도 프랑스 같은 선진국처럼 소비사회가 되었다. 소비사회는 필요나 수요에 따라 소비하는 게 아니라 상징적 의미사슬을 따라 소비한다. 상징의 사슬이 물결치는 바다에서, 삶의 내재적 가치를 잃은 사람들이 새로운 상징이 풍겨내는 의미에 기꺼이 신용카드를 내민다. 사람들은 금방 지겨워지고 허무해지는 삶으로부터 도피하기 위해 소비한다. 그들을 위해 광고가 끊임없이 새로운 의미를 제시한다. '서구적 몸매와 얼굴'이라는 첨단의미를 추구하기 위해 한국은 성형수술 부문에서 세계 1위를 달린다.

사람들은 이들에 대해 '물질적 가치'만을 추구한다고 말하지만, 실상이들은 실재하는 무슨 가치를 추구하는 것이 아니다. 그들은 가치조차소멸한 허무의 껍질들을 핥고 버릴 뿐이다. 보드리야르의 표현처럼 이시대에서는 소비야말로 진정한 허무주의자다. 한국은 이 문명이 배고픔을 진정시켜줄 수는 있으나 그 대가로 삶의 의미를 반납해야 한다는 사실을 아주 짧은 시간 안에 명쾌히 보여주었다.

오늘날 한국의 행복지수는 세계 100위권에도 못 든다. 아무리 고기를먹고 인터넷 쇼핑을 해도 행복하지 않다. 나아가 자신이 행복한지 아닌지를 판단할 기준조차도 상실했다는 것이 그들을 더 깊은 허무로 몰아넣는다. 삶의 의미와 목적의 상실, 그것이 지난 100여 년간 근대화와 서구화 실험의 결과다. 이로써 한국도 지구적 허무주의 대열에 합류했다.

허무는 한편으로 맹신을 부추긴다. 종교적 근본주의, 과학주의, 광적인 민족주의와 인종주의 등은 허무가 두려운 사람들에게 안식처를 제공해주는 것처럼 보인다. 허무를 견디지 못하는 사람들이 비빌 언덕을 찾아 맹신의 언덕을 오른다.

기독교와 이슬람교를 비롯한 종교적 근본주의는 허무주의에 대한 가장 커다란 반동이다. 허무의 연기는 전 지구를 덮어 종교 지도자들의 코앞까지 도달했다. 그들은 허무가 무신론보다 위험하다는 것을 바로 냄새 맡았다. '그냥 떠나는' 젊은이들을 막기 위해 집안 단속이 강화되었고, 신에 대한 합리적 토론은 금지되었으며, 맹신을 부추기기 위한 부흥회가 연이어 개최되면서 종교 자체가 광적인 이벤트 제도로 바뀌었다.

맹신은 외부의 적을 만들고 공격함으로써 자신을 강화하는 경향이 있다. 미국의 기독교 근본주의는 조지 부시와 결합하여 시오니즘의 폭력을 보호하는 한편, 이슬람 문명에 대한 대규모 공격을 후원했다. 이슬람에서도 근본주의 세력들이 정권을 잡으면서 차도르를 벗겠다는 여자들, 자유연애를 하겠다는 젊은이들을 다시 골방에 가두었다. 오사마 빈 라덴은 종교적 정의를 분명히 세우기 위해 극단적 테러 전략을 취함으로써 이반되는 민심을 다시 결집하려 했다. 9·11 사태와 뒤이은 미국의 이슬람권 역습은 두 근본주의가 대규모로 충돌하면서 지구적 불안을 초래한 사례다. 프랑스는 이슬람 여성들의 두르카 착용을 금지함으로써 이슬람에 대한 두려움이 그들이 내세웠던 자유, 평등, 박애, 그리고 관용에 대한 믿음보다 커졌음을 드러냈다. 한국에서도 기독교 근본주의와 근대화 맹신 세력을 등에 업은 이명박 정권이 바깥으로는 남북한 대결, 안으로는 이념 대결과 환경 갈등, 종교 대결을 야기시켰다.

낡은 패러다임에 기댄 과학주의는 과학에 대한 맹신으로 자라났다. 과학주의는 모든 사회문제를 과학기술이 해결해줄 것이라고 믿으며, 과학은 객관적이고 절대적인 진리를 밝힌다고 강변한다. 그들은 과학에서 가장 기본적인 '열린 마음'을 닫고, 과학이 지구의 위기를 초래했다는 주장이나 새로운 과학적 시선에 대해 눈을 감는다. 과학에 대한 맹목적 추종자들이 모이면서 과학은 일종의 이데올로기가 되어갔다.

안정된 믿음의 터전을 잃은 인류의 마음은 과학이든 종교든 국가든 영화배우든 일단 믿을 만한 대상이라고 생각되면 냉목적으로 붙잡고 쫓아다닌다. 제도종교가 시들해지는 한편에서는 대중스타, UFO, 각종 음모설을 추종하는 신흥종교들이 속속 생겨난다. 믿음의 안정적 터전을 잃은 이들은 무엇이든 손에 잡히면 광적으로 믿으려 한다.

맹신은 허무주의에 대한 반동이면서 그 자체가 허무주의다. 바닥 없는 심연의 허무를 대하고 그로부터 밀려오는 검푸른 불안의 파도로부터 도피하기 위해 숨어든 것이 바로 맹신의 동굴이다. 그들은 합리적으로 폐기된 것들을 무조건 믿는다. 물론 그들도 그 나름대로 근거를 제시한다. 그러나 그들이 근거로 제시한 사실이나 주장이 타당하냐 아니냐는 별로 중요치 않다. 중요한 것은 그들이 믿고 있는 것을 뒷받침해줄 수 있느냐 아니냐다. 따라서 그들을 반대하는 사실이나 주장이라면 테러를 통해서라도 없애버려야 한다는 것이 맹신주의의 주된 특징이다. 바로 그 폭력이 그들의 불안을 드러내는 가장 명백한 증거다. 9·11 테러와 그에 대한 보복 테러는 두 맹신주의가 이 문명을 지켜내기는커녕, 오히려 그들이 믿어온 것에 대한 자신감을 잃었다는 사실의 상징이 되었다.

맹신자들이 적대적 폭력을 통해 세상을 불안하게 하는 것보다 문명의 위기를 더 크게 만드는 것은 기존 체계의 수호자로 자처해온 그들의 내면 깊숙이 배어버린 불안감이다. 맹신자들의 겉모습은 단호하고 흔들림이 없어 보인다. 그러나 바로 그 태도 때문에 불안은 증폭된다. 허무는 맹신을 부추기고, 맹신은 다시 허무로 스며든다. 그들은 허무의 쓰나미를 피해 맹신의 언덕으로 피해버린 도망자들로, 내면의 두려움을 억누르기 위해 큰소리를 치는 것이다.

허무주의와 맹신주의, 허무의 이 두 모습이 오늘날 세계를 덮고 있다. 참혹한 전쟁을 겪고, 사회 갈등의 고통이 커서 허무한 게 아니다. 어떤 불행한 사건이 터지더라도 그에 대한 안정된 해석만 가능하면 사람들은 허무에 빠지지 않는다. 오늘날 세계를 휩쓰는 허무는 삶을 안정적으로 이해할 의미체계를 상실했다는 데서 발생한다.

사람들은 이 문명이 제시하는 어떤 이데올로기도 진정으로 믿지 않는다. 윤리와 도덕조차도 체면치레로 전락했다. 그들은 단지 허무하거나, 허무로부터 도망칠 뿐이다. 이 모두가 삶의 의미를 지탱했던 있음이 사라졌기 때문이다. 없음의 검은 심연 앞에서 문명은 방황하고 있다.

여기까지가 제3의 눈이 나타나면서 폐허로 변한 현장에 대한 조사 보고다. 그 여파는 철학이나 과학 등 지식에만 한정되지 않는다. 문명 전반이 새로운 시선의 영향을 받고 있다. 이어지는 2부에서는 제3의 눈이 본 없음이 구체적으로 무엇이며, 있음과는 어떠한 관계를 맺는지, 그리고 어떤 방식으로 작용하는지에 대한 논의가 이어진다. 이는 제3의 눈의 성격과 그 시선이 바라보는 세계상을 살펴보는 과정이며, 동시에 새로운 문명을 싹 틔울 씨앗인 새로운 시선에 관한 논의가 된다.

2부

드러나다

04 빔, 드러나다

제3의 눈은 없음을 전면에 드러냈다. 과거 인류가 세상을 있음으로 본 것과 같은 비중으로 제3의 눈은 세상을 없음에 기초해서 본다. 제3의 눈이 원숭이의 세계를 바라보면, 나무들 사이의 허공은 물론이고 나무도, 심지어 원숭이도 텅 빈 것으로 보인다.

이 없음은 도대체 무엇인가? 우리는 있음을 좀더 잘 이해하기 위해서라도 없음을 알아야 할 필요가 있다. 우선 없음이라는 말부터 따져보자.

없음(無, nothing)은 있음(存在, being)의 반대말이다. 있음의 반대말로서의 없음은 순전한 허무(虛無, nihil)다. 허무는 바닥 없는 심연 같아서, 그로부터 우리 세상을 설명할 수는 없다. 없음을 허무로 받아들이면 허무주의로부터 벗어날 수 없다.

'허무가 아닌 없음'의 뜻으로 빔(空, emptiness)이라는 개념을 사용해보자. 이 말은 참(滿, fullness)의 반대로서 없음의 뜻을 갖지만, 있음의 직접적 반대말이 아니므로 곧바로 허무로 이해할 가능성은 약해진다. 게다가 이는 물리학에서 쓰는 '진공' 개념, 그리고 불교에서 말하는 '공' 개념과 연관되므로 그 의미의 전통 위에서 논의를 전개할 수 있다. 제3의 눈을 통해 전면에 드러난 없음, 그것은 빔의 세계다.

빈 마당

우리 앞에 드러난 공허에 대해 최초로 체계적 설명을 제공한 사람은 아인슈타인이라고 할 수 있다. 고전물리학은 우리의 상식과 마찬가지로 세상은 차 있는 물체와 그 물체들 사이의 빈 공간으로 구성되어 있다고 생각했다. 이러한 생각은 고대 그리스 철학자 데모크리투스(Democritus)의 원자론에서 유래한다. 양자역학자 하이젠베르크가 참과 빔에 관한 고전적 사고방식에 대해 서술한다.

> 뉴턴 물리학과 그리스 원자론은 충만과 공허, 물체와 공간을 구별하는 데 그 기초를 두고 있다. '빈' 공간이 있기에 '차 있는' 물체의 운동이 가능하다. 진공이란 무한의 과거로부터 무한의 미래로 영구불변하게 존재하는 물질의 '그릇' 같은 것이라고 생각했다. 그것은 정말로 '무'이므로 물질, 자연현상, 시간에 전혀 관계가 없는 것이었다.[1]

뉴턴은 고대 원자론의 사고방식에 기초하여 물체들과 그 사이에 작용하는 힘이라는 두 가지 요소로 사물의 운동을 설명했다. 예컨대 태양과 지구라는 물체가 있고, 이 두 물체 사이의 빈 공간에서 작용하는 중력 때문에 지구가 태양을 돈다는 것이다. 이러한 설명은 우리의 일반상식과 일치한다.

그런데 아인슈타인은 차 있는 물체와 빈 공간에서 작용하는 힘을 통합했다. 그는 특수상대성 원리의 저 유명한 공식 $E=mc^2$을 통해 질량(m)과 에너지(E)가 등가임을 밝혔다. 질량(mass)이란 물체(matter)를 표현하는 물리학적 양이고, 에너지란 활동(activity)을 표현하는 수학적 양이다. 질량과 에너지가 등가라는 말은 물체는 그 활동과 같은 값이라는 뜻이다. 지구나 태양과 같은 물체가 따로 있고, 그들에게 작용하는 중력이라는 힘이 따로 있는 것이 아니다. 지구나 태양이라는 물체도 그 활동의 양, 즉 에너지로서 표현할 수 있다는 것이다.

이로써 물체는 에너지에 수렴된다. 물체는 붕괴되거나 변형될 수 있다. 그러나 그 에너지는 보존된다. 예컨대 태양에서는 4개의 수소 원자가 하나의 헬륨 원자로 합쳐지는 일이 끊임없이 일어난다. 그런데 수소 원자 4개의 질량은 한 헬륨 원자의 질량보다 크다. 그 차이가 태양의 열과 빛으로 변하는 것이다. 물체는 임시적이고 상대적인 사건이지만, 에너지는 이 상대적 물체를 수렴했다가 변형시켜 펼쳐내는 지속적인 배후 실세다.

이로써 물리학의 무대에서 주역이었던 '단단한 물체'는 조역이나 소품 정도로 지위가 격하되었고, 주역의 자리에 사건(event)이나 과정(process)으로 불리는 운동과 활동의 물결이 들어찼다. 연극무대에서 주인공 배우가 사라지고 그 연기만 남은 상태라고 할 수 있다. 지구나 태양도 임시적이고 유동적인 사건과 과정일 뿐이다. 언젠가 태양이 폭발하면 순수에너지나 우주먼지로 변했다가 다시 새로운 별이나 혹성이 될 것이다. 이처럼 물체를 수렴했다가 내뿜는 에너지 바다가 바로 빔이다.

빔은 허무가 아니라 운동과 활동으로 가득 차 있다.

아인슈타인은 이제까지 다름으로 생각되었던 물체와 힘을 같음으로 통합하는 과정에서 '차 있는' 물체를 '빈' 에너지로 수렴했다. 이러한 수렴의 과정은 계속된다.

과거에는 3차원적 공간이 독자적으로 있고, 시간은 공간과 독립하여 과거에서 미래로 무한히 흐르는 것으로 생각했다. 그런데 일반상대성 이론에 이르면 시간과 공간은 시공연속체(space-time continuum)로 결합한다. 앞서 특수상대성 이론에서 보았듯 한 사물의 시간은 관찰자의 운동에 따라 상대적이다. 뿐만 아니라 시간은 중력장의 세기에 의해서도 달라진다. 중력장이 시간에 영향을 미친다는 사실은 시간과 공간이 분리되어 있지 않다는 것을 의미한다. 시간과 공간은 시-공의 장으로 결합한다.

데이비드 봄은 아인슈타인이 제시한 시공연속체를 설명하기 위해서 〈그림 16〉과 유사한 그림을 제시했다. 시공연속체란 연속적이고 분리할 수 없는 에너지 마당, 즉 장(場, field)이다. 그림에서 하나로 이어진 선이 그것을 나타낸다. 그 속에서 하나의 물체는 주변의 시공연속체를 일그

〈그림 16〉 통일장 속의 물체들[2]

러뜨리고 휘게 만든다. 이 휘어짐의 정도를 곡률(curvature)이라고 부르는 데, 하나의 물체는 시공연속체의 한 곡률로 표시할 수 있다. 따라서 그림에서 두 개의 휘어 오름은 두 물체로 상정할 수 있다. 이 물체들은 무한히 연결되는 시공장에 수렴된다.

여기서 왼쪽 휘어 오름을 지구로, 오른쪽 휘어 오름을 태양이라고 상정해보자. 지구나 태양은 전체 장의 에너지가 집중·응결된 것이므로 '장으로부터 추출된 것'(abstraction from the field)이라고 표현할 수 있다. 지구나 태양 등의 물체는 태양계라는 시공장으로부터 추출된 것으로 독립적 물체가 아니다.

지구와 태양이라는 '물질적 사건'과 그 사이의 진공을 절대적으로 구분할 칸막이는 없다. 지구의 장은 태양의 장과 결합하여 태양계라는 더 큰 장의 일부가 되고, 다시 태양계는 은하계라는 장의, 은하계는 다시 더 큰 우주장의 부분으로 휘어 있다. 이로써 극소 단위의 물체로부터 우주 전체에 이르기까지 작은 장이 큰 장의 일부로 끊임없이 수렴되는 구조가 드러난다. 이처럼 분리할 수 없고 쪼갤 수 없는 무한한 에너지 마당, 그것이 아인슈타인이 제시한 빔의 구조다.

한국어에서 빔은 보통 '비어 있음'으로 표현한다. 빔은 개념 정의상 없음이다. 따라서 좀더 정확하게 표현하려면 '비어 없음'이라고 해야 한다. 그런데 '비어 있음'이라는 말은 빔과 있음의 대립을 통합하는 개념이다. 그런 뜻으로 빔은 완전한 없음이 아니다. 그것이 우리 두 눈에는 없음처럼 보이긴 해도 그 안에는 에너지가 마당 한가득히 차 있고, 시공이 결합해 있다. 하늘 가득한 빔은 그토록 무한히 통일된 마당이다.

비어 있는 공간이 차 있는 물체들을 내포하는 역동적이고 무한히 연결된 장이라면, 물체와는 다른 것으로 상정된 '힘'은 어디로 갔을까? 뉴턴에 따르면 지구는 직선으로 움직이려 하지만 태양의 중력에 끌려 영원히 방향을 틀어 궤도를 돈다. 그러나 아인슈타인에 따르면 중력이라는 외적 힘이 아니라 시공장의 휘어짐이 지구가 움직이는 궤도를 결정한다. 이러한 설명은 중력에 대한 개념 수정을 요구한다. 미국의 우주물리학자 타이슨(Niel D. Tyson)은 다음과 같이 말한다.

> 중력은 힘이 아니다. 그것은 시-공 직물(fabric of space-time)이라고 할 수 있다. 우리는 이 직물의 모든 굴곡들을 따라 움직인다.[3]

'시공 직물'이라는 말은 휘어진 시공장을 이해시키기 위한 은유다. 이를 우리가 지각하는 방식으로 보여주기 위한 〈그림 17〉도 은유긴 마찬가지다. 질량이 시공간을 휘게 하므로, 중력은 그림에서 천의 휘어짐으

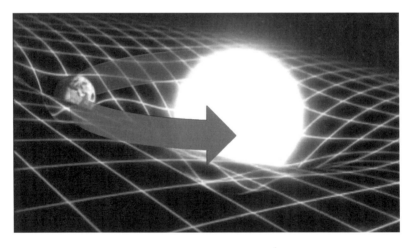

〈그림 17〉 시공 직물 속의 공전운동[4]

로 표현되었다. 이처럼 휘어진 굴곡들을 따라 움직이는 게 공전이다.

큰 산의 둘레를 도는 둘레길을 생각해보자. 태양의 시공장은 태양계 전체에 퍼진 골도 만들고 능선도 만들 것이다. 이런 복잡한 휘어짐의 구조 속에서 지구라는 시공장은 골과 능선을 이리저리 타고 넘는 '가장 쉬운 길'을 따라 돈다. 그런 점에서 지구의 공전궤도는 마치 골과 능선을 넘으며 하나의 큰 산을 도는 둘레길을 연상케 한다. 태양을 도는 지구는 '시공장의 대단히 두드러진 휘어짐(=태양) 부근의 시공장을 통과하기 위해 가장 쉬운 길을 찾고 있는 시공장의 뚜렷한 휘어짐(=지구)'이라고 할 수 있다.[5]

이리하여 중력이라는 외적인 힘 없이도 지구의 공전운동을 설명할 수 있다. 일반상대성 이론에 따르면 중력이란 운동의 일종인 가속도와 같다. 따라서 중력은 가속운동으로 수렴된다. 지구의 공전도 가속운동이므로 지구가 태양을 도는 운동은 중력이라는 외적인 힘을 배제하고도 시공연속체라는 장의 내적 운동으로 설명된다.

물체가 시공장으로 수렴되었듯이, 힘도 이 통일장의 내적 운동으로 수렴되었다. 고전물리학의 두 핵심 요소였던 물체와 힘은 그 독자성을 상실하고 거대한 빔의 마당으로 수렴된다. 있음을 빔의 내적 운동으로 이해하게 된 것이다.

상대성 이론의 궁극적 비전, 즉 통일장의 가능성에서 보면, 에너지라는 것도 독자성을 상실한다. 에너지는 질량과 같고, 질량은 시공연속체의 곡률이기 때문이다. 이제 남은 것은 시간-공간과 운동뿐이다. 모든 것은 '시-공의 운동'으로 수렴될 수 있다. 더 나아가보자. 모든 운동과 활동은 시-공을 발생시키고, 시-공이 발생하면 운동은 필연적이므로 시간-공간-운동도 하나로 엮인다.[6] 통일장은 그 무차별적인 '운동의 출렁임'으로서 시공, 에너지, 물체, 힘 등을 드러내고 수렴하는 역동적 마당이다. 출렁이는 운동 마당인 빔으로부터 모든 있음들이 드러난다는 것이다.

아인슈타인에서 튼 제3의 눈은 모든 '다른 있음들'을 하나로 흡인하는 빈 마당의 비전을 세웠다. 이 빔은 허무가 아니라 통일된 마당으로서 무한히 연결되어 있으며 또한 운동으로 가득 차 있다. 있음의 세계는 빔의 거대한 바다가 역동적 운동으로 출렁일 때 표면에 나타나는 거품 같은 것이라고 할 수 있다.

이제 거품이 독자적 실체가 아니라는 이유로 허무에 빠져야 할 이유는 없어졌다. 거품은 그 있음의 안정성을 잃는 대신 거대한 운동의 바다로 수렴되기 때문이다.

빈 나

이처럼 무한히 연결되고 역동적 에너지로 출렁이는 빔 속에서 '나'는 무엇인가? 즉, 사물을 구성하는 가장 기본적인 정체는 빔과의 관련 속에서 어떻게 보아야 하는가? 양자세계에서 그 질문에 대한 답을 찾아보자.

거시세계인 우주공간뿐 아니라 미시세계인 원자 속도 텅 비어 있다. 만약 인간의 몸을 엄청난 힘을 가진 압착기로 눌러 몸을 구성하는 원자의 빈 공간을 모두 없앤다면 그 크기는 소금의 한 결정체 정도가 된다. 그 무게는 몸무게와 똑같은 채로. 만약 60억 인구의 몸속 공간을 다 없애서 하나의 덩어리로 만든다면, 그 크기는 사과 한 개 정도에 불과하다.[7] 우리는 빔의 덩어리다.

빈 공간을 없애고 남은 것은 전하가 있고 질량이 있고 스핀도 있지만 우리가 생각하는 물체라는 의미의 알갱이가 아니다. 양성자와 중성자로 구성된 원자핵이 있고 전자가 그 주위의 궤도를 돈다는 러더포드(Ernest Rutherford)의 태양계 모델은 1927년 보어와 하이젠베르크에 의해 폐기되었다. 이후 '입자 동물원'이라고 불릴 정도로 숱한 소립자들이 발견되었고, 이들 소립자를 구성하는 쿼크(quark)라는 더 기본적인 소립자 모델도 제시되었지만 이들에 대해 알갱이라는 개념으로 설명하려는 어떤 시도도 성공하지 못했다. 대신 수학적 확률만이 그들의 집단적 행태의 결과를 설명할 수 있는 양자 마당(quantum field), 혹은 양자장이 드러났다.

양자역학의 태두인 덴마크 물리학자 보어(Niels Bohr)는 아원자세계를 그림으로 나타낼 수 있다는 데 반대했다. 그러나 1940년대 미국의 물리학자 파인만(Richard Feynman)은 〈그림 18〉과 같은 시공도식을 제안하여 아원자세계 속에서 일어나는 사건을 설명하는 데 성공했다. 이 그림은 이후 입자가속기를 통해 입자들을 충돌시킴으로써 나타나는 반응을 표시하는 데 널리 사용되었는데, 충돌반응의 확률을 나타내는 수학적 기술과 정확한 대응관계에 있다. 시공도식은 어떤 사건의 실제 모습을 보여주는 것이 아니라 그 사건이 일어날 확률을 나타낸다는 점에 유의할 필요가 있다.

여기서 수직선의 위쪽은 시간의 정방향을 가리키며 수평선의 오른쪽은 공간적 이동을 표현한다. 점선은 가상입자의 운동을 가리키는데 가상입자(virtual particle)란 매우 짧은 시간-공간에 생겼다가 사라지는 입자를 말한다. 점은 입자세계에서 일어난 사건(event)을 표현한다.

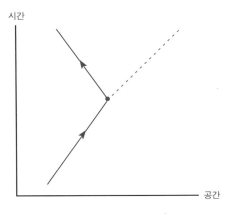

시간

공간

〈그림 18〉 파인만의 시공도식[8]

모든 아원자적 사건은 입자들의 소멸과 새로운 입자들의 생성을 수반한다는 데 유념할 필요가 있다. 위 그림에서는 실선으로 표현된 하나의 전자가 점으로 표현된 사건을 통해 점선으로 표현된 광자를 방출하고 공간적 방향을 바꾼 것처럼 보인다. 그러나 동일한 전자가 운동량이 바뀌어 다른 방향으로 이동한 것이 아니다. 광자를 방출한 순간, 과거의 전자는 소멸하고 새로운 전자가 나타나 변화된 운동량으로 그 지점에서 떨어져나간 것이다.

파인만의 도식은 영국의 이론물리학자 디랙(Paul Dirac)이 제시한 반물질(antimatter)의 개념도 표현하고 있다. 그에 따르면 모든 물질은 반물질을 갖고 있다. 반물질은 물질과 질량은 같지만 모든 면에서 정확히 반대인 물질이다. 물질과 반물질이 만나면 큰 에너지를 내고 서로 사라진다. 파인만의 도식은 이러한 개념을 받아들였다. 여기서 화살표는 입자의 운동방향을 나타내는 측면보다 입자와 반입자를 구분하는 측면이 더 중시된다. 예컨대 위쪽 방향 화살표면 전자를, 아래쪽 방향이면 반전자를 가리킨다.

이런 식으로 파인만의 도식은 모든 사건에서 입자의 생성과 소멸을 나타내며, 입자와 반입자의 기본적 대칭을 나타낸다는 두 가지 특징이 있다.[9] 이것이 비어 있는 양자장에서 일어나는 사건들을 표현하기 위한 기본 개념이다.

우리는 양자역학의 성과에 대해 자세히 알자는 의도를 갖고 있는 것은 아니다. 다만 그들의 시선이 우리가 사물을 보는 데 어떤 힌트를 주는지에 관심이 있을 뿐이다. 그러면 이 그림들은 세상과 우리 자신에 대한 은유로 이해할 수 있다. 다음의 시공도식들을 통해 '나'에 대해 무엇을 볼 수 있는지를 알아보자.

〈그림 19〉는 원자핵을 이루는 양성자(p)와 중성자(n)의 상호작용을 나타낸다. 왼쪽 양성자는 가상입자인 양성 파이입자(π⁺)를 방출하고는 소멸한다. 그러고는 그 자리에서 중성자가 출현하여 달라진 운동량으로

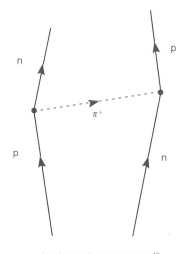

〈그림 19〉 파인만 도식 사례 1[10]

운동한다. 오른쪽의 중성자(n)는 방출된 양성 파이입자를 흡수함으로써 소멸하고 새로운 양성자가 출현하여 운동한다. 이런 상호작용을 통해 양성자와 중성자는 서로의 존재를 끊임없이 뒤바꾼다.

기존의 사고방식에 따르면 한 있음의 정체는 변치 않고, 상호작용이 있더라도 그것은 순전히 외부적인 사건이다. 그러나 양자역학적 시선에 따르면 한 있음의 정체는 확정할 수 없다. 매 순간 끊임없는 상호작용에 의해 수시로 생성·소멸하는 과정 속에 있기 때문이다.

좀더 정확히 말하면 '상호작용'(interaction)이라는 표현도 적절치 않다. 상호작용은 뚜렷한 정체들 간의 외적인 교류작용이다. 그러나 아원자세계에서는 작용이 우선하고 정체는 그 부수적 현상이다. 양성자니 중성자니 하는 것도 무한한 상호작용이 일으키는 순간적 섬광과 같은 것이다.

〈그림 20〉은 양성자(p)가 중성 파이입자($\pi°$)를 방출했다가 다시 흡수

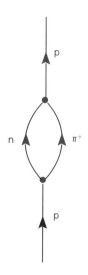

〈그림 21〉 파이만 도식 사례 3[12]

하는 과정을 보여준다. 이런 과정은 원자 속에서 끊임없이 일어난다. 이는 하나의 입자라는 것이 하나의 동일한 정체가 아니라 '자체 상호작용 과정'이라는 사실을 드러낸다. 그것도 두 점으로 표현된 사건을 통해 기존의 양성자가 소멸하고 새로운 양성자가 나타난 것이니 하나의 입자는 '매 순간 자체 상호작용으로 생성·소멸하는 과정'이라고 표현할 수 있다.

우리가 '내 몸'이라고 부르는 것도 숱한 세포로 구성되어 있지만 이들도 끊임없는 자체 상호작용으로 생성·소멸한다. '나의 몸'은 동일한 정체가 아니라 자체 상호작용으로 생멸이 지속하는 과정이다.

〈그림 21〉에서 양성자(p)는 순간 중성자(n)와 양성 파이입자(π^+)로 분열했다가 다시 합치면서 양성자(p)가 된다. 이 내적 상호작용에서는 순간 전혀 다른 정체들로 분열했다가 다시 과거의 모양을 되찾는다. 이런 시선에서 보면 '나'라는 것은 '나 아닌 것들'을 생성하는 과정이기도 하

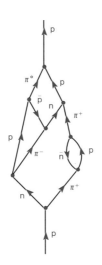

〈그림 22〉 파인만 도식 사례 4[13]

다. 다시 나타난 양성자도 과거의 나를 '되찾은 것'이 아니라 '새로운 나'
로 출현한 것이다. 있음의 동일성은 유지되지 않는다. 동일성처럼 보이
는 것 속에는 이질성이 관통한다.

위 두 그림(20, 21)을 통해 볼 때 '모든 존재는 깜빡인다'고 해야 할 것
이다. 존재는 찰나에 생성·소멸하는 과정의 연속이다. 원칙상 단 두 순
간이라도 동일성을 보장해줄 수가 없다. 세상은 매 순간 재창조된다.

복잡한 〈그림 22〉에서는 맨 아래와 맨 위의 양성자(p)가 자기동일성
을 유지하는 것처럼 보인다. 그러나 그 과정은 숱하게 다양한 입자들의
상호작용으로 이루어져 있다. 거기서는 시간의 정방향으로 흐르는 것들
도 있지만 아래 화살표로 표시된 것들처럼 시간의 역방향으로 흐르는
반입자들(반양성자 p̄, 반중성자 n̄)도 있다. 이를 일반화한다면 '모든 입자는
다른 입자들의 다양한 결합과정'이라고 할 수 있다. '나'는 '나'라고 할 수

없는 숱하게 다양한 이질적 요소들이 임시적으로 결합하는 마당이다.

이 때문에 미국의 물리학자 스탭은 소립자가 '일련의 관계들의 조합'(a set of relationships)이라고 표현한 바 있다.[14] '나'는 관계의 왕국에서 그 현란한 상호작용들이 일으키는 부산물이다.

이상 양자 마당에 대한 논의에서 우리는 두 가지를 정리할 수 있다. 첫째, 하나의 있음은 다른 있음과의 관계와 상호작용에 의해 매 순간 자신을 재창조한다. 이에 대해 주커브는 다음과 같이 표현했다.

> 아원자 수준에서는 전체를 구성하는 부분들 사이의 상호관계와 상호작용이 부분들 자체보다 더욱 근원적이다. 운동(motion)은 존재한다. 그러나 궁극적으로는 운동하는 실체(moving object)는 없다. 활동(activity)은 존재한다. 그러나 활동자(actor)는 없다. 춤추는 자(dancer)는 없다. 존재하는 것은 단지 춤(dance)일 뿐이다.[15]

이는 존재처럼 보이는 것이 생성·소멸의 매 순간 깜빡임으로 구성되기 때문이다. 존재란 생멸의 깜빡임들이 우리에게 일으키는 착시현상이다. 이제 우리는 존재를 여의고 활동으로 가득 찬 빈 양자 마당에 도달했다.

그 두 번째 시사점은 더욱 근본적이다. 어떤 있음도 빔의 대양으로부터 출현하고는 다시 빔으로 돌아간다는 것이다. 이는 파인만 도식에서 점으로 표현되었다. 점에서 한 입자는 다른 입자로 '바뀌는' 게 아니다. 모든 점에서 기존 입자는 소멸하고 새로운 입자가 탄생한다. '진공도식'으로 불리는 〈그림 23〉은 이 빔의 성격을 극명하게 보여준다.

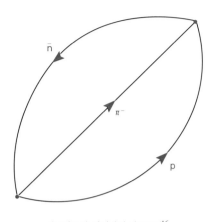

〈그림 23〉 파인만의 진공도식[16]

진공도식에서는 사건의 원인이 되는 출발선도 없고, 그 결과로 산출되는 선도 없다. 아무것도 없는 진공에서 두 개의 입자(양성자 p, 음성 파이입자 π^-)와 하나의 반입자(반중성자 n̄)가 생겨나 상호작용하고는 흔적도 없이 사라진다. 그런 점에서 에너지 보존 법칙까지 위배한다.

이 그림은 아원자세계의 사건들이 진공과 불가분의 관련을 맺고 있다는 사실을 분명히 보여준다. 진공도식은 사물이 진공으로부터 창조되고는 다시 파괴되어 진공으로 돌아간다는 점을 보여주는 간결하지만 강력한 시다.

진공이 비어 있지 않다는 사실을 처음 입증한 사람은 네덜란드 물리학자인 카시미르(Hendrick Casimir)다. 그는 마요네즈가 흘러내리지 않고 끈적끈적한 이유를 진공 속의 가상입자들이 마요네즈 분자들을 끌어당기기 때문이라는 사실을 실험으로 밝혔다.[17] 우리가 지각하는 물체조차도 빔과 불가분의 관계를 맺고 있다.

빔은 그 정의상 '아무것도 없음'이다. 그러나 진공은 가상입자로 가득 차 있다. 그로부터 입자와 반입자를 만들고는 다시 흡수하는 우주의 용광로가 빔이다. 이 우주도 끊임없이 그곳으로부터 생겨나고는 다시 그곳으로 돌아간다. 영국의 물리학자 알칼릴리(Jim Al-Khalili)는 파인만의 이론을 설명하면서, 우리가 아는 물체들이란 이 '진공 속의 가상입자들이 벌이는 활동의 찌꺼기(left-over)'라고 표현했다.

> 가장 작은 규모에서부터 가장 큰 규모에 이르기까지 우주는 끊임없는 창조와 파괴의 폭풍이다. 우리가 보고 느끼는 세계, 이 일상세계를 만드는 질료로 생각되어온 물질은, 진공에서 가상입자들이 벌이는 요란한 행동으로부터 나온 찌꺼기들이라 할 수 있다. 당신이나 나, 지구, 별……이 모든 것들은 상상 이상으로 깊고 무한히 복합적인 현실의 일부일 뿐이다.[18]

'상상 이상으로 깊고 무한히 복합적인 현실'이란 진공을 말한다. 빔은 그 요란한 운동의 찌꺼기로서 있음의 세계를 만드는 원천이다. 아인슈타인의 통일장은 운동으로 가득 찬 빔이다. 파인만의 양자장은, 그로부터 모든 사물을 창조해냈다가 다시 파괴하여 들이마시는 '창조-흡수의 빔'이다. 빈 마당은 끊임없는 창조와 파괴의 폭풍이다.

힌두교의 한 해석에 따르면 시바 신은 수많은 손과 발로 춤을 추면서 세상을 창조하고 파괴한다. 그 춤 속에서 한 손가락을 움직이면 그로부터 어떤 세상이 만들어져 나오고, 한 발짓이 이어지면 어떤 세계가 파괴되어 스러진다. 양자역학자들은 춤추는 시바 신을 진공 속에서 발견한 셈이다. '나'란 그 현란한 춤의 흔적이다. 우리는 견고한 '나'를 잃었지만 그 대가로 창조의 신비와 연결되었다.

온전 마당

수면 위의 거품인 나는 빔의 대양과 연결되어 있다. 한반도 해안의 거품인 내가 남미 끝자락 해안의 거품인 너와는 어떻게 연결되어 있을까? 이 거품이 저 거품과 소통하려면 어느 정도의 시간이 걸리고, 어떤 방식으로 교신할 수 있을까? 이 질문은 빔의 대양이 만들어내는 세계의 시공간적 구조를 가리킨다. 빈 마당을 통하면 너와 나는 아주 가까울까, 아니면 여전히 멀까?

이에 답을 줄 수 있는 것은 20세기 내내 물리학 논쟁의 중심이 되어왔던 한 실험이다. 물리학의 거장 아인슈타인은 양자역학의 거두인 보어를 공박하기 위해 하나의 사고실험을 제기했다. 이 실험은 문제제기자들의 이름을 따서 '아인슈타인-포돌스키-로젠(Einstein–Podolsky–Rosen)의 실험'이라고도 하는데, 보통은 세 사람의 이름 앞 글자만 따서 'EPR 효과' 혹은 'EPR 역설'이라고 부른다.

쌍둥이 입자가 있다. 이 둘은 질량, 전하 등 모든 값이 똑같고 스핀만 반대다. 즉, 생김새는 똑같은데 돌며 진행하는 방향만 반대이기에 두 입자의 스핀을 더하면 항상 영(zero)이다. A입자가 오른쪽으로 스핀을 가지면 B입자는 왼쪽 스핀을 가지며, A가 위로 가면 B는 아래로 움직인다. 여기서 〈그림 24〉와 같이 A입자가 움직일 방향에 자기장을 걸어놓고 A의 진행방향을 바꾸어보자.

처음에 A와 B는 마치 서로 마주 보면서 춤추며 물러나듯 오른쪽과 왼쪽으로 진행한다. 그런데 A는 진행하는 곳에서 자기장을 만나 위쪽으로 방향을 틀었다. 그러자 동시에 B도 방향을 틀어 아래로 움직인다. 자석을 돌려 A를 뒤편으로 움직이게 했다고 하자. 그러면 동시에 B는 앞쪽

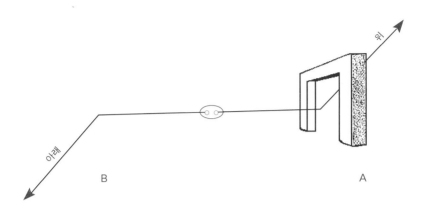

으로 방향을 바꾼다.

문제는 A입자가 방향을 바꾼 시점과 B입자가 방향을 바꾼 시점이 같다는 것이다. '즉각', '순식간에' 혹은 '동시에' 행동을 조정한다는 것이다. 물론 특수상대성 원리에 따라 '동시에'라는 말은 동일한 좌표계의 관찰자에게 같은 시점으로 보인다는 뜻이다.

A와 B는 서로 신호전달을 통해 행동을 일치시킨다고 가정할 수 있다. A입자가 '나, 위로 간다'는 정보를 B에게 전하면, B는 그에 맞추어 자신의 진행방향을 조정한다. 그런데 문제는 어떻게 두 곳에 떨어진 것들이 이렇게 빨리 소통할 수 있느냐다.

A와 B 사이의 거리가 아주 가깝다면 별 문제가 아닐 수도 있다. 그러나 그 거리가 지구와 태양, 혹은 지구와 북극성 사이만큼 떨어져 있다면 '동시에 행동을 조정하는 일'은 해석상에 혼란을 야기한다. A가 B에게 자신의 방향전환을 알리는 가장 빠른 수단은 빛이다. 그런데 둘 사이의 거리가 지구와 태양만큼이라면 빛으로 소통해도 8분 이상이 소요될 것

이고, 북극성까지라면 431년이 걸릴 테니 '즉각적 행동통일'을 이해하기는 곤란하다.

빛보다 빠른 매체가 있을까? 빛보다 빠른 타키온(tychyon)이라는 입자의 가상존재를 허용할 수는 있다. 그러나 이것이 발견되더라도 EPR 효과를 설명하려면 상대성 이론을 포함하여 물리학의 많은 이론들이 재조정되어야 한다. 아인슈타인은 빛보다 빠른 속도를 가정할 수 없다는 상대성 이론의 관점에서, 이 문제를 해결하는 방법은 두 가지밖에 없다고 지적했다.

첫째, A의 측정이 B의 상태를 텔레파시와 같은 방법으로 변화시킨다. 둘째, 서로 공간적으로 분리된 것들의 독립적 존재를 인정하지 않는다.[20]

첫 번째 방법은 염력으로 먼 거리에 떨어져 있는 사물을 변화시키는 해괴한 초광속 전달을 전제하는 것이고, 둘째는 공간적 거리 자체를 부정하는 것이다. 이 두 가지 대안 모두를 받아들일 수 없었던 아인슈타인은 보어의 양자역학이 '거리를 두고 작용하는 유령 행동'을 다루고 있다며 비웃었다. 보어는 양자계가 분리할 수 없는 한 덩어리라고 보았기에 A와 B 사이에 실제적인 힘이 미치지 않더라도 그들은 서로 '협력하면서' 행동한다고 생각했다.[21]

EPR 역설이 제시된 지 약 50년 뒤에 프랑스의 물리학자 아스펙트(Alain Aspect)는 그 사고실험을 실제로 실험해보았다. 그 결과 A에서의 측정이 B의 사건에 영향을 미친다는 점이 확인되었다. 그것도 두 지점 사이의 어떤 에너지 전달도 없이. 즉, 어떤 소통도 없이 A사건은 B사건에 직접 영향을 미친다.

그 해석을 위해서는 아인슈타인이 대안으로 생각한 두 가지 '유령의 방식'을 고려할 수밖에 없다. 첫째, 텔레파시처럼 거리를 넘는 초광속 전달을 전제하거나 둘째, 사물들이 거리를 두고 떨어져 있다는 국소성(locality) 혹은 분리성(separability)의 개념을 부인하는 것이다.

초광속 전달을 전제하면 우리가 아는 객관적 현실은 인정되지만, 타키온 같은 이상한 입자를 전제해야 하는 난점이 있다. 이것은 아인슈타인의 지지자들이 견지해온 견해다. 반면 국소성과 분리성을 부인하면 EPR 역설은 바로 설명되지만, 우리가 공간적 거리로 경험하는 객관적 현실은 부인하게 된다. 이것이 보어를 비롯한 양자역학의 지배적 견해다. 보어 학파가 물리학의 주류가 되면서 사물이 거리를 두고 떨어져 있는 객관적 현실은 실재하지 않는 환상이 되어버렸다.

이 두 가지 대안을 결합하는 설명은 1975년 미국의 물리학자 사파티(Jack Sarfatti)에 의해 제시된 바 있다. 그에 따르면 쌍둥이 입자들은 공간적으로 '분리되어 있으면서 또 연결되어 있다.' 다만 이들은 신호에 의해 연결된 것이 아니라 공간과 시간을 초월하는 길로 즉각적으로 연결되어 있다. 그는 이런 개념을 '신호 없는 정보의 초광속 전달'이라고 불렀다.[22] 그가 '전달'이라는 개념을 쓰기는 했으나 실제로 A와 B 사이에는 에너지 전달이 없기 때문에 엄격하게는 '연결'이라고 부르는 편이 나을 것이다.

이러한 생각을 정돈하여 미국의 물리학자 스탭은 다음과 같이 말했다. "우리가 자연에 대해 알 수 있는 모든 것은, 시공에 놓일 사건들의 생성을 제외하고는, 자연의 근본과정은 시공 밖에 놓여져 있다는 생각과 일치한다." 시간-공간 질서의 배후에 시간-공간 바깥에 놓인 자연의 근본과정이 있다는 것이다. 이러한 흐름의 연장선상에서 영국의 물리학자 봄은 "이 세계가 독립적으로 존재하는 부분들로 보는 고전적 관념을 넘어서 '부서지지 않는 온전'(unbroken whole)이라는 새로운 관념을 갖게 되었다"고 평가했다.[23]

이러한 해석은 시간적·공간적으로 분리된 것들이 존재하는 물리적 현실을 인정하면서도, 그 배후의 근본적 질서에서는 분리성과 국소성이 소멸한다는 이중적 현실 개념을 낳게 되었다. 우리 세계의 배후에는 더욱 근원적인 세계가 시공을 초월하는 방식으로, 시공으로 분리되지 않는 하나의 온전으로서 실재한다는 것이다. 주커브는 이러한 해석이 공간에 대한 우리의 개념을 어떻게 바꾸어놓을 수 있는지에 대해 다음과 같이 설명한다.

> 나타나 보이는 것과는 반대로, 우리의 세계에는 '분리된 부분'과 같은 것은 실제 존재하지 않는다……. 이러한 체계에서는, 이곳에서 일어나는 일은 우주의 딴 곳에서 일어나는 일과 밀접하게 즉각 연관을 가지게 되며, 그것은 계속해서 우주의 또 다른 곳에서 일어나는 일과 밀접하게 그리고 즉각 관계를 갖게 되는데, 이것은 우주의 '부분'은 분리된 부분이 아니라는 간단한 이유 때문이다.[24]

지금까지 공간은 시간과 마찬가지로 띄워진 거리를 통해 사물을 분리하는 질서였다. 바로 이러한 시간-공간 지각에 기초하여 '나와 대상의 거리'라는 관념이 파생되었다. 하나의 사물은 시간적·공간적 거리를 통해 다른 모든 사물과 구분되었다. 나와 너, 인간과 자연, 생산자와 소비자의 분리는 이러한 공간 개념의 철학적·사회적 확장이었다. 달리 표현하면 이 세상에 있는 모든 '다른 존재들'은 물리적·사회적 거리를 통해 구성된 것이다.

그런데 이제 공간적·시간적 거리가 소멸된 빔의 지평이 드러났다. 시공간적 거리의 소멸은 다른 있음들 각각의 독자성이 소멸하면서 떡처럼 하나로 뭉쳐진다는 것을 의미한다. 다만 그 떡은 비어 있는 질서다. 그 속에서 한 인간으로서의 나는 들판에 핀 이름 모를 꽃, 태평양을 헤엄치는 어느 돌고래, 그리고 저 먼 오리온 자리에 있는 별의 한 바위와 직접 연결되어 있다.

자연의 근본적 질서는 웜홀보다 더 직접적인 방식으로 상호 연결되어 있다. 나의 한 호흡, 한 생각을 온 우주가 직접, 그리고 즉각 안다. 그것은 '모든 것이 하나가 되는' 빔의 차원이 있기 때문이다. 어떤 나뉨도 허용하지 않는 무한연결성, 어떤 부분도 다른 부분과 분리되어 있지 않은 전일성 때문이다.

거품과 대양의 관계도 마찬가지다. 빈 나는 빈 대양과 직결되어 있다. 빈 나는 빈 대양과 하나다. 나는 비어 있는 창조자의 산물일 뿐 아니라 그 일부다. 쪼갤 수 없는 온전이 대양과 거품을 하나로 품고 있기 때문이다. 빔은 온전의 마당이다.

빔은 그 창조적 역동성과 더불어 무한한 온전성으로서 우리에게 드러났다. 빔은 창조와 파괴의 폭풍이면서 온전의 무한한 바다다.

과거 있음의 문명은 창조신도 있음으로 생각했다. 그것도 모든 있음들의 정점에 선 초월적 있음이다. 그러나 제3의 눈이 발견한 바에 따르면 진정으로 창조적인 것은 빔이어야 한다. 만약 창조신이 뚜렷한 성격과 권능으로 가득 찬 있음이라면, 그렇게 창조적이면서 파괴적일 수 없고, 그렇게 없는 곳이 없을 수 없고, 그렇게 모든 것을 알 수 없다. 나아가 그처럼 무한하고 차별 없는 사랑으로 모든 사물을 품어 안을 수 없다.

역동적이고 온전한 빔만이 그처럼 창조적이고 자애로울 수 있다. 그런 관점에서 보면, 과거 문명이 섬겨온 모든 신들도 '창조적 빔'의 피조물일 뿐이다. 모든 사물을 품어 안고 창조하는 자는 온전히 비어 있어야 한다.

빈 자유

이 장에서 우리는 제3의 눈이 발견한 빔이 허무이기는커녕 운동으로 가득 차 있고, 있음을 창조하고 수렴하는 근원적 질서이며, 어떤 분리도 허용하지 않는 온전의 마당임을 확인했다. 이 물리학적 발견이 일상적 삶을 살아가는 우리에게 주는 의미는 무엇일까? 다시 말하면 제3의 눈을 뜨면 우리 삶은 어떻게 달라질 수 있을까?

그리스 시대부터 서구 철학은 있음의 본질과 그 원리를 탐구하는 데 집중했다. 서구 종교에서는 신도 하나의 인격체로서 인간 세상에 직접 개입하는 초월적 있음이었다. 모든 종교행위는 그런 '신의 존재를 믿느냐'를 확인하는 데서 출발했다. 그토록 있음에 집중했기에 20세기 들어 전면에 부상한 빔을 서구 사상의 전통에서 적절히 이해할 방도는 없었다. 서구인들이 있음의 소멸과 허무를 동일시한 것도 그것을 이해할 만한 전통이 없었기 때문이다.

세계 사상사에서 빔을 가장 적극적으로 탐색한 것은 수학에서 영(0)이라는 개념을 발명한 인도인들이다. 그중에서도 불교는 사상과 실천 모두에서 빔을 적극적으로 대면했다. 그 가르침은 빔이 주는 의미를 이해할 하나의 가능성을 제공한다.

한국의 절에서 예불 때마다 암송하는 『반야심경』(般若心經)에는 '색즉시공'(色卽是空)이라는 구절이 있다. 우리 논의의 맥락에서 번역하면 '사물은 곧 빔이다' 혹은 '모든 사물은 비어 있다'는 뜻이다. 오늘날 제3의 눈이 발견한 것과 일치하는 내용이다.

대승불교의 거장 나가르주나(龍樹, Nagarjuna)는 이 빔에 대해 '있음도 없음도 아닌 빔'(非有非無空)이라고 표현했다. 빔은 있음 혹은 없음이라는 개념으로는 이해할 수 없는, 나아가 있음과 없음을 넘어서는 지평이라는 뜻이다. 이 역시 물리학이 진공 속에서 발견한 것과 일치한다.

제자 아난다(Ananda)가 '빈 세상'에 대해 묻자 붓다가 대답했다.

> "스승님, '빈 세상, 빈 세상'이라고들 하는데, 무슨 이유로 '빈 세상'이라고 하는 겁니까?"
> "'빈 세상'이라 하는 것은 자아가 비어 있으며, 자아의 소유물들이 빈 것들이기 때문이다."[25]

불교에서 '나' 혹은 '자아'라고 부르는 것은 인간의 에고를 뜻하기도 하지만, 더 넓은 의미로는 서양 철학에서 말하는 불변의 실체, 즉 사물의 정체를 뜻한다. 따라서 무아, 즉 '내가 없음'은 '실체가 없음', '정체가 없음'이라는 뜻이다. 빈 세상은 '나' 혹은 '내 것'이라는 실체가 없는 세상, 즉 있음의 지각과 관념으로부터 자유로운 사물의 실상을 가리킨다.

고대 인도에서도 데카르트처럼 정신과 육체를 '나'의 실체라고 생각하는 철학들이 있었다. 데카르트는 '정신이 곧 자아'라고 생각하는 인도

철학의 연장선상에 있다. 이에 대해서 붓다가 말한다.

> 이 몸은 무상하고, 형성되는 것이고, 조건에 따라 일어난다……. (그러나) 못 배운 보통 사람이라면 (정신보다) 차라리 이 몸을 자아라고 생각하는 게 더 낫다……. 왜냐하면 몸은 1년, 2년, 100년도 지속하지만, 소위 '정신', '마음', '의식'이라는 것은 마치 숲 속에서 이 가지 저 가지를 뛰어다니는 원숭이처럼 밤낮 다르게 생겨났다가 사라지기 때문이다."[26]

정신이든 몸이든 조건에 따라 일어났다 사라지는 것을 자아나 실체라고 간주할 수는 없다. 그러나 둘 만을 비교하면 널뛰는 정신보다는 차라리 몸이 더 안정적이다. 따라서 '못 배운 보통 사람'의 식견으로는 차라리 몸을 자아라고 생각하는 게 더 안정적이다. 정신을 나라고 생각한 서구 근대철학은 '못 배운 보통 사람'이 취할 수 있는 최악의 동일시를 취한 셈이다.

항상 변화하고, 여러 요소들이 결합하여 형성되고, 조건에 따라 생겼다 사라지는 것들의 무대, 이것이 빈 세상이다. 빔의 이런 양상은 우리가 이미 양자 마당에서 확인한 바 있다. 그 실상을 바로 보는 것이 불교에서 추구하는 지혜다.

> 모든 형성된 것들은 무상하다. 모든 형성된 것들은 괴로움에 종속될 수밖에 없다. 모든 것들은 자아가 없다. 이처럼 무상하고, 괴로움과 변화에 종속될 수밖에 없는 것들에 대해 '이는 내 것이다, 이것이 나다, 이것이 내 자아다'라고 하면 바르지 않다.[27]

예컨대 몸은 싱싱했다가 점점 늙고는 마침내 해체된다. 몸은 무상하다. 몸은 뼈와 피와 똥과 콧물로 이루어져 있다. 몸은 여러 요소가 조건에 따라 결합하여 형성된 것이다. 그런데 사람들은 조건에 따라 결합된 요소들을 하나의 몸통으로 보면서 '내 몸'이라고 부르며 늙어가는 몸을 젊은 상태로 고정시키려고 한다. 그 집착 때문에 고통이 발생한다. 따라서 몸은 '나'가 아니다.

불교에서 말하는 빔의 세 특징은 항상적 변화로 '무상함', 불만족스럽고 '괴로움', 그리고 자아라는 '실체 없음'으로 정리된다. 제3의 눈이 본 빔은 역동성과 온전성의 특징을 보여주었다. 역동성은 무상함으로, 온전성은 실체 없음으로 연결된다. 새로운 과학은 빔의 무상함과 실체 없음을 보았다는 점에서 불교철학과 상통한다. 다만 불교는 이에 덧붙여 불만족스러움과 괴로움의 특징을 강조하면서 고통으로부터의 해방이라는 실천적 원리를 제시한다.

불교는 사물의 빈 실상을 바르게 보고, 이를 통해 어떤 것에도 속박되지 않는 자유를 지향한다. 사물을 있는 그대로 보는 것, 즉 그 실상인 빔을 제대로 보는 것이 참된 앎이다. 나아가 그 앎을 실현함으로써, 즉 자아를 남김없이 비우고 버림으로써 참자유를 얻고자 하는 것이다. '나'라는 배타적·자폐적 감옥으로부터의 해방은 그 빈 실상을 깨달아가는 과정과 동일하다. 한국에서 20세기 후반에 생명문화의 가능성을 실천했던 장일순이 서화로 말한다.

버리고, 버리고, 또 버리면, 거기에 다 있대요.

불교문화에 익숙한 사람들은 그게 무슨 뜻인지 바로 안다. '나'라는 허상을 꾸준히 버릴 때 드러나는 빔이 무한한 창조와 자유의 가능성을 갖고 있다는 것을.

빔을 이와 같이 이해하면, 있음의 소멸이 허무로 이어져야 할 어떤 필연성도 없어진다. 나아가 빔은 무한한 창조성과 자유라는 적극적 원리로 받아들일 수 있다. 허무로서가 아니라 오히려 사물의 실상에 근접한 진리로서, 그리고 더 큰 자유의 가능성으로서 빔을 받아들일 수 있다는 뜻이다. 빔은 있음에 고착된 두 눈 문명의 한계를 뛰어넘을 가능성을 안고 나타났다.

05 빔, 품어 펼치다

앞 장에서 우리는 빔이 그 역동성과 온전성을 통해 있음들로 구성된 우리 세계를 창조하고 흡인하는 근원적 질서임을 보았다. 빔이 근원적 질서라면 있음은 표피적 질서다. 그렇다면 있음들로 구성된 우리 세계는 순전한 허상인가?

고매한 선불교의 구절을 인용하면서 있음에 매달려 사는 대중의 미혹을 비평하기는 쉽다. 있음은 허상이며, 그 허상에 집착하는 것은 저급한 의식의 소산이라고. 그러나 그 말을 받아들인다 해도 있음의 세계를 진실과 대립된 허상으로만 규정하면, 있음에 붙어서 살아가는 우리 삶의 의미는 드러나지 않는다. 그것은 있음을 허구로, 빔을 실재(實在)로 보는 또 다른 이원론이 될 수 있다.

있음은 분명 뭔가 그 나름의 연유가 있어서 있음으로 나타났다. 그렇다면 있음과 빔은 분리할 수 없는 어떤 관계로 맺어져 있음에 틀림없다. 우리 지각 너머에 있는 빔과 우리 지각 안에 있는 있음의 관계가 드러날 때, 우리는 있음을 통해 빔의 세계를 받아들일 수 있다. 그때야 비로소 '빔 속의 있음'이라는 확장된 지평에서 이 삶의 의미를 새로이 확인할 수 있을 것이다. 이번 장에서 우리가 확인하려는 것도 '빔과의 관계 속에서 있음을 어떻게 이해할 것인가' 하는 문제다.

본다, 그래서 꿈꾼다

영화 〈매트릭스〉의 주인공 니오(키아누 리브스 연기)는 실제 있지도 않은 허깨비 세상을 살아왔다는 것을 깨달았다. 그는 모피어스(로렌스 피쉬번 연기)의 도움으로 매트릭스로부터 탈출한 후, 오라클을 만나기 위해 매트릭스로 다시 들어갔다. 자동차를 타고 창 밖 도시의 풍경을 쳐다보면서 니오는 혼잣말처럼 중얼거린다.

나는 저 식당에서 먹곤 했어. 국수가 진짜 맛있었지. 내 삶에서 이런 기억을 갖고 있는데, 그 기억들의 어떤 것도 실제 일어난 일이 아니라니…….

있음이 빈 것이라는 발견, 실상처럼 느껴지는 것이 가상이라는 깨달음 앞에서 니오는 계속 놀란다. 모피어스는 니오를 훈련시키기 위해 훈련용 컴퓨터 프로그램 속으로 그를 데려갔다. 자신이 있는 곳이 디지털 세상이란 데 놀란 니오가 "이게 실제가 아니란 말이오?" 하며 묻자, 모피어스가 되묻는다.

무엇이 실제(real)인가? 실제란 걸 어떻게 정의할 수 있지? 만약 자네가 느끼고, 냄새 맡고, 맛보고, 쳐다보는 것을 실제라고 한다면, 실제는 자네 두 뇌가 해석한 전기신호에 불과해. 세상은 신경들의 상호작용이 꾸미는 시뮬레이션으로 존재할 뿐이네. 그걸 우리는 매트릭스라고 부르지. 니오, 자네는 꿈 세상을 살아온 거야.[28]

이 영화의 감독 워쇼스키 형제(Larry & Andy Wachowski)는 강력한 이미지와 선문답 같은 대사로 제3의 눈들이 보아온 바를 영상으로 펼쳐냈다. 위 모피어스의 대사는 '빔으로부터 있음의 세계가 어떻게 나타나는가'라는 문제에 대한 답변을 시도한다. 감각 자극을 처리하는 뇌신경들의 상호작용으로 매트릭스라 불리는 허깨비 세상이 발생한다는 것이다. 그의 설명에 따라 뇌에서 발생하는 일을 좀더 자세히 살펴보자.

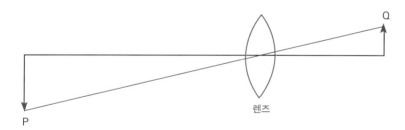

〈그림 25〉 사진기의 원리[29]

〈그림 25〉는 볼록렌즈를 통한 사진기의 원리를 설명한다. 이 원리는 외부의 형태와 사진기 내부의 이미지 사이에 1:1 모사관계가 있다고 간주한다. 초기의 시지각 이론가들은 이러한 사진기의 원리를 받아들여 인간의 눈과 뇌가 바깥 사물의 형체대로 시각정보를 받아들인다고 여겼다. 〈그림 26〉은 외부의 형체대로 시지각이 이루어진다는 초기 이론을

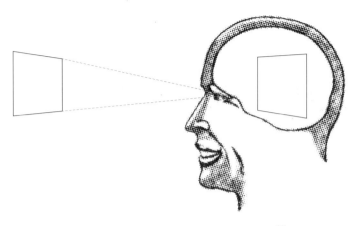

나타낸 것이다.

'시지각이 외부 사물을 반영한다'는 생각이 옳다면 사물은 우리가 보는 대로 실재한다고 여겨도 무방하다. 매트릭스는 없고, 니오가 다녔던 식당과 국수는 그의 시각과 미각과 뇌가 지각한 대로 실재했다고 봐야 한다. 그러나 뇌는 그처럼 기계적인 방식으로 외부 사물을 반영하지는 않는다는 실험 결과들이 산더미처럼 쌓였다.

시각 연구에 따르면, 뇌는 눈을 통해 들어오는 정보에 크게 의존하지 않고 지각한다. 예컨대 마술의 경우는, 눈이 변화된 것에 대한 신호를 보내도 뇌가 그 변화를 인식하지 못하는 습관을 이용한다. 미국의 심리학자 시몬스(Daniel Simons)는 인간의 뇌가 눈을 통해 들어오는 정보에 크게 의존하지 않는다는 사실을 인상적인 실험으로 보여주었다.

그는 머리 모양과 셔츠 색깔이 다른 두 안내원을 안내 데스크 안쪽에 예비해놓았다. 안내 데스크에 다가와 말을 건 피실험자들은 안내원이 서류를 꺼내기 위해 몸을 숙인 후 밑에 숨어 있던 다른 안내원이 일어나

대응해도 사람이 바뀌었다는 변화를 잘 알아차리지 못한다. 놀랍게도 75퍼센트의 피험자들이 안내원이 바뀌었다는 사실을 인지하지 못했다.[31]

이 실험은 '변화인식 장애'로 불리는 뇌의 주의력 체계를 보여준다. 다시 말해 시각정보를 처리하는 체계와 그것을 지각하여 인식하는 체계가 구분되어 있다는 것이다. 후자, 즉 지각하여 인식하는 체계는 과거 경험으로부터 올라오는 기억에 크게 의존한다. '안내 데스크에는 언제나 한 사람이 있다'는 과거의 기억이 달라진 시각정보를 재가공한 것이다. 이처럼 시각정보를 재가공하는 기억은 얼굴에 달린 두 눈과는 상관없이 작동하는 마음속의 눈이라는 의미에서 '마음의 눈'(mind's eye)이라고까지 불린다.

사람이 눈으로 사물을 볼 때 뇌에서는 양방향으로 정보가 흘러 결합한다. 즉, 바깥에서 눈을 거쳐 뇌로 가는 정방향의 정보와 대뇌피질의 기억 영역으로부터 오는 역방향의 정보가 결합하여 사물을 인식한다. 그런데 역방향으로 흐르는 정보량은 정방향으로 오는 정보량과 거의 같거나 더 많다. 기억으로부터 오는 정보가 바깥에서 들어오는 정보와 같은 정도로 혹은 더 많이 관여한다는 것이다. 이 때문에 양방향 정보 결합에 의한 시지각체계를 '칵테일 파티 대화'라 부르기도 한다. 시지각과정은 엄밀한 의미에서 '외부 사물의 지각'이라고 부르기도 곤란하다. 기억으로부터 오는 역방향의 정보가 기대심리를 낳고, 그 기대에 따라 사물을 지각하기 때문이다.[32]

'본다'는 것은 외부 정보를 수용하여 기록하는 수동적 행동이 아니라 과거 경험과 신념, 문화가 개입하는 능동적 행위다. 이 때문에 특정 과학이론을 지지하는 것도 그 과학자의 시지각에 영향을 미친다. 뇌는 현실

세계라는 이미지를 '창조한다'고까지 말할 수 있다. 그렇다면 뇌라는 '마음의 눈'이 본 세계와 꿈 세상은 크게 다른 것이 아니다. 미국의 신경과학자 리나스(Rudolf Llinas)의 다음 언급은 매트릭스에 대한 이론적 설명을 붙이는 것처럼 보인다.

> 결국 '본다'는 것은 꿈의 다른 형태다. 그런 점에서 깨어 있는 것과 꿈꾸는 것은 아주 비슷하다.[33]

니오만 꿈 세상을 산 게 아니다. 이 꿈 세상은 딱딱한 땅과 솜털 같은 바람과 악기가 연주해내는 고운 선율과 비빔밥의 오묘한 맛 같은 것들로 꾸며져 있다. 이렇게 형형색색의 사물로 이루어진 세상도 뇌 안에서는 모두 동일한 전기화학적 신호로 변형되며, 게다가 바깥에서 들어온 전기화학적 신호와 내부에서 일어난 전기화학적 신호가 결합하여 만들어내는 찬란한 꿈이다. 그래서 리나스는 뇌를 '꿈꾸는 기계'라고 불렀다.

이제 이 가상현실을 만드는 배후가 드러난다. 빈 것으로 이루어진 세상을 가득 찬 것들로 바꾸고, 꿈일 뿐인 사건들을 실재하는 것인 양 바꿔치기하고, 장미꽃이나 핸드폰, 음식은 '바깥'에 있지만, 배고픔과 기쁨과 근육 통증은 '안'에 있다고 믿게 만든 주범은 바로 뇌였다. 이제 뇌를 사기혐의로 기소할 만한 증거는 쌓여 있다. 미국의 신경학자 프리브램(Karl Pribram)이 우리를 대신하여 검사로 나섰다.

> 뇌는 이렇게, 그 모두가 내부적 현상인 신경생리 작용들 가운데 어떤 것은 내부의 일이며, 어떤 것은 바깥에서 일어나는 일이라고 생각하도록 속여

넘길 수 있는 것일까?[34]

뇌의 사기술을 밝히기 위해 미국의 과학저술가 탤보트(Michael Talbot)
는 '뇌가 실제 감지하는 것은 주파수'라는 증거자료를 제시했다. 시각피
질은 형상적 패턴에 반응하는 게 아니라 다양한 파형의 주파수에 반응
한다. 후각은 오스뮴이라는 파동을 기본으로 감지하고, 촉각도 피부 진
동의 주파수를 감지하며, 청각은 직접 주파수를 분석한다. 뇌는 그 모두
가 동질적이라 할 파동에 반응하고서는, 어떤 것은 바다 모양으로, 어떤
것은 어린아이의 목소리로, 어떤 것은 축구공이 발등에 닿는 촉감으로
바꾸어놓는다는 것이다.

시각에 관해서는 이 바꿔치기 공식이 드러났다. '푸리에 방정식'으로
알려진 수학적 공식은 이미지를 파동으로, 파동을 다시 이미지로 전환
하는 과정을 설명한다. TV 카메라로 영상을 전자기파로 바꾸고, 이 파
동을 TV 수상기에서 다시 영상으로 변환시키는 데 관련된 공식이 푸리
에 변환식이다. 이는 프랑스의 수학자 푸리에의 이름을 딴 것으로, 이 변
환과정을 '푸리에 변환'(Fourier transform)이라고 부른다.

미국의 신경생리학자 드발루아 부부(Russel and Karen de Valois)는 1979년
뇌가 이미지를 인식하는 과정을 푸리에 방정식으로 설명할 수 있다는
점을 밝혔다. 뇌세포는 시각적 이미지를 푸리에의 파형언어로 변환시킨
다. 시각뿐 아니라 신체운동도 뇌 속에서는 푸리에의 파형언어로 번역
되었다.[35] 이로써 뇌는 물체를 파동으로 처리하고 기억하고는 다시 물체
형태로 변환시키는 파동-입자 변환기임이 드러나고 있다.

이런 뇌의 사기술은 물리학에서도 드러났다. 앞서 우리는 두 구멍 실

험을 통해 광자가 한 구멍만 열었을 때는 입자로, 두 구멍 모두 열었을 때는 파동으로 나타난다는 사실을 확인했고, 이와 관련하여 자일링거의 실험 결과도 제시한 바 있다(3장). 두 구멍 모두를 열어놓고 구멍 부근에 탐지기를 설치하자, 파동현상은 사라지고 입자상만 비추었다. 인간이 쳐다보면 파동 모습은 사라지고 입자 모습만 드러난다는 것이다. 결국 '양자가 입자의 모습으로 나타나는 유일한 경우는 우리가 그것을 보고 있을 때'라는 결론이 가능하다.[36] 인간이 관찰하지 않는 한 양자는 항상 순수한 파동으로 존재한다.

모든 사물은 떨림이라는 공통의 방식으로 존재한다. 그런데 우리가 쳐다보거나 만지면 이들은 이미지로, 냄새로, 물체로 전환된다. 이 같은 마술에 대해 미국의 물리학자 허버트(Nick Herbert)는 다음과 같이 말했다.

> 우리 등 뒤에서는 우주가 언제나 '극도로 모호하고 끊임없이 유동하는 양자 국물' 상태로 존재한다. 그러나 우리가 국을 보려고 눈을 돌리면 그 시선은 언제나 그 국물을 즉석에서 응고시킨다. 이것이 우리를 미다스 같은 존재로 만든다. 미다스는, 그가 만지는 것 모두가 금으로 변해버리기 때문에, 비단이나 인간 손의 부드러운 촉감은 느끼지 못한다. 이와 마찬가지로 우리 인간은 양자적 현실의 질감을 결코 경험해볼 수 없다. 왜냐하면 우리가 만지는 모든 것이 물질로 변해버리기 때문이다.[37]

이제 우리는 빔이 있음으로 나타나는 과정을 파악하게 되었다. 우리의 뇌가 파동을 입자로 바꿔치기하여 보여주고 냄새 맡게 하는 것이다. 이 과정에 대해 탤보트는 다음과 같이 정리했다.

외부 세계는 파동과 주파수의 광대한 대양이며, 공명하는 파동 형태들의 거대한 교향곡이다. 이 파동과 주파수가 우리에게 현실처럼 느껴지는 것은 단지 두뇌가 이 간섭무늬들을 막대기와 돌과 기타 친숙한 대상들로 변환시켜놓는 능력을 가지고 있기 때문이다.[38]

이 정도면 뇌를 기소할 만한 증거자료는 충분히 쌓였다. 특히 푸리에 방정식처럼 뇌의 사기술을 수학적 공식으로 밝힐 수 있는 상태에 이르렀기 때문이다. 뇌는 파동의 물결을 입자 알갱이의 조합으로 바꾸는, 즉 빔을 있음으로 바꾸는 변환기다. 비어 있는 파동은 뇌를 통해, 즉 우리의 의식을 통해, 차 있는 입자로 바뀐다. 이것이 우리가 뇌를 통해 알게 된 빔과 있음의 관계다.

우리 의식이 푸리에 변환식을 거꾸로 추적할 수 있다면, 있음들이 사라지면서 다양한 떨림의 교향곡들이 출렁이는 세계를 직접 경험할 수 있을 것이다. 〈매트릭스〉의 니오도 그것을 경험했다. 요원들의 총에 맞아 죽은 후 니오는 트리니티(캐리 앤 모스 연기)의 기원 덕분에 살아났다. 있음의 세계에서 죽었다 살아나면서, 니오는 있음과 빔 모두를 볼 수 있었다. 자기를 죽인 요원들이며 그들을 둘러싼 벽 모두가 컴퓨터 언어들이 줄줄 흘러내리는 모습으로 드러난 것이다. 그러자 요원들이 쏜 총알도 니오가 쳐든 손바닥 앞에서 멈춰 떨어졌다.

말하자면 니오는 푸리에 방정식을 온 몸과 마음으로 깨달은 것이다. 어떤 과정으로 파동이 물체로 바뀌고, 물체들이 다시 파동으로 돌아가는지를 확연히 본 것이다. 그러자 니오가 뻗은 주먹은 요원의 육체 속까지 들어갔고, 그 육체는 빛을 내며 해체되어 파동으로 돌아갔다.

빔에서 있음이 나타나고, 있음이 다시 해체되어 빔으로 돌아가는 과정을 알면 빔의 엄청난 에너지를 있음의 세계에서도 활용할 수 있을 것이다. 이미 일부 과학자들이 그 기술적 가능성까지 검토하기 시작했다.

빔의 실상을 보고 그 방대한 에너지를 활용하게 된 니오는 하늘로 날아올랐다. 빔과 있음의 변환관계를 새로운 마음의 눈으로 깨달으면서, 있음의 허깨비들로부터 자유를 얻었기 때문이다. 그러나 그 해방도 한 번에 끝나지 않는다. 영화 〈매트릭스〉가 제2, 제3의 후속편이 있듯이, 빔도 단층세계가 아니다. 그 뒤에는 더 미묘한 빔의 층들이 줄줄이 늘어서 있다.

나타났다 사라짐

영화 〈매트릭스〉의 2, 3편은 빔의 세계도 다층적으로 이루어져 있음을 시사한다. 반란군들의 거점인 시온, 그들이 타고 다닌 함선, 함선을 공격하는 기계들은 일차적 빔의 세계에 속한다. 니오와 그 동료들은 매트릭스라는 있음의 세계와 배후의 빔 세계를 오고 가는 다층적 존재들이다. 매트릭스를 만든 신조차도 '좀더 높은' 매트릭스 세계에 속해 있을 뿐이다. 최종 배후에는 그 모든 것을 만든 기계의 제왕이 속한 '아주 빈' 세계도 있다. 니오는 아주 빈 세계에 들어가 최종 창조주를 만남으로써, 그보다 표층적인 세계의 프로그램들을 바꾸는 데 성공한다. 그러나 역시 모른다. 그 뒤에 또 다른 근원적인 빔의 세계가 있을지.

있음이란 인간이 지각하고 사유함으로써 확인할 수 있는 세계다. 반면 빔이란 우리의 지각과 사유가 직접 확인할 수 없으되, 있음의 세계와 밀접한 관련을 맺고 있는 배후의 세계다. 언어의 한계상 우리는 빔이 '저편'에 있다거나 '초월세계'라는 식의 표현을 쓴다. 그러나 이런 표현은 이원론적 오해를 불러일으킬 수 있다.

물리학에서는 있음과 빔의 관계를 표현할 좀더 적절한 개념을 제시했다. 그것은 차원(dimension)이라는 개념이다. 우선 차원의 공간적 개념부터 살펴보자.

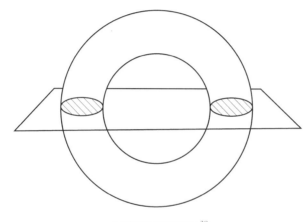

〈그림 27〉 공간적 차원 [39]

〈그림 27〉은 도넛이 평면을 관통한 모양이다. 도넛은 3차원이고 평면은 2차원이다. 한 개미가 2차원적 존재고, 이 개미가 평면을 기어간다고 가정해보자. 개미는 평면을 가다가 도넛을 타고 올라간다. 그러나 개미에게는 '올라간다'고 감지되지 않는다. 개미에게는 모든 것이 2차원 형태로 변환되어 나타나기 때문이다. 반면 3차원적 존재인 개구리라면 평면과 기둥을 달리 지각하고, 기둥을 실제로 '올라간다'고 느낄 것이다. 그 개구리의 세계에는 하나의 좌표가 더 있기 때문이다.

도넛은 평면과 만나 빗금 친 원 두 개를 만들었다. 2차원적 개미는 두 원이 따로 떨어진 다른 것들이라고 지각할 것이다. 그런데 도넛이 아래 방향으로 움직인다고 하자. 그러면 두 원이 안으로 길어지다가 하나로 합치는 것을 보게 될 것이다. 그러나 3차원적 개구리는 평면 위에 생긴 두 원이 둥그런 도넛의 원통으로 연결된 하나임을 안다.

이와 같은 2차원과 3차원의 관계는 저차원(lower dimension)과 고차원(higher dimension)의 관계로 추상화할 수 있다. 있음과 빔도 저차원과 고차원 공간의 상대적 관계로 이해할 수 있다.

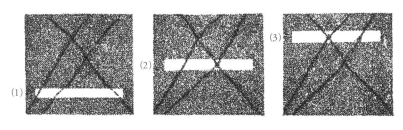

〈그림 28〉 시간적 차원[40]

다음으로 〈그림 28〉을 통해 시간적 차원의 개념을 살펴보자. 이 그림은 어떤 아원자적 사건을 파인만 시공도식으로 나타낸 것이다. 그림 속의 흰 띠는 한정된 시간의 척도로 공간을 바라보는 시선을 나타낸다. (1)에서부터 시간의 정방향인 위쪽으로 (3)까지 움직이며 쳐다볼 때, 왼쪽 두 개의 입자가 시간의 정방향으로 진행하다 사라지고 점에서 다른 입자가 나타나는 것을 본다. 그리고 오른쪽의 한 입자는 시간의 역방향으로 흐르다가 점에서 다른 입자로 대체된다. 이것이 우리가 경험하는 시간의 시선으로 사물을 바라본 것이다. 그러나 흰 띠를 걷어내고, 전체를 위에서 쳐다보는 시선을 갖는다고 하자. 그러면 시간은 흐르지 않고, 다른 입자로 보였던 것은 모두 하나로 연결된 운동이라고 느낀다.

흰 띠로 볼 때 나타나는 것이 저차원적 시간의 양상이다. 여기서는 시간이 미래로, 혹은 과거로 '흐르는 것'처럼 보인다. 흰 띠를 제거하고 위에서 전체상을 쳐다볼 때 나타나는 것이 고차원적 시간의 양상이다. 여기서는 시간은 흐르지 않고, 다른 사물들은 모두가 서로 연결되어 있는 것으로 나타난다.

이처럼 공간적이든 시간적이든 저차원과 고차원은 다른 물리법칙이 작동하는 상이한 세계다. 그러나 이 다른 차원의 세계들은 '분리되어 있는 것들'이 아니다. 저차원 존재에게만 고차원 지평이 지각되지 않을 뿐이다. 빔이란 저차원 존재가 지각하지 못하는 고차원적 세계의 양상이다. 고차원 존재일수록 세계의 전체상이 더욱 온전하게 나타난다.

우주물리학에서는 1990년대 중반 이후 끈 이론(string theory)이 막 이론(membrane theory)으로 대체되는 과정에서 우주를 11차원으로 합의한 바 있다. 막 이론에서의 막은 횡격막 같은 형상의 은유로, 우주의 모든 물질을 만들어내는 원천을 가리킨다. 막 이론의 주장자들에 따르면 그 크기는 $1^{-10} \sim 1^{-20}$밀리미터로, 3차원의 모든 공간에 퍼져 있다.

우리가 사는 우주는 무수한 막들 가운데서 어느 하나의 막으로부터 파생되어 나온 것이다. 그 막들이 원칙상 고유의 우주를 다 생성할 수 있다고 할 때, 우주는 각각 다른 물리법칙들이 작동하는 다우주(multiverses)일 수밖에 없다. 이와 관련하여 『평행 우주』의 저자인 미국 물리학자 카쿠(Michio Kaku)는 "우리 우주는 거품의 대양을 떠다니는 단 하나의 거품일 뿐이다"라고 말했다.[41]

우리의 우주도 그 끝을 알 수 없는데, 그런 우주들이 숱하게 있다면 도대체 얼마나 큰 공간이 필요한가? 물리학자들은 걱정하지 않는다. 우주는 다차원이기 때문이다. 그들이 우주의 탄생을 설명하기 위해 11차원을 설정했지만, 언제 그 숫자가 더 커질지 모른다. 다른 우주는 우리 우주의 '저편' 공간에 존재하는 것이 아니라 우리 우주와 '함께' 있다.

결국 차원으로서의 세계는 '있는 것'이 아니다. 차원으로서의 세계는 나타남(appearance)이자 드러남(manifestation)이며 일어남(arising)이다. 우리는 존재하는 것이 아니고 나타났다 사라지는 것이며, 드러났다가 꺼지는 것이며, 일어났다가 가라앉는 것이다. 세계와 우리뿐만이 아니다. 시간, 공간, 물리법칙 모두 나타났다가 사라진다.

발바닥에서 느껴지는 부드러운 모래의 촉감이 있는 세계나 간섭무늬의 교향곡으로 이루어진 세계나 모두 특정 차원으로 나타나는 세계다. 우리는 즉각적으로 묻는다. 어느 쪽이 현실이고 어느 쪽이 환상인가? 물리학자 프리브램이 대답했다. "내게는 둘 다 현실이다. 아니, 달리 말하길 원한다면, 둘 다 현실이 아니다."[42]

세계가 '어떤 차원으로 나타남'이라면, 세계는 존재의 문제가 아니라 인식의 문제가 된다. 즉, 특정 방식으로 지각하는 존재들과 함께 그 존재들에게 드러나는 것이 세계다. 인간의 뇌는 11차원을 3차원적인 땅과 물과 해로 바꾸어 나타내는 변환자이자 그 자체가 3차원적 나타남이다. 이렇듯 나타남으로서의 세계는 지각-인지과정과 분리할 수 없다. 그런 점에서 칠레의 인지심리학자인 바렐라(Francisco Varela)는 이 세상은 대상과 마음이 접촉하면서 '발현하는 것'(enactment)이라고 표현했다.[43]

인지과정을 통해 발현하는 차원으로서의 세계는 불확정성 원리와 조응한다. 세계는 저편에 객관적으로 있는 것이 아니라 관찰자와의 관계에서 드러난다. 관찰이 달라지면 드러나는 세계도 달라진다. 여기서 관찰자가 몇 차원의 변환기를 뇌 속에 갖고 있느냐가 관건이다. 의식의 차원이 달라지면 드러나는 세계의 차원도 달라진다. 결국 세계는 지각하는 의식에 맞는 차원으로 발현한다.

  의식의 핵심 요인을 의미(meaning)라고 하면, 이러한 차원 개념은 언어적 의미체계에도 적용할 수 있다. 〈그림 29〉는 '고차원의 질서일수록 대립을 넘어선 온전성을 띤다'는 점을 설명하기 위해 카프라가 사용한 것으로, 우리는 이를 '의미의 차원'으로 설명할 수 있다. 왼쪽의 원에서는 한 점이 원판을 따라 돌고 있다. 그 점의 운동을 벽면에 비추었을 때 나타나는 운동이 오른쪽에 표시된다. 왼쪽은 원운동으로, 오른쪽은 선운동으로 나타난다. 극을 나눌 수 없는 원운동이 선운동으로 변환되면 음과 양의 두 극을 왔다 갔다 한다.

  고차원적 의미체계는 온전성과 전일성의 성격을 띠는 반면, 그것이

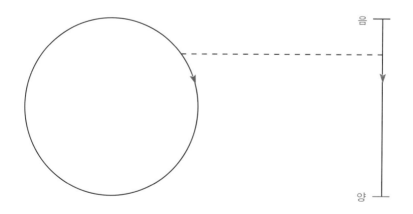

〈그림 29〉 의미의 차원[44]

저차원적 의미체계로 변환되면 분열과 쪼개짐, 양극성과 대립성이 강화된다. 최고 차원의 의미는 완전한 온전성을 가지며, 그 안에 모든 분열의 가능성들을 포함하고 있을 것이다. 마치 빛은 특별한 색깔이 없는데, 프리즘을 통하면 여러 색으로 분열되는 것과 같은 원리다. 저차원적 의식일수록 사물을 차별화된 의미로 지각한다.

모든 사물에는 최고의 온전성이 포개져 있다. 그러나 인간이 바라보는 순간 그 온전성은 3차원의 양식으로 쪼개져 나타난다. 이를 '고차원적 온전성의 저차원적 붕괴'라고 부를 수 있을 것이다. '온전성의 붕괴', 이는 고차원적 빔이 저차원적 있음으로 변환될 때 적용되는 의미원리다. 하나의 세계는 최고의 온전성이 그 차원에 적합한 의미로 붕괴되어 나타나는 것이라고 할 수 있다. 이것이 차원이라는 개념을 통해서 본 빔과 있음의 관계다.

차원으로서의 세계는 있음의 무대가 아니라 드러남의 무대다. 좀더 정확히 말하면 끊임없이 드러났다 사라지는 무대다. 이 무대는 절대적으로 실재하지는 않지만, 바로 그 때문에 온전의 지평에 연결된다. 있음은 온전한 빔의 차원으로부터 펼쳐져 나타나는 것이기 때문이다. 우리는 열린 세계로 들어서고 있다.

형태공명

있음과 빔의 관계를 일반 대중도 이해할 수 있도록 제시한 사람 가운데 으뜸은 아마도 영국의 생물학자 쉘드레이크일 것이다. 그는 물리학에서 제시된 마당(場, field)의 개념을 이용해 생명체라는 있음의 질서를 생명 마당이라는 빔의 질서와 결합시켰다. 그의 이론은 너무도 참신하고 매력적이어서 그 효과를 실험하기 위해 텔레비전 프로그램이 이용되기도 했다.

왜 생명현상을 설명하는 데 빔의 마당이 필요한가? 그 이유는 대단히 단순하다. 있음을 가지고는 있음을 충분히 설명할 수 없기 때문이다.

제3의 눈으로 보면 '있음으로 있음을 설명한다'는 것은 동어반복이거나 순환논리에 빠질 수밖에 없다. 근원적인 차원이 배제된 채 표피적인 것으로 다른 표피적인 것을 설명하기 때문이다. 그러나 제3의 눈이 등장하기 전까지는 모든 것이 있음들뿐이므로 한 있음의 원인을 '다른 있음' 혹은 '더 깊은 있음'에서 찾으려고 할 수밖에 없었다. 예컨대 '슬픈 감정의 원인'을 뇌의 특정 부위가 전기화학적으로 활성화되는 데서 찾는다거나 '혁명의 원인'을 경제적 분배의 불평등에서 찾는 식이다. 이제까지의 과학이 유물론이나 관념론의 기계적인 틀을 벗어날 수 없었던 것도 있음의 원인을 다른 물체나 정신에서 찾으려 했기 때문이다.

쉘드레이크는 생명 발생의 궁극 원인을 DNA에서 찾으려는 시도가 성공하지 못하리라는 것을 게놈 프로젝트 이전부터 간파하고 있었다. 20세기 말에서 21세기 초까지 전 지구를 달군 게놈 프로젝트는 '생명체에 관한 모든 게 쓰여 있는 성경'을 찾아내는 일에 비유되었다. 심장병, 당뇨병, 키와 얼굴 모양은 물론 정신병과 성격, 정서적 취향, 나아가 죽음의 시점과 원인까지도 유전자 지도에 다 기록되어 있으리라는 기대에 정치가들까지 흥분하며 게놈 프로젝트에 달라붙었다.

처음에는 인간 유전자의 총 수가 10만 개 이상이라고 예측되었다. 하나의 유전자마다 하나의 특성 혹은 질병을 설명할 암호가 있다고 할 때,

인간 신체와 의식의 복잡성을 고려하면 그 정도는 되어야 하리라고 예측했던 것이다. 그런데 게놈 프로젝트가 진행되면서 그 예측 수치가 점점 낮아지더니 최근에는 2만여 개로 간주되고 있다. 이 수치는 그 구조가 인간보다 훨씬 단순한 식물의 유전자 수보다 적은 것이다.[45] 그렇게 적은 수의 유전자로 그렇게 복잡한 인간의 '모든 것'을 움직일 수는 없다. DNA를 완벽한 데이터베이스로 보았던 정보기계 모델은 근본적인 한계에 부딪혔다.

쉘드레이크는 그전부터 유전자를 통해 생명체를 설명할 수 있으리라는 기계론적 사고에 의문을 갖고 있었다. 한 몸의 동일성을 유지하게 하는 DNA, 즉 유전물질의 구조는 그 몸의 모든 세포에 동일하다. 그런데 동일한 화학구조식의 세포로 만들어짐에도, 초기 배아세포가 발생과정을 거치면 손, 발, 눈, 귀의 모양새는 판이하게 변해간다. 뿐만 아니라 인간과 침팬지처럼 유전자 구조는 비슷한데 그 형태는 완전히 달라 전혀 다른 종으로 분류되기도 한다. DNA로는 생명체의 발생을 충분히 설명할 수 없다는 것이다.

〈그림 30〉의 실험은 쉘드레이크가 기계론적 사고를 넘는 데 중요한 계기가 되었다. 왼쪽은 정상적으로 발생한 물잠자리 알의 내부 모습이고, 오른쪽은 알의 가운데를 얇은 실로 단단히 묶어놓은 경우 발생한 모습이다. 기계론의 예상대로라면 오른쪽 알은 발생하지 못하고 죽었거나, 아니면 몸의 앞부분 혹은 뒷부분만 따로 발생해야 한다. 그런데 놀랍게도, 알의 일부분만 사용되었음에도 완전한 모습을 갖춘 물잠자리가 발생했다.

또 도마뱀은 천적에게 꼬리를 물리면 꼬리를 빼놓고 달아나는데 조금

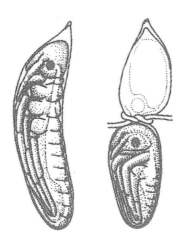

〈그림 30〉 물잠자리 알 실험[46]

지나면 어려움 없이 꼬리가 재생된다. 이와 같은 신체 일부의 재생 현상은 하등동물이나 식물일수록 확실하게 이루어지지만 인간 몸에도 자체 치유력은 남아 있다.

이러한 현상은 다양한 부품으로 조립되는 자동차 개념과는 다른 생명의 원리를 시사한다. 몸의 각 부분과 1:1 대응한다고 가정된 DNA로는 생명의 온전성을 설명할 수 없다. 여기서 쉘드레이크의 상상력이 빛난다. 그는 생명체를 구성하는 '기본 물질'이라는 관념, 즉 있음을 좀더 근원적인 있음으로 설명하려는 원자론적 사고 틀을 뛰어넘는다.

그는 다음과 같이 상상했다. "생물체 전체의 모양새와 대사를 유지시키는 온전한 체계(holistic system)"가 있고, 그 특성으로 볼 때 이 체계는 "생물체를 둘러싸고 있는 일종의 장"이다. 그는 이를 형태발생장(morphogenetic field) 혹은 형태장(morphic field)이라고 부르면서 그 작용방식을 설명해나간다.

그 요점은 다음과 같다. 수정된 알에서 발생하는 생물체는 그 알을 이루고 있는 구성요소의 물질적 성격에 의해서가 아니라 형상을 창출하는 장에 의해 모양을 형성해간다. 알이 수정되면 곧바로 그 생물체가 속한 종의 형태장에 들어선다. 이후 형태장은 식물의 눈이나 동물의 태가 성장·발달하는 데 지속적인 영향을 미친다. 형태장의 영향력은 시간과 공간의 거리를 넘어선 원격적 활동을 통해 유전물질과 화학반응에 작용한다.

이런 설명으로 미루어볼 때 형태장은 물질이 아니라 의미로 이루어진 정보장이라고 추정할 수 있다. 예컨대 고양이의 형태장은 전기화학적 장이 아니다. 대신 이제껏 존재했던 모든 고양이의 실제 형상이 모두 합쳐진 일종의 누적꼴이다. 형태장은 단순히 형상에 관한 정보뿐 아니라 서로 다른 기관들의 형성과정, 운동방식, 손상을 입었을 때의 회복과정 등 한 생명체의 발생으로부터 죽음에 이르기까지 관련된 모든 정보들이 응축된 의미 마당이다. 과거 경험이 누적된 이 의미들이 현재 한 고양이의 유전자에 작용함으로써 해당 고양이가 물질적 형태로 발현한다는 것이다.

형태장은 시간·공간의 거리를 넘어 작용하는 고차원 마당이다. 이 장은 호주에 있는 개에게나 한국에 있는 개에게나 동시에, 항상, 그리고 즉각적으로 영향을 미치며 100년 전의 쥐나 지금의 쥐에게도 한결같은 영향을 미친다. 형태장이 개별 쥐나 고양이에게 정보를 전달하는 데는 전기화학적 매체를 이용하지 않는다. 고차원 장으로서 관련된 모든 개체들과 직접적으로 연결되어 있기 때문이다.

이를 설명하기 위해 쉘드레이크는 사물의 발생 가능성을 확률로 설명하는 양자역학과 만난다. 형태장의 영향력은 세포가 발생할 다양한 확률적 가능성들 중에서 특정 형태의 발생 가능성을 실현시키는 데 작동한다는 것이다.

> 형태발생장의 구조는 확률구조라고 할 수 있다. 형태가 발생하는 동안 높은 수준의 장이 그 영향력에 들어온 낮은 수준의 형태 단위에서 발생할 사건의 확률을 제한한다. 원자들이 높은 수준의 분자 형태발생장의 영향권으로 들어가면, 최종 형태를 실현시킬 사건의 확률이 높아지는 반면 다른 가능한 모든 사건들의 확률은 줄어든다. 이리하여 분자의 형태발생장은 원자배열의 가능한 수를 제한한다. 단백질 형성과정의 속도가 빠른 것도, 이 체계가 가능한 무한 수의 원자배열을 모두 검토하지는 않는다는 것을 보여준다.[47]

예컨대 한 세포 안의 원자 속에서는 인간의 코나 개의 코가 될 가능성이 공존해 있다. 그런데 그런 다양한 원자적 가능성들이 인간의 형태발생장에 결합되면 개나 돼지의 코가 될 가능성을 제한한다. 그럼으로써 인간의 코와 그 기능이라는 분자적 질서를 용이하게 실현하는 사건으로 발생한다는 것이다.

형태장의 영향력이 3차원적 시공 질서를 넘어 작동한다는 것도 양자역학으로 설명된다. 우리는 앞서 아인슈타인-포돌스키-로젠(EPR)의 효과를 논의한 바 있다(4장). 소립자들이 공간과 시간을 넘는 즉각적 연결의 차원에서 작동한다는 것이다. 때문에 형태장은 한국의 닭과 인도의 닭에게 동시에 즉각적인 영향을 미칠 수 있다.

형태장은 몸에만 관여하는 게 아니라 정신에도 영향을 미친다. 쉘드 레이크는 1930년대 미국의 심리학자 맥더걸(William McDougall)이 실시한 쥐의 미로실험을 인용했다. 맥더걸은 쥐에게 물에 잠긴 꼬불꼬불한 미로에서 빠져나오는 법을 가르쳤다.

쥐들은 처음에는 숱한 시행착오를 거쳤으나 점차 효과적으로 길을 찾아나갔다. 이 쥐들을 교미시켜 태어난 2세대 쥐들은 길 찾는 요령을 더 빨리 습득했고, 그다음 세대 쥐들은 그보다 더 빨리 익혔다. 1세대 쥐들은 빠져나오는 길을 아는 데 평균 250회의 실수를 범했으나 22번째 세대에 와서는 시행착오의 횟수가 25회로 줄었다. 한 세대에서 습득한 지식이 다음 세대로 전달된 것이다. 이들과 직접적 접촉이 없었던 다른 곳의 쥐들에게 적용해도 학습속도가 두드러지게 빨라짐을 확인할 수 있었다.

한 쥐가 습득한 지식은 곧장 형태장에 저장되어 시간과 공간을 넘어 다른 쥐들의 지식에 즉각적으로 영향을 미친다는 것이다. 형태장이 고차원적 정보 마당이라고 간주하면 쉽게 수긍할 수 있다.

인간의 발명 역사에서도 하나의 발명이 나타난 시점을 전후로 유사한 발명들이 이곳저곳에서 일어났다는 사실을 확인할 수 있다. 화학계에서는 새로운 물질이 합성되면 그들과 전혀 소통하지 않았던 다른 실험실들에서 같은 물질이 우후죽순으로 만들어지는 현상이 유명하다. 이런 것들도 형태장을 통한 정보의 고차원적 전달 양상이라고 볼 수 있다. 이러한 고차원적 연결은 한 텔레비전 오락 프로그램으로도 실험된 바 있다. 한 퀴즈의 답을 텔레비전으로 방영하면, 그 프로그램을 보지 않은 사람들에게서 답을 맞힌 확률이 높아진다는 것이다.

어떤 종 안에서 발생한 새로운 사건, 즉 어떤 개체가 경험한 새로운 사건은 곧바로 형태장에 정보로 입력된다. 그럼으로써 기존의 형태장에 변화가 발생한다. 이런 변화는 다시 같은 종 안의 다른 모든 개체들에게 즉각 영향을 미침으로써 종 전체에 작용한다. 개체와 형태장 사이의 이 같은 상호작용을 쉘드레이크는 형태공명(morphic resonance)이라고 불렀다. 형태공명에 의해 형태장도 꾸준히 변화해감으로써, 변화된 장의 영향을 받는 종 전체도 진화의 과정을 겪는다. 〈그림 31〉은 형태공명에 의한 형태장의 변화를 설명한다.

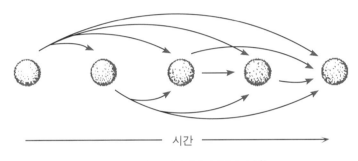

시간

〈그림 31〉 형태공명에 의한 형태장의 변화[48]

이로써 한 개체의 경험은 고립된 채로 끝나거나 직접 접촉 가능한 다른 개체에게만 전달된다는 국소성의 원리를 넘어선다. 한 개체의 새로운 경험과 창안은 관련된 모두에게 형태공명을 통해 즉각 영향을 미치기에, 하나의 경험과 창안은 종의 역사를 바꿀 수도 있다. 한 개체는 장을 통해 성장하지만 동시에 장을 창조해나갈 수도 있다는 함의가 형태공명 개념 속에 포함되어 있다.

쉘드레이크는 형태장의 작용을 요약하여, "완전한 개체를 형성하는, 우리 눈에는 보이지 않는 기제가 있다"고 강조했다. 여기서 '완전한 개체'란 있음의 형상이지만 '우리 눈에 보이지 않는 기제'란 빔의 작용에 해당한다.

빔은 있음의 원인이라기보다는 그로부터 있음을 파생시키는 보이지 않는 샘이다. 빔은 있음의 한 동작, 한 생각을 품어 안음으로써 스스로가 변화되고, 그 변화된 것을 또 있음에게 펼쳐내는 고차원적인 샘이다. 모든 생명체는 그를 품어 펼치는 우주적 샘에 의해 생명활동을 유지해나 간다.

형태장은 '창조적 빔'의 한 모습을 보여준다. 있음을 만드는 데 작용 한다는 점에서도 창조적이지만 형태공명을 통해 스스로를 끊임없이 새로이 만들어간다는 점에서도 창조적이다. 그렇다면 자기 창조적인 형태장과 공명하며 살아가는 숱한 개체들도 매 순간 변화되어간다고 할 수 있다.

그런데 왜 한 사람의 몸과 마음은 매 순간 변하지 않는 것일까? 이에 대해 쉘드레이크가 설명한다.

> 형태공명의 영향은 이 세상의 어떤 존재로부터 오는 영향보다 조금 전에 있었던 바로 자기 자신으로부터 오는 것이 더 직접적이다. 바로 이러한 원리에 따라 '나'라는 생물학적 시스템은, 시간이 흐름에 따라 세부적으로는 무수한 변화가 일어나는데도 불구하고 전체적으로는 나의 모습을 유지하며 지탱해나갈 수 있다.[49]

과거의 생물학은 유전자의 동일성을 통해 몸의 동일성을 설명했다. 원인이 되는 있음이 동일하므로 몸이라는 결과적 있음도 동일하다는 사고방식이다. 그러나 그런 기계적 동일성은 변화를 설명하기 힘들다. 있음은 빔과 매 순간 공명함으로써 원칙상 매 순간 변화한다. 그러나 직전의 있음이 빔을 매개로 하여 지금의 있음에 가장 직접적인 영향을 미치기에 있음은 그 지속성을 유지한다. 이로써 '변화 속의 지속'을 설명할 수 있게 되었다.

이제 우리는 생명체를 형태장과의 관계에서 설명할 수 있게 되었다. 있음은 빔과 형태공명함으로써 자신을 생성해나간다. 형태공명은 빔과의 관계 속에서 있음을 발생, 진화시키는 다차원적 소통이자 운동이다.

우리는 형태공명의 원리를 생명체뿐 아니라 모든 사물로 확장할 수 있다. 쉘드레이크는 형태공명이 작용하는 범위를 육체뿐 아니라 지식 같은 의식현상으로까지 확장했다. 우리는 더 나아갈 수 있다. 생명과 무생명의 구분이 원칙적으로 불가능하다는 점에서 보면 형태공명의 외연은 바위와 불, 태양계로도 확대된다. 우리는 모든 사물을 발생시키는 우주적 '생명 마당'을 상정할 수 있다.

그렇게 보면 있음으로 나타나는 모든 사물은 우주적 생명 마당과의 공명을 통해 발생하고 소멸한다고 할 수 있다. 소립자로부터 시작하여 전 우주에 걸쳐 있는 모든 사물은 생명 마당과의 공명을 통해 우주의 역사를 써나간다. 이제 생물학의 원리는 물리학의 원리로 확장된다.

품어 펼침

이상에서 우리는 있음-빔의 관계를 입자-파동의 변환관계로, 저차원-고차원의 발현관계로, 형태-형태발생장의 공명관계로 이해했다. 이처럼 다양한 방식으로 표현된 있음과 빔의 관계는 '품어 펼침'의 작용으로 포괄할 수 있다.

본래 이 개념을 제시한 사람은 영국의 이론물리학자 데이비드 봄이다. 그는 20세기 물리학에서 아인슈타인 계열과 보어 계열의 대립을 제3의 입장에서 통합하는 한 모델을 보여주었다. 그가 있음과 빔의 상호작용을 이해하기 위해 제시한 두 용어는 '싸다'(enfold)와 '펼치다'(unfold)이다. 물건을 보자기에 쌌다가 풀어내듯, 빔이 있음을 자신 속에 감싸고 그것을 다시 펼쳐냄으로써 우리가 아는 세상이 전개된다는 뜻이다. 이 싸고 펼치는 작용은 매 순간 진행된다.

빔이 있음을 싸 넣은 질서는 안으로 포함한다는 뜻으로 '내포 질서'(implicate order)라고 하며, 그것이 있음으로 펼쳐진 질서는 바깥으로 드러났다는 뜻으로 '외현 질서'(explicate order)라고 부른다. 내포 질서의 성격은 내재적(implicit)이고, 외현 질서는 현재적(explicit)이다. 사람에 따라서는 전자를 '숨겨진 질서', 후자를 '드러난 질서'라고도 부르고, '접힌 질서'와 '펼쳐진 질서'라고 번역하기도 한다.

필자가 사용한 '품어 펼침'이란 말은 '싸고 펼침'의 비유적 개념이다. 영어에서 '싸다'는 '포옹하다'는 뜻도 있다. 여기서 '품는다'는 말은 어미 닭이 알을 가슴과 날개 사이로 접어 넣거나, 엄마가 아기를 두 팔과 가슴으로 감싸 안는 행태를 말한다. 이 경우 품음은 생명을 낳고 기르기 위한 어미의 행동과 사랑을 담는다. 빔이 있음을 감싸고 다시 내보내는 것을 생명의 창조와 키움에 비유하여 이해할 수 있다는 뜻이다.

품어 펼침을 설명하기 위해 봄은 다양한 비유를 사용하는데, 온그림(hologram) 비유가 이해하기 좋고 적용범위 또한 넓다고 하겠다. 앞서 보았듯이 전통적 사진 개념은 사진이 외부 영상의 모사요 반영이라는 관념을 따랐다(〈그림 25〉). 그러나 온그림 필름이 만들어지고, 그 이미지가 재현되는 과정은 이러한 모사와 반영과는 전혀 다르다.

〈그림 32〉는 3차원 영상이 담긴 온그림 필름의 모습이다. 전통적인 2차원 영상의 필름과는 달리, 드러날 피사체의 이미지가 전혀 보이지 않는다. '간섭무늬'라고 불리는 불규칙한 파동의 물결무늬로 되어 있기 때문이다. 그런데 이 필름에 레이저 광선을 비추면 피사체의 영상이 입체로 나타난다.

〈그림 33〉은 온그림을 만드는 원리를 나타낸다. 레이저 광선은 반투명 분광거울에 의해 둘로 나뉜다. 왼쪽으로 진행하여 아무 영상도 비추지 않고 바로 필름으로 가는 광선을 '기준광선'이라고 하고, 밑으로 진행하여 사과를 비추고 필름으로 반사되는 광선을 '작용광선'이라고 한다. 이 기준광선과 작용광선이 부딪치면서 생기는 간섭무늬가 〈그림 32〉와

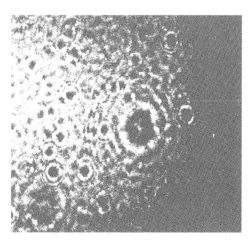

〈그림 32〉 온그림 필름의 모양[50]

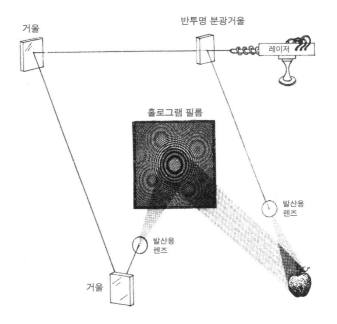

거울

반투명 분광거울

레이저

홀로그램 필름

발산용 렌즈

발산용 렌즈

거울

〈그림 33〉온그림을 만드는 원리[51]

같은 형태로 온그림 필름에 기록된다.

　일반 필름과 비교할 때 온그림 필름은 다음과 같은 특징을 갖고 있다. 첫째, 아무 영상도 보이지 않는 필름으로부터 3차원 영상이 펼쳐진다. 둘째, 온그림 필름은 정보를 저장하는 용량이 대단히 크다. 1제곱인치, 즉 2.54제곱센티미터의 필름 속에 성경책 50권 분량의 정보가 저장될 수 있다.

　셋째로 온그림 필름을 조각내더라도 모든 조각은 필름 전체에 기록된 모든 정보를 담고 있다. 비록 조각난 부분을 비추면 영상이 흐려지기는 하나 피사체의 온전한 영상이 만들어진다는 점에서는 필름 전체를 비춘 것과 다르지 않다. 일반 사진 필름은 조각나면 그 조각에 담긴 부분만을 재생하므로 '전체는 부분의 합'이라는 산술적 원리가 적용된다. 반면 온그림 필름의 각 부분에는 전체가 담겨 있으므로 '부분에 스며든 전체'라는 생명의 원리가 적용된다. 일반 필름은 '부분의 조합으로 전체가 형성된다'는 기계적 원리를, 온그림 필름은 '부분 속에 전체가 있다'는 온전성의 원리를 표현한다.

이러한 기술적 특성을 전제할 때, 온그림 영상은 있음의 질서에, 온그림 필름은 빔의 질서에 비유될 수 있다. 온그림 필름은 기준광선과 사과에 닿은 작용광선을 포개어 품어 싼다. 그래서 그 속에 사과의 영상은 보이지 않는다. 거기에서는 사과가 '비어 있다.' 사과는 간섭무늬 사이사이에 접혀 있기 때문이다. 필름은 숨겨진 질서다.

그런데 필름에 레이저 광선을 비추면 그 안에 접혀 있던 사과가 입체 영상으로 펼쳐진다. 이리하여 사과는 있음의 세계로 '나타나고 드러난다.' 간섭무늬가 입자로 변환된 것이다. 그것이 드러난 질서다.

봄은 이러한 온그림의 원리를 물리법칙을 설명하는 비유로 이용한다. 빔의 세계는 그 고유의 기준파동 속에 있음의 세계로부터 들어온 작용파동을 접어 넣는다. 그러고는 다시 물체와 정신, 시간과 공간 같은 있음의 질서로 펼쳐낸다. 우리가 경험하는 세계는 온그림이 펼쳐진 질서지만, 그 배후에는 간섭무늬로 품어 싼 필름이 숨겨진 질서로 있다.

온그림 필름에서 부분 속에 전체가 스며 있듯이, 품어 싼 질서의 중요한 특징은 온전성이다. 펼쳐진 질서에 속하는 모든 개체들은 그것들을 모두 품어 안은 내재적 질서에서 연결되어 있다. 내재적 질서에서는 각 개체의 독자성이 사라지고 쪼갤 수 없는 온전성과 전일성의 품 속에 안긴다. 다만 그것이 외현 질서로 드러날 때만 '흩어져 펼쳐질' 뿐이다. 이처럼 온전에 품어 안겼다 펼쳐지는 과정을 봄은 '온운동'(holomovement)이라고 불렀고, 이 품어 펼침의 법칙을 '온법칙'(holonomy)이라고 불렀다.

품어 싼 질서와 펼쳐진 질서는 끊임없이 상호작용하지만, 근원적인 것은 품어 싼 질서다. 이에 대해 봄은 다음과 같이 말한다.

> 펼쳐진 질서와의 관계에서 볼 때, 품어 싼 질서는 근본적이고 일차적이며 독립적으로 존재하고 보편적이다. 품어 싼 질서는 자발적으로 활동하는 반면, 펼쳐진 질서는 품어 싼 질서의 법칙으로부터 흘러나온다. 그러므로 펼쳐진 질서는 이차적이고 파생된 것이며 어떤 제한된 맥락에서만 적합성을 가진다. 따라서 감각이나 측정장치에 드러난 추출되고 분리된 형태들 사이의 관계가 근본적이라기보다는 전 공간에서 서로 엮고 서로 침투하는 품어 싸인 구조들 사이의 관계가 근본적인 법칙을 구성한다.[52]

기존 과학들은 관찰 가능한 현상적 있음들 사이의 관계를 추구해왔다. 봄에 따르면 이러한 과학은 일차적이고 근본적이고 보편적인 것들을 젖혀놓은 채, 그로부터 추출되고 파생되고 분리된 이차적인 것들 사이의 관계만을 보는 표피적인 시선의 산물이다. 비유하자면 흩어지는 연기들 사이의 관계만 추구하면서 그것을 '불의 법칙'이라고 간주한다거나 뿌리가 안 보인다고 해서 겉에 드러난 잎과 가지들 사이의 관계만 보면서 그것을 '나무의 법칙'이라고 간주하는 것과 같다.

그렇다면 펼쳐진 질서는 그 자체의 독자성은 전혀 없다는 말인가? 즉, 있음들은 허깨비란 말인가? '그렇다'고 하면 온전한 답변은 아니다. 이 있음의 질서도 반복적으로 파생되어 나옴으로써 그 나름의 독립성과 안정성을 갖기에 그에 해당하는 과학법칙도 가능하다. 그러나 그것은 상대적 독립성이요 상대적 안정성이다. 좀더 온전한 법칙을 추구하려면 숨겨진 빔과의 관계 속에서 있음을 설명해야 한다. 그것은 있음의 세계가 스스로 있는 것이 아니라 파생되어 펼쳐지는 부수적 질서이기 때문이다.

이 세계는 그 실재성이 없다는 이유로 순전한 허상이라고 할 수 없다. 그러나 이 세계는 숨겨진 차원과의 필연적 관계 속에서만 그 상대적 존재가 인정된다. 이 세계에서 '나'의 상대적 존재법칙은 인정할 수 있으되 궁극적으로는 모든 '나'가 사라진 빈 온전으로 수렴된다.

품어 펼침의 온운동은 다차원적 지평에서 작동한다. 봄이 말한다.

품어 싼 질서는 좀더 고차원의 공간에서 전개되는 품음과 펼침의 관계로 간주되어야 한다. 단지 특정 조건하에서만 이 과정을 3차원으로 단순화할 수 있을 뿐이다. 온그림 영상의 바탕인 전자기장은 양자 이론의 법칙을 따르고 있으며, 이 법칙이 작동하는 장은 다차원적 현실이다. 따라서 품어 싼 질서는 다차원 현실로 확장되어야 한다. 이 현실은 모든 장들과 입자들은 물론 전 우주를 포함하는 쪼개지지 않은 온전이다. 결국 온운동은 다차원적 질서 속에서, 그것도 무한한 차원성의 질서에서, 품어 안고 펼쳐내는 활동을 전개한다고 할 수밖에 없다.[53]

이로써 다차원 현실에서 고차원이 저차원을 품고 펼치는 온운동이 이 세계를 생성하는 원리로 제시된다. 온전하고 미묘한 고차원은 쪼개지고 거친 저차원을 품어 펼친다.

품어 펼침의 온운동은 매 순간 발생한다. 우리는 앞서 양자장 속의 소립자들이 '매 순간 깜빡인다'는 사실을 파인만 도식을 통해서 보았다(4장). 소립자들은 진공으로부터 '깜빡' 하며 출현했다가 '깜빡' 하며 진공으로 사라진다. 양자역학에 따르면 실험의 매 순간 숱한 확률적 가능성 중 하나가 우리에게 드러난다. 지각과 사고와 결정의 매 순간마다 다양한 가능성들이 붕괴되어 하나의 가능성으로 실현되는 것이다. 이 세계가 존재하는 시간 단위는 '순간'이다. 따라서 온운동도 매 순간 발생한다. 이에 대해 남아프리카공화국의 생물학자 왓슨(Lyall Watson)은 봄의 생각을 다음과 같이 정리했다.

> 뉴턴의 운동법칙은 한 장소에서 다른 장소로 이동하는 물체가 동일한 것이라고 가정한다. 그러나 데이비드 봄은 이런 경우 물체는 이동하는 것이 아니라 각각의 새로운 위치에서 다시 생성되는 것이라고 주장한다. 아라비아 텐트처럼 접혀서 조용히 사라진 후, 각 시간마다 다시 펼쳐져 나타난다는 것이다. 시간대별 물체의 형태는 매우 유사하지만 세부적으로는 완전히 같지 않다.[54]

매 순간 나의 행동과 너의 느낌은 빔의 세계로 싸이고 다시 있음의 세계로 펼쳐진다. 결국 우리가 경험하는 지속적 시간은 순간이라는 숨겨진 질서가 펼쳐진 데 불과하다. 그런데 순간(moment)이란 엄격한 의미에서 시간적 개념이 아니다. 시간적 길이는 무의미하다. 상대성 이론에서 현실적 과정의 궁극 단위가 하나의 점 사건(a point event)으로 집약되고, 양자역학에서도 모든 확률적 가능성들의 발현 순간만이 유일한 실재로 간주되기 때문이다. 봄은 '순간'에 대해 다음과 같이 말한다.

> 기본 요소는 한 순간이다. 한 순간은 의식의 순간과 마찬가지로 시간과 공
> 간에 대한 측정과 정확하게 관련 지을 수 없다. 대신 모호하게 정의된 공
> 간적 지역과 시간적 지속을 포함할 뿐이다. 한 순간의 범위와 지속은, 논
> 의의 맥락에 따라 매우 작은 데서부터 매우 큰 데까지 다양하다(심지어
> 는 한 세기라도 인류사의 견지에서 보면 '순간'이다). 한 순간은 특정의
> 펼쳐진 질서를 가지며, 또한 다른 모든 것들을 그 순간의 독특한 방식으로
> 품는다.[55]

순간이 온운동의 단위라면 '매 순간 다른 것들이 펼쳐진다'고 할 수
있다. 그럼에도 사물이 지속성을 보이는 이유는 무엇일까? 앞서 쉘드레
이크는 '형태공명의 영향은 이 세상의 어떤 존재로부터 오는 영향보다
조금 전에 있었던 바로 자기 자신으로부터 오는 것이 더 직접적'이라고
설명했다. 봄도 유사한 방식으로 설명한다.

> 원칙상 어느 한 순간에서 변화는 근본적이고 급격한 변형이다. 그러나 경
> 험상 생각이나 물질에는 상당한 정도의 재현(recurrence)과 안정성이 있다.
> 이 때문에 상대적으로 독립된 하위-전일성(sub-totality)이 가능하다. 그 속
> 에서는 매우 '규칙적으로 변하는' 방식으로 품어 싸인 생각(혹은 물질)의
> 특정한 선이 지속된다. 생각(혹은 물질)의 연속이라는 성격은, 앞선 순간
> 품어 싼 질서의 내용에 의존하는 것임이 분명하다.[56]

세계는 매 순간 달리 펼쳐진다. 그럼에도 사물이 지속성을 보이는 이유는 현재 드러난 사물의 성격이 내재적 질서에 품어 싸이면서 다음 순간 일어날 여러 내용적 가능성을 제한하기 때문이다. 따라서 변화는 완만하게 나타날 수밖에 없다. 이처럼 온운동은 있음과 빔과의 관계, 있음의 변화와 지속을 하나의 다차원적 체계에서 이해할 길을 제공한다.

품어 펼침의 온운동 원리는 상대성 이론과 양자역학의 양대 진영으로 나뉜 물리학의 장벽을 극복하기 위한 방안으로 제시된 것이다. 우선 상대성 이론은 통일장 개념을 통해 온 우주의 불가분리성을 제시했음에도 아인슈타인이 버리지 못했던 물체 간의 분리성, 공간적 국소성 등 고전역학의 개념적 찌꺼기들에 얽매여 있었다. 봄이 제시한 내재적 질서에서는 그런 분리성들을 모두 품어 안음으로써, 좀더 뚜렷한 온전성의 지평을 부각시켰다.

반면 양자역학에서는 관찰 순간에 드러나는 것을 제외하고는 모두가 수학적 확률로만 존재한다는 문제가 있었다. 나의 제스처, 시냇물의 흐름, 별들의 반짝임에 대해 우리가 얘기할 수 있는 것은 수학적 확률뿐이다. 따라서 관찰 순간을 제외하면 우리 현실은 매우 추상적인 가능태로만 있다. 관찰 순간이라는 것도 엄격하게는 객관적 시간 질서가 아니므로 실재하는 것은 수학적 확률뿐이다. 그렇게 되면 물리학은 물리적 과정이나 물리적 사건 간의 관계에 대해서 말할 수 없다. 세계는 수학적 확률로만 표현할 수 있는 가능성의 공허한 신기루들이다.

반면 품어 펼침의 온운동에서는 물리적 과정이 다시 살아난다. 빔의 차원을 매개로 물리적 관계와 과정이 되살아남으로써, 다차원적 지평에서 작동하는 온법칙, 즉 물리적 과정의 필연성도 되살아난다.

온운동은 관찰자와 관찰대상 모두를 끊임없이 품어 펼치므로, 이 세상이 관찰자에 의해 '자의적으로' 만들어진 가상이라고 볼 수는 없다. 그렇다고 온법칙의 필연성이 기계적 인과성을 말하는 것도 아니다. 매 순간 새로운 지각에 의한 새로운 창조의 가능성은 열려 있으되, 그 다양한 가능성은 내재적 질서에 의해 제한된다. 온운동은 필연적이면서도 창조적인 과정이다.

〈그림 34〉는 물리학자 휠러가 사용한 것을 가공한 것이다. 관찰하는 우주가 아니라 '참여하는 우주'라는 개념을 제시한 그는 이 그림을 통해 '자기-활성화된 원환'(self-excited circuit)이라는 우주 개념을 제시했다. 이 그림에서 U자는 우주를 뜻한다.

〈그림 34〉에서 화살표의 아래 방향은 품어 싸는 과정을, 위 방향은 펼쳐내는 과정을 가리킨다. 품는 과정을 통해 눈과 사물로 분리된 것들이 온전의 마당으로 결합하고, 다시 펼쳐내는 작용을 통해 의식과 물질, 주

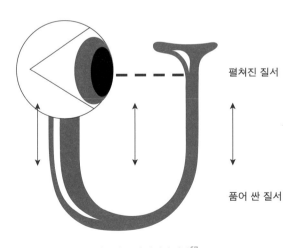

펼쳐진 질서

품어 싼 질서

〈그림 34〉 품어 펼침의 예시[57]

관과 객관으로 분리되어 나타난다. 눈과 사물 사이의 점선으로 표현된 양자의 관계도 동일한 방식으로 품어 펼쳐진다고 할 수 있다.

이 그림에서 눈은 의식의 우연성과 창조성을, 그 대상은 물질의 필연성과 기계성을 대표한다고도 할 수 있다. 그렇다면 창조와 필연, 우연성과 인과성도 내재적 질서에 안김으로써 상호 불가분의 관계를 맺게 된다. 상대성 이론과 양자역학은 각각 필연성과 우연성 하나씩만을 붙듦으로써, 낡은 사고의 찌꺼기들을 안고 있었다. 온전한 설명은 필연적이면서도 우연적이고, 기계적이면서도 창조적인 과정을 드러내는 체계여야 한다.

이 장에서 우리는 있음과 빔의 관계를 입자-파동의 상호 변환과정으로, 저차원-고차원의 상이한 드러남으로, 생물체-형태장 사이의 형태공명으로, 드러난 질서와 숨겨진 질서 사이의 온운동으로 설명했다. 봄이 제시한 품어 펼침의 개념은 그 모두를 포괄하는 일반성을 갖고 있다.

이로써 우리는 있음의 질서를 빔의 질서와의 관계 속에서 보는 시선을 얻었다. 우리의 시선은 좀더 넓고 깊어졌으며, 더욱 조화로워졌다.

이제 우리는 '실체는 없다'라는 말도 받아들일 수 있지만 동시에 이 '실체'처럼 보이는 현상의 연원과 그 현상의 상대적 독자성도 받아들일 수 있게 되었다. 자연법칙도 절대적이냐 상대적이냐는 극단적 선택의 여지로서가 아니라 내재적 질서로부터 반복적으로 파생되어 나오는 상대적 규칙성으로 받아들일 수 있다. 언어기호의 의미가 자의적으로 결정되는 문화 수준도 인정하면서, 그 의미가 우러나오는 다차원적 필연성도 받아들일 수 있다. '나는 없다'(無我)와 같은 화두가 직접 타당한 우주의 뿌리도 받아들이지만 숱한 '나'의 가지들을 그 뿌리와 맺는 관계 속에서 바라보는 온전한 시선도 갖게 되었다.

모든 사물은 빔의 숨겨진 질서가 드러나는 양상이며, 동시에 그 심오한 질서를 함께 창조해가는 파트너들이다. 우리는 우주의 피조물이지만, 동시에 우주 창조의 일원이라는 새로운 역할을 갖게 되었다.

나는 빔을 끌어안음으로써 문자 그대로 '우주적 존재'가 되었다. 나는 온 우주의 저 높은 차원에까지 품어 안긴다. 나는 매 순간 나를 낳는 어머니 품으로 돌아갔다가 다시 나옴으로써 나를 제한하면서 동시에 창조해간다. 그런 우주적 존재의 발견은 '나'를 어머니의 빈 자궁에 귀소시킨 결과다.

06 의미, 떠오르다

모든 사물은 쪼갤 수 없는 빔으로부터 펼쳐진 것이다. 그렇다면 다른 사물처럼 보이는 것들의 내재적 실상은 다름이 아니다. 땅속에서 꿈틀거리는 마그마도, 멋진 영화 속의 한 장면도, 위대한 철학자의 사상도 근원적 질서 속에서는 하나다. 그럼에도 우리는 숱한 사물을 분류해왔고 궁극적으로는 정신과 물체로 대별해왔다. 그렇다면 사물을 다르게 만든 정신과 물체의 관계는 빔의 질서 속에서 어떻게 보아야 할까? 이는 있음의 질서에 드러난 다름을 빔의 질서인 같음과의 관련 속에서 이해하는 문제다. 이번 장에서 우리는 정신과 물체를 다르게 펼쳐내는 연원을 추적하고자 한다.

정신과 물체를 이원적으로 분할한 벽은 시간이 지나면서 계속 허물어졌다. 용어의 변화가 이를 상징적으로 나타낸다. 물리학에서는 물체라는 실체적 개념을 버리기 위해 '연장 없는 점'(extensionless point)으로서 입자(particle)라는 말을 썼다. 연장이란 '공간을 차지하는 성격'이므로 입자는 공간적 점유가 없는 기하학적 점으로 가정되었다. 그러다 입자라는 말이 내포한 작은 알갱이의 이미지도 불편하여 수학적 양과 특성만을 담은 양자(quantum)라는 말을 사용한다.

상대성 이론에서는 빛의 속도를 감당할 물체가 없다는 견지에서 빛을 신호(signal)로 이해하게 되었다. 신호는 소통의 매체이며 의미를 담는 기호(sign)와 연결된다.[58] 이로써 물리세계에서 처음으로 소통과 의미가 본격적으로 등장했다.

정신분석학과 심리학은 정신이라는 말이 갖고 있는 무거운 실체성을 버리기 위해 의식(consciousness)이라는 개념을 사용해왔다. 언어철학이나 기호학에서는 정신 대신 의미(meaning)나 뜻(significance)을 다룬다.

이렇듯 물체는 그 물체적 성격을 벗어가고, 정신은 그 정신적 성격을 벗어갔다. 그러면서 물체와 정신의 중간지점이라고 할 의미라는 개념에서 만나고 있다. 왜 이런 변화가 발생했는지를 좀더 구체적으로 추적하기 위해 다른 사물들을 낳는 두 연원, 즉 정신과 물체의 심층부로 들어가볼 필요가 있다.

의식의 연원

우선 정신의 심층부로 들어가 정신현상의 연원을 살펴보자. 20세기 들어 정신분석학은 의식의 깊은 수준에 무의식이 있음을 발견했다. 20세기 중반 이후 심리학에서 트인 제3의 눈은 그 무의식의 심층부까지 들쳐보았다.

체코의 초개인 심리학자면서 심리치료사인 그로프(Stanislav Grof)는

LSD가 환각제로 분류되기 이전에 10년 동안 LSD로 3,000회가 넘는 임상실험을 수행했다.[59] LSD를 투여한 환자들은 시간을 거슬러 자신의 과거를 보았고, 모태에 있을 때부터 산도를 나와 탄생하는 과정도 생생하게 기억해냈다. 그들의 기억은 실제 그들의 출산과정과 어김없이 일치했다. 환자 개인이 어떤 사회나 가정에 속했는지, 혹은 어떤 종교를 가졌는지에 상관없이 그들의 보고는 보편성을 갖고 있었다. 환자들은 개인의식을 뛰어넘는 공통의 무의식 지평을 경험한 것이다.

그로프는 환자들이 보고한 내용의 보편성에 근거하여 모태에서의 삶에서부터 출생까지를 네 단계로 나눈 출생상흔 모델을 제시했다. 첫 단계는 엄마가 산통을 시작하기 전까지 태아가 모태 속에서 겪는 경험이다. 이때는 엄마가 임신기를 원만하게 보낸 경우와 부정적인 상태로 보낸 경우로 구분된다. 엄마가 원만한 임신기를 보낸 경우, 피험자들은 모태 속에서의 삶을 '우주와 일체가 된 것 같은 느낌', '깊고 푸른 바다를 헤엄쳐 다니는 돌고래', '천국', '에덴동산', '아트만과 브라만의 합일', '도(道)의 흐르는 숨결' 등으로 표현했다. 반면 엄마가 부정적인 임신기를 보낸 경우, 피험자들은 태아의 경험을 '속이 메스껍고 으스스한 느낌'으로 표현했으며 귀신이나 불길한 징조의 환영을 보기도 했다.

출산이 시작되어 모체의 자궁이 사방으로부터 조여오는 두 번째 단계에서는 우주적 평화가 깨진다. 이때는 무시무시하게 생긴 용이나 독거미, 아가리를 쫙 벌린 악어나 상어 같은 괴물에 당장 잡아 먹힐 듯한 공포, 혹은 죽음의 지하세계로 내려가 무서운 어둠의 늪으로 빠져드는 악몽으로 기억된다.

산도를 빠져 나오는 세 번째 단계에서는 고통의 나락으로 떨어지는 경험이 시작된다. 이때의 경험은 굶주린 사자와 싸우는 투사, 패기 넘치는 권투선수, 굉음을 내며 발사되는 로켓이나 우주선, 화산의 폭발, 혁명의 피바다 같은 상징으로 표현되었다.

모체와 분리되는 네 번째 단계에서는 모든 걸 잃은 허무감, 여태껏 기대어 살던 세상의 버팀목이 사라진 절망의 나락 등을 경험한다. 그러다가 저만치서 하얗게 타오르는 광채가 다가오면서 모든 것이 환하게 빛나고 자유, 환희, 기쁨이 몰려온다.

이처럼 모태에서의 삶과 탄생과정을 다시 경험하는 것만으로도 환자들은 자기 문제의 원인을 알고 그 문제로부터 벗어날 수 있었다. 어떤 환자는 어려서부터 사랑을 받지 못해 성장하면서도 그 상흔이 깊어진 경우도 있었고, 어떤 환자는 발작을 일으킬 정도로 숨이 막혀오는 신경성 천식을 겪기도 했다. 일부는 자신의 문제가 엄마의 임신중독으로부터 전이된 것이었다는 사실을 알고, 혹은 산도를 통과하면서 겪은 공포 때문에 숨통이 자주 막혔다는 사실을 깨닫고 오랜 '선천성' 신경증으로부터 자유로워질 수 있었다.

그로프의 피험자들은 출생상흔만을 다시 체험하는 게 아니었다. 그들은 이미 죽은 사람의 혼백을 만나기도 하고, 태아였을 때 엄마의 몸에서 나는 맥박 소리나 소화기에서 나는 꼬르륵 소리도 다시 듣는다. 나아가 전혀 배운 바도 없는 고대 역사상의 사건을 생생하고 정확하게 서술하고, 심지어는 생물학을 배운 적도 없는 사람이 스스로 작은 미생물이 되어 식물의 잎에서 진행되는 광합성 과정을 그대로 체험하기도 한다. 한마디로 공간적 거리도 뛰어넘고, 시간도 종횡무진 드나들면서, 식물이 되었다가 동물이 되는 등 주관과 객관의 장벽도 뛰어넘는다.

그로프의 피험자들이 겪은 세계는 정신분석학자 융(Karl Jung)의 '집단무의식'(collective unconscious)으로 이해할 수도 있다. 융의 집단무의식은 모든 인류에게 나타나는 보편적 원형이 작동하는 의식 띠를 말한다. 엄마 뱃속에서는 '천국'이나 '에덴동산'이었는데, 출산과정에서 '죽음의 지하세계'로 빠져들다가 산도를 빠져 나온 후 '허탈감'이 엄습하는 것은, 온전한 합일의 세계가 붕괴되는 보편적 출생 경험, 혹은 성장통의 의식 띠라고 볼 수 있다. 중동 신화에서 인간이 신과 더불어 살다가 에덴동산에서 쫓겨나면서 신과 분리되어 온갖 고생을 하게 되었다고 설명하는 것도 그로프의 출생상흔 모델과 상통하는 집단무의식의 소산이라고 할 수도 있다.

그런데 '집단무의식'에서 '무의식'은 보통 의식의 수면하에서 작동하는 의식 띠를 말한다. 그런데 그로프의 피험자들은 깊은 무의식 속에서 '물질적' 경험을 했다. 그들의 경험은 단순한 '기억'이거나 '회상'이라기보다는 '다시 체험'이라고 부르는 것이 적절하다. 즉, 주체와 객체가 쪼개져 대상화된 어떤 것을 바라보는 의식상태가 아니라 '그 대상이 되어' 체험하는 것이다. 엄마의 몸속에서 나는 맥박 소리나 꼬르륵 소리를 다시 듣는 것, 고대의 역사적 사건 현장을 목격하는 것, 스스로 미생물이 되어 식물 잎에서 진행되는 광합성 과정을 낱낱이 아는 것은 단순한 의식상태가 아니다. 그들은 다시 태아가 되어서, 과거의 고대인이 되어서, 그리고 미생물이 되어서 '몸으로' 소리를 듣고 사건을 목격하고, 광합성 과정을 관찰한 것이다.

그들은 무의식 끝에서 정신의 경계를 넘어 물질상을 경험했다. 의식으로 기억한 것이 아니라 몸으로 체험한 것이다. 좀더 정확히 말하면 물질상이라기보다 정신-물질이 얽힌 고차원적 현실을 다시 체험한 것이다. 그것이 의식의 최종 경계를 넘었을 때 일어난 일이다.

의식의 최종 경계를 넘는 일은 보통 사람에게도 가끔씩 일어난다. 이에 대해 융은 동시성(synchronicity)이라는 개념을 제시한 바 있다. 동시성이란 예컨대 내가 어떤 문제를 골똘히 생각하고 있는데 우연히 다른 사람이 그 문제에 대해 이야기하거나 텔레비전에서 그 문제에 대한 프로그램이 나오는 것을 보는 것과 같은 일치현상을 가리킨다. 공간적으로도 떨어져 있고 인과관계도 전혀 없는 것들이 의미심장한 관계를 갖고 함께 나타나는 현상이다. 동시성 현상을 경험하면 마치 우주가 나의 생각을 읽고서 그 생각과 유사한 것들끼리 만나게 하거나 나의 질문에 대한 답을 내 앞에 물질적 형태로 나타나도록 조정하는 것처럼 보인다.

동시성과 관련된 현상으로는 염력(念力, psychokinesis)을 들 수 있다. 얀과 듄(Robert Jahn & Brenda Dunne)은 동전의 앞면만 나오도록 염력을 투사한 경우 동전 던지기의 실제 결과에서도 앞면이 나올 확률이 훨씬 커진다는 실험을 수행한 바 있다. 집중된 마음의 내용이 물리적 변화와 의미 깊은 연관관계를 가진다는 것이다.[60] 염력은 통상 종교인들이 말하는 '기도의 효과'와도 연관된다.

'창조적 상상력'이라는 것도 동시성 현상의 일종이다. 창조과정에서는 몰입이라고 부를 만한 집중된 마음상태에서 기존의 관습과는 다른 새로운 지각이 나타나는 단계가 있는데, 그 새로운 지각을 상상이라고 한다. 이러한 상상을 통해 당면한 문제의 해법이 그의 마음속에 섬광처럼 펼쳐진다. 상상은 관습적 현실과 다르다는 점에서 그 성격상 '비현실적'이다. 창조적 인물들은 그 비현실적 상상을 현실에 실현해낸다. 이리하여 관습을 대체한 새로운 현실이 정착한다. 이 경우 마음속 이미지인 상상은 골똘히 생각한 문제의 해법을 불러내고, 그에 따른 물리적 현실을 만들어낸다는 점에서 동시성과 같은 논리를 따른다.

동시성이 의식의 경계를 넘어 관련된 물질적 현실을 끌어들인다면, 이는 바로 그로프의 피험자들이 경험한 것과 같은 지평에서 일어난 것이라 할 수 있다. 의식도 무의식도 넘어선 상태에서 물질-정신상의 결합 차원과 만난 것이다. 이에 대해 영국의 물리학자 피트(David Peat)가 설명에 나섰다.

> 우리가 동시성을 체험할 때 실제로 체험하는 것은 인간의 마음이 잠시 그 진정한 차원 속에서 작용함으로써, 마음과 물질의 근원을 통과하여 창조성 그 자체에 도달하는 것이다.[61]

여기서 '창조성 그 자체'란 나의 생각이 계기가 되어 시공의 거리로 떨어진 사물들을 내 앞에 출현시키는 차원이다. 그런 현상이 벌어지는 '진정한 차원'이란 봄이 말한 품어 싼 질서와 일치한다. 인간의 마음이 정신과 물질로 분화되기 이전의 내재적 질서에 도달함으로써, 그 마음의 내용에 따른 새로운 정신-물질 현상을 펼쳐낼 수 있다는 것이다. 이와 관련하여 그로프는 "비범한 의식상태를 통해 감추어진 질서에 개입, 그 모태에 영향을 미침으로써 현상계를 변화시킬 수 있다"고 설명했다.[62]

봄의 설명으로 이해하면 품어 싼 질서는 우주의 온그림 필름이며, 그 안에는 의식파동과 물질파동이 간섭무늬를 이루며 정보를 저장하고 있을 것이다. 만약 누군가 개인 의식의 심층부를 넘어 그 필름에 접근할 수 있다면 자신의 생각에 따라 필름을 재편집할 수 있고, 그에 맞는 경험을 입체상으로 펼쳐낼 수 있을 것이다. 그로프의 피험자들은 LSD를 통해, 동시성을 경험하는 사람들은 우연히 발생한 집중된 마음을 통해 이 필름에 접근했다. 염력, 기도, 최면, 창조적 몰입도 동일한 방식으로 의식의 경계를 넘어 의식과 물질이 함께 접혀 있는 질서에 접근하고, 그 의도와 연관된 현실을 펼쳐내는 것이라고 이해할 수 있다.

그렇다면 의식의 경계를 넘어 출현하는 정신물리적 온그림 필름은 어떤 것인가? 이에 대해서는 다양한 분야에서 유사한 설명을 제시해왔다. 신지학(神智學, theosophy)에서는 시간과 공간을 뛰어넘는 정보창고가 있다고 생각하면서, 이를 '하늘의 기록'(Akashic records)라고 불렀다. 이 창고에는 인간의 모든 경험과 우주의 전 역사에 대한 지식이 도서관처럼 보관되어 있으니, 일상적 의식의 한계를 넘으면 누구나 이 하늘 도서관을 열람할 수 있다는 것이다. 실제로 미국의 최면술사인 케이시(Edgar Cayce)는 19세기 말부터 20세기 중반까지 상담을 받으러 온 환자를 위해 스스로 최면에 들어가 그의 전생을 읽고서는, 현재 겪는 질병과 문제의 원인을 설명해주는 한편 그 해법을 제시해준 기록을 2만여 건이나 남겼다.[63] 케이시는 최면상태에서 환자에 관한 '하늘의 기록'을 열람한 것으로 이해된다.

미국의 심리학자 윌버(Ken Wilber)는 개인을 넘어서는 의식의 띠들을 제안하면서, 초개인 심리학의 체계화를 도모했다. 그에 따르면 의식은 몇 가지 수준의 스펙트럼으로 구분되는데, 개인의 의식 띠를 넘어서면 초개인의 의식 띠(transpersonal band)가 나타난다. 이 의식 수준에서는 개체와 자아를 동일시하는 일반적 의식상태를 넘어서 주관과 객관의 구분이 사라지고 시간과 공간의 제한도 넘어선다. 사람에 따라서는 유체 이탈이나 천리안, 투청력 등의 현상도 나타난다. 이처럼 의식은 초개인 수준까지 포함한 여러 수준으로 나뉠 수 있는데, 심리요법도 각 수준에 맞게 달리해야 한다는 것이 윌버의 주장이다.[64] 초개인 의식 띠는 정신의 경계를 넘어 고차원적인 정신물리 현상이 나타나는 지평이라고 할 수 있다.

이러한 주장은 매우 새로워 보이지만, 실상은 아주 오래된 이론의 현대적 변형이라고 할 수 있다. 많은 불교 수행자들은 명상을 통해 이러한 정신물리적 수준에 도달해왔다. 그 이론적 정리가 4세기경 대승불교의 일파인 유가행파(Yogācāra)에 의해 제시된 바 있다. 그들의 이론을 유식설(唯識說, Vijñānavāda)이라고 부르는데, 여기서는 의식을 8가지로 나눈다. 우선 5감각과 의식이 결합하여 지각하는 일상적 의식으로, 이를 '앞 여섯 의식'(前六識)이라고 부른다. 그 배후에는 '자아' 관념을 만들어내어 집착하는 마나스(末那識, manas)가 일곱 번째 의식으로 있다. 여기까지는 의식과 무의식으로 나누는 정신분석학의 구조와 비슷하다. 이 의식·무의식 층을 합하여 우리가 지각하는 현실을 구성하는 현행식(現行識)이라고 부른다.

이 무의식의 경계를 뚫고 들어가면 개체와 동일시된 자아의 벽이 무너지면서 제8알라야식(ālaya-vijñāna)이 나타난다. 여기서는 출생 후의 경험뿐 아니라 전생의 경험, 나아가 유기체와 무기체의 진화적·역사적 경험이 펼쳐진다. 즉, 3차원적 공간이 붕괴되고 시간적 흐름도 깨지면서 의식과 물질의 구분도 사라지는 의식 지평이다. 이는 무의식의 깊은 수준이라는 점에서는 의식 띠지만 우주의 모든 경험이 직접적으로 펼쳐진다는 점에서는 물질의 띠이기도 하다.[65] 유식설은 알라야식까지 넘어서 모든 의식이 끝나는 지경을 해탈로 생각했다. 알라야식은 윌버가 말한 초개인의 의식 띠에 해당한다.

유식설은 봄이 말한 품어 펼치는 온운동 개념도 갖고 있었다. 일상적 의식인 현행식은 그것이 떠오른 순간 바로 알라야식에 저장된다. 알라야(ālaya)란 본래 물건을 거두어들이는 창고나 곳간을 의미하는데, 그런 뜻으로 알라야식을 '저장의식'이라고 부른다.

알라야식에 내장된 현행식의 내용, 다시 말해 일상적 의식 경험이 알라야식에 저장된 것을 '씨앗'(種子, bija)이라고 부른다. 그것은 알라야식에 저장된 과거의 일상적 경험이 미래를 싹 틔울 종자가 되기 때문이다. 하나의 경험은 알라야식에 씨앗으로 저장되면서 다시 현행식으로 드러나는 과정을 매 순간 되풀이한다.

이처럼 현행식의 경험이 알라야식에 저장되고, 다시 그 씨앗이 의식과 무의식으로 솟아오르는 과정을 전변(轉變, parināma, transference)이라고 부른다. 전변은 '과거 행위가 씨앗이 되어 미래 행위의 열매를 맺는다'는 카르마의 법칙을 설명하기 위한 개념이다. 이 '저장하고 싹 틔우는' 전변의 개념도 알라야식에 저장되었다가 현대에 와서 봄의 '품어 펼침' 개념으로 펼쳐졌다고 할 수 있다.

유식설에서는 바로 직전의 씨앗이 다음 순간에 바로 싹튼다고 얘기하지는 않는다. 그런 경우도 있겠고, 한참 시간이 지난 후나 내생에 싹틀 수도 있다. 그런 점에서 전변은 시간적 인과관계가 아니라 다차원적 인과관계를 나타낸다.

결국 알라야식이 현행식의 심층 원인이며, 현행식은 다시 알라야식에 저장됨으로써 알라야식을 변화시킨다고 정리할 수 있다. 이는 쉘드레이크의 형태공명과 같은 과정을 가리키므로, 다차원적 인과관계에 따르는 온운동이라고 할 수 있다.

  이러한 설명들을 배경으로 하여 우리는 정신현상의 심층적 연원에 관해 답변할 준비가 되었다. 불교에서 말하는 '식'(識)이란 단순히 정신현상으로서의 의식만을 가리키지 않는다. 식은 대상과 접촉해서 일어나는 것이므로 대상을 품어 싼다. 따라서 알라야식에서의 '식'은 의식도 물질도 아닌 무엇이다. 나아가 '식'은 의식과 물질을 품어 싼 무엇이라고 할 수 있다. 그것을 뭐라고 불러야 적합할까?

  염력현상에서도 동일한 질문이 가능하다. 얀과 듄은 염력작용이 일어날 때 '어떤 힘이 전달된다'는 고전물리학적 개념을 배제했다. 쉽게 말해 생각의 힘이 마치 물리적 힘처럼 공간을 넘어 전달되어 물체에 영향을 미치는 것이 아니라는 뜻이다. 대신 염력은 '의식과 물리적 현실 간의 정보교환'이라고 정의 내렸다. 즉, 한쪽에서 다른 쪽으로 에너지가 흐른다기보다는 둘 간의 '공명'과 같은 정보교환이라는 것이다. 얀은 "우리가 경험할 수 있는 유일한 것은 의식과 물질이 모종의 방식으로 상호 침투하는 현상이다"라고 말했다.[66] 결국 의식의 심층 연원에는 '물질과 의식이 상호 침투된 지평'이 작동한다는 것이다. 의식과 물질이 상호 침투하려면 이 둘 모두의 공통분모가 있어야 한다. 그것을 뭐라고 할 수 있을까?

  동시성을 발생시키는 요인에 대한 '위키피디아'(Wikipedia)의 설명은 의식과 물질을 품어 안는 공통분모가 무엇일까에 대한 단서를 제공한다.

동시성 개념은 인과성이라는 관념을 문제시하거나 이와 경쟁하지 않는다. 대신에 동시성 개념은 사건들이 원인에 의해 짝지어질 수 있듯이, 의미에 의해 짝지어질 수 있다고 주장한다. 의미란 의식적·무의식적 영향에 따르는 복합적 정신구조물이므로 사건들이 의미에 의해 짝지어지는 상관관계를 굳이 원인과 결과에 의해 설명할 필요는 없다.[67]

여기서 대비시킨 인과성이란 고전물리학적인 '원인→결과'의 관계를 말한다. 거기에는 외적인 힘이 작용한다. 그러나 시공을 초월한 동시성 현상은 기계적 인과론으로 설명하기 곤란하다. 그 대안으로 '의미에 의해 짝지어지는 상관관계'를 제시한 것이다.

동시성은 '의미심장한 연관관계'로 표현된다. 어떤 생각의 내용이 그와 유사한 물질적 현실을 불러들일 때, 양자는 의미를 매개로 짝지어진다. 곧 하나의 의미를 매개로 관련된 의식과 물질의 연결이 일어나는 것이다. 이런 관점에서 의식과 물질을 품어 싼 것을 '의미'라고 부를 수 있겠다.

의식과 물질 간의 '정보교환' 혹은 '상호 침투', 그리고 물질이라는 날줄과 의식이라는 씨줄의 '교직' 등으로 불린 현상들은 '의미에 의한 짝지어짐'이라는 개념에 수렴된다. 의미라는 공통분모 때문에 물질과 의식은 상호 소통할 수 있다. 숨겨진 차원에서는 의미를 매개로 잠재된 씨앗들이 결합하고, 드러난 질서에서는 이 씨앗이 의식과 물질로 펼쳐지는 것이다. 정신과 물질은 의미에 품어 싸이고, 의미는 다시 의식과 물질로 펼쳐진다.

기호학에 따르면 의미는 가리키는 것(signifier)이 아닌 가리켜진 것

(signified)이다. 다시 말해 글자, 음성 등과 같은 물질적 신호에 동반되지만 그 물질상 자체는 아니면서 그것이 가리키는 무엇이다. 그런 점에서 의미는 물질상을 동반하지만 물질은 아니다. 동시에 소쉬르가 밝혔듯이 언어의 코드는 정신이 아니면서 의미를 통해 정신현상을 드러낸다. 따라서 의미는 물체도 정신도 아니면서 물질상과 정신상을 펼쳐내는 근원적 씨앗이라고 할 수 있다.

의식의 경계를 넘었을 때 나타나는 초개인 의식 띠, 알라야식은 의미의 고차원적 양상이며 우리가 일상에서 경험하는 감정과 생각은 의미가 저차원적 형태로 나타난 정신현상이다. 의식이 발생하는 심층 연원에서 우리가 발견한 것은 정신과 물체 모두를 품어 펼치는 의미였다.

의미가 정신상뿐만 아니라 물질상까지 펼쳐낸다면, 물체 속에도 의미가 스며 있어야 한다. 물체 속에도 의미가 있을까? 이미 그 탐사를 시작한 사람들이 있다.

물질의 연원

일본의 물 연구자인 에모토(江本勝)는 우연히 물의 생각과 느낌을 알게 되었다. 물을 병에 넣고 '고맙다'는 글자를 써 붙이면 그 물은 아름다운 결정을 맺었고, '망할 놈'이라는 글자를 본 물은 결정을 맺지 못하고 일그러졌다. 그런 반응의 차이는 '마더 테레사'라는 글자를 본 물과 '아돌프 히틀러'라는 글자를 본 물 사이에서도 나타났다.

광물질인 물이 어떻게 인간과 의사를 소통할 수 있을까? 그의 실험방법은 간단하다. 물이 든 병에 글씨를 써 붙이거나 음악을 들려주거나 하

  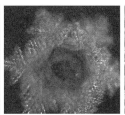 

(1) '고마워'(일본어)　　(2) '고마워'(영어)　　(3) '고마워'(독일어)　·　(4) '역겨워·죽여'(일본어)

〈그림 35〉 '고마워'와 '역겨워·죽여'에 대한 물의 반응[68]

고서는 그 물을 얼린 후 결정 사진을 찍는 것이다.

〈그림 35〉의 (1)~(3)은 일본어, 영어, 독일어로 '고마워'라고 쓴 글씨를 보여준 물에서 생긴 결정의 모습이고, (4)는 일본어로 쓴 '역겨워·죽여'라는 글씨를 본 물의 표정이다. '고맙다'는 글씨를 본 물은 환희 웃는 반면 '역겨워'라는 글씨를 본 물은 결정도 맺지 못하고 일그러져 있다.

에모토의 사진을 본 유럽의 한 독자는 "지금까지 알고 느꼈던 것을 눈으로 볼 수 있었다"고 평했다. 이 물 결정 사진을 본 전 세계의 수많은 사람들은 마치 물의 얼굴 표정을 본 것처럼 그 반응이 무엇을 뜻하는지 금방 알았다. 물도 인간의 글을 이해하여 반응했고, 인간도 물의 반응을 바로 알았다. 인간과 물이 글자와 이미지를 통해 소통했고, 거기에 담긴 감정까지도 공유했다.

인간과 물이 인간의 기호를 가지고 소통할 수 있다는 것도 만만치 않은 문제지만, 더 난해한 문제도 있다. 인간은 모국어를 말과 글로 배우는 데만도 꽤 오랜 기간이 소요되고 외국어를 배우는 데는 더 많은 노력이 들어간다. 에모토는 〈그림 35〉에 나온 3가지 언어뿐 아니라 다른 외국어로도 실험을 했는데 모두 비슷한 양상을 보였다. 물은 모든 인간 언어의 의미를 다 이해하고 있다고 볼 수밖에 없다. 물은 어떻게 배우지도 않고 언어의 의미를 알까?

  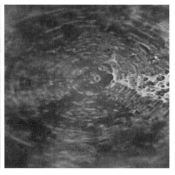

(1) 모차르트 교향곡 40번　　　(2) 바흐 〈G선상의 아리아〉　　　(3) 헤비메탈 음악

〈그림 36〉 고전음악과 헤비메탈에 대한 물의 반응[69]

　〈그림 36〉에서 (1)과 (2)는 모차르트의 교향곡과 바흐의 〈G선상의 아리아〉를 들려주고 찍은 결정 사진이며, (3)은 헤비메탈 음악을 들려주고 찍은 사진이다. 인간이 음악의 의미 차이를 알고 그에 대해 감성적 반응을 보이는 것과 똑같이, 물도 클래식 음악과 헤비메탈의 의미 차이를 알고 그에 대한 정서적 반응을 보였다. 고전음악에 대해서는 고품격의 표정을 보인 반면 헤비메탈에 대해서는 어지럼증 같은 반응을 나타냈다. 물은 어떻게 사물에 대한 정서적 반응까지 보일 수 있을까?

　〈그림 37〉이 제기하는 문제도 만만치 않다. 한 호수를 향해 기도를 했다. 왼쪽 사진은 기도하기 전의 호숫물을, 오른쪽은 기도한 후의 호숫물을 찍은 것이다. 기도가 물의 질을 변화시킨다는 것이다. 물은 마치 신처럼 인간의 기도를 듣고 거기에 반응하는 것처럼 보인다.

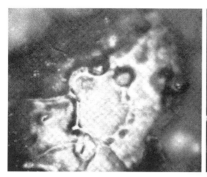

기도하기 전   기도한 후

〈그림 37〉 기도에 대한 호수의 반응[70]

〈그림 38〉은 좀더 심각한 문제를 제기한다. 왼쪽은 '마더 테레사'라는 글자에 대한 반응을, 오른쪽은 '아돌프 히틀러'라는 글자에 대한 반응을 나타낸다. 이는 물이 이미 죽은 사람의 행적을 알고 있으며, 그 행적의 질적 수준이 얼마나 다른지를 몸서리치듯 느끼는 것처럼 보인다. 물은 어떻게 역사공부를 하지 않고도 과거를 아는 것일까? 그것도 실험지인

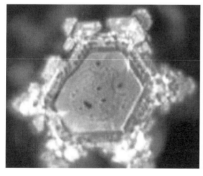
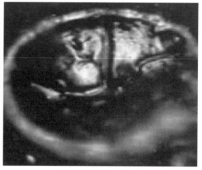

마더 테레사   아돌프 히틀러

〈그림 38〉 마더 테레사와 히틀러에 대한 물의 반응[71]

일본에서 먼 거리에 떨어져 살았던 사람들을.

좀더 심층적으로 검토하기 위해 에모토의 물이 제기하는 의미론적, 소통론적인 문제를 정리해보자. 첫째, 물은 어떻게 배우지 않고도 인간이 쓰는 모든 기호의 의미를 아는 것일까? 둘째, 인간은 어떻게 물이 보인 반응 이미지를 즉각 이해하는 것일까? 셋째, 물은 어떻게 시간과 공간의 거리를 넘어 일어난 사건을 알까? 넷째, 물은 어떻게 한 정보에 대해 감정적 반응을 일으키며, 영적 소통까지 할 수 있을까? 이러한 질문들에 대해 우선 에모토의 설명을 들어보자.

> 모든 존재는 고유한 주파수와 파장을 갖는 진동, 즉 떨림이다. 그러므로 각 존재는 서로의 떨림으로 공명하거나 간섭한다. 소리나 문자 등의 기호도 고유한 떨림이 있기에, 그 떨림이 물의 떨림과 공명하거나 간섭을 일으켜 물의 존재 양태를 변화시킨다. 이 과정에서 물은 자신과 접촉한 외부 떨림의 정보를 전사(轉寫)하여 기억했다가 사진의 영상으로 투영시킨 것이다. 인간의 몸도 70퍼센트가 물이기 때문에 물이 보인 것과 동일한 반응체계를 갖고 있다.
> 물이 '고맙다'는 말에 육각형 형태의 결정을 반듯하게 만들어낸 것은, '감사'라는 것이 대자연의 생명현상을 주관하는 근본원리에 가깝기 때문이다. 반대로 '망할 놈'이라는 말은 인간이 문명을 건설하면서 만들어낸 부자연스러운 말이기 때문에 물이 결정도 맺지 못하는 것이다.[72]

그의 설명을 풀어보자. 모든 존재가 파동이라는 것은 물리교과서적인 사실이다. 모든 존재는 떨고 있다. 모든 떨림의 파장에는 정보를 담을 수 있다. 그 흔한 예가 방송 전파다. 소리와 영상의 기호를 전파에 실어 보내면, 수신기가 파장 사이사이에 내장된 신호를 해독하여 풀어내고, 그 의미를 시청자가 이해하는 것이다. 자연의 모든 존재들은 그 떨림으로써 의미를 발신하고 수용한다. 때문에 인간이든 물이든, 그 떨림의 공명과 간섭을 통해 의미를 소통할 수 있다. 예컨대 모닥불의 빛은 그 주변 사람들의 이미지와 노랫소리를 자신의 떨림 속에 접어 넣고 우주 끝까지 퍼져나간다. 누군가 그 떨림 속에 접힌 정보를 해독하는 존재가 있다면, 모닥불의 상황을 다 알 수 있다. 파동의 가장 빠른 속도는 빛의 속도다. 따라서 걸프전의 떨림이 도쿄의 물에까지 전달되는 데는 그리 오랜 시간이 걸리지 않는다.

그러나 이처럼 파동으로 설명해도 물이 마더 테레사와 히틀러를 알고 있다는 사실, 그리고 단순 지식뿐 아니라 감정까지도 드러낸다는 점은 충분히 설명되지 않는다. 에모토의 물이 보여준 반응이 충분히 납득되려면 다음과 같은 조건이 만족되어야 한다.

첫째, 물질의 경계 너머에는 고차원적 질서가 작동하고 있다.

둘째, 이 질서는 의미로 구성되어 있다.

셋째, 이 의미는 물질과 의식에 공통으로 스며든다.

넷째, 의미 속에는 지식뿐 아니라 감정, 영성도 결합해 있다.

첫째 조건, 물질의 배후에 고차원적 빔의 질서가 있다는 것은 제3의 눈이 발견한 핵심 사항이다. 우리는 이미 아인슈타인-포돌스키-로젠

(EPR)의 효과를 통해 양자세계에서는 공간적·시간적 분리가 사라진다는 것을 알고 있다(4장). 물질의 경계를 넘으면 정보 소통에 따른 시간적·공간적 장벽도 사라진다. 물은 이 내재적 질서에 연결되었기에 인도에서 살았던 마더 테레사와 그보다 전에 독일에서 살았던 히틀러를 알았다고 보아야 할 것이다.

둘째 조건, 즉 고차원의 숨겨진 질서가 의미로 구성된 세계라는 점은 앞 절에서 의식의 경계를 넘었을 때 확인한 바 있다. 물질의 경계를 넘어도 동일한 지평과 만난 것이다. 물이 인간의 기호를 통해 인간과 소통할 수 있는 것은 내재적 질서에서 '의미를 통한 짝지어짐'이 일어났기 때문이다. 따라서 물질의 배후 질서도 의식의 배후 질서와 동일한 의미마당이라고 할 수 있다.

셋째 조건, 즉 의식뿐 아니라 물질에도 의미가 스며 있다는 것은 양자역학으로 설명 가능하다. 양자는 확률적 가능태들로 표현된다. 파동함수로 불리는 이 가능태 속에는 관찰자가 어떤 식으로 관찰할 것인지도 포함된다. 관찰자가 전자의 위치를 측정할지, 혹은 운동량을 측정할지 선택하고서 실제 측정을 수행한 후 결과를 들여다보는 순간, 그 다양한 가능태들 중 한 가지가 실현되어 관찰자에게 드러난다. 결국 양자세계는 측정대상인 양자와 측정기구, 관찰자가 모두 연결된 하나의 체계다.

여기서 양자들은 관찰자에게 끊임없이 '선택하라'고 요구한다. 관찰자의 선택이 없으면 양자들은 어떤 모습도 드러내지 않고 다양한 가능성의 물결로만 머물러 있다. 이에 대해 물리학자 데이비스와 브라운은 다음과 같이 말한다. "물리적 상태는 정신적 상태를 변화시키도록 행동하고, 정신적 상태는 물리적 상태에 다시 영향을 준다." 즉, '물질 위에 정신이 겹쳐 있는 것'(mind over matter)이 사물의 실상이라는 것이다.[73] 물질이라는 것도 양자 차원에서는 정신과 겹쳐 있다. 좀더 정확히 표현하면 물질 속에도 의미가 스며 있다.

그렇지 않고는 쉘드레이크가 말한 형태공명이 일어날 수 없다. 마치 컴퓨터 속의 정보들이 로봇을 통해 자동차 부품을 조립하듯이, 형태장은 의미를 통해 육체를 발생시킨다. 모든 물질도 양자세계를 갖는다는 점에서 볼 때, 물과 불과 흙과 공기에도 의미가 스며 있고, 이 의미에 의해 근원적 질서에 연결되어 있다.

물질에도 의미가 스며 있다면, 의미의 낮은 수준부터 높은 수준까지, 그리고 의미의 다양한 형태가 물체 속에도 포개어져 있을 것이다. 따라서 넷째 조건, 즉 지식, 감정, 영성 등 의미의 다양한 성질과 수준이 물체 속에도 침투해 있다는 조건이 만족된다. 만약 의미가 그처럼 다양한 수준과 성질을 포개고 있지 않다면, 인간의 마음도 그토록 다양성을 띨 수 없을 것이다. 인간이 그토록 물질적인 현상을 띠는 것도, 물이 그토록 정신적인 현상을 드러내는 것도 동질적인 의미를 통해 펼쳐지기 때문이다.

이상으로 볼 때 에모토의 물은 단순 파동현상으로 이해하기보다는 양자현상으로 보는 것이 더 적절하다. 에모토의 물은 분자가 아닌 양자 수준에서, 즉 빔의 차원에서 인간의 정보를 알고 거기에 반응했던 것이다.

우리는 의식의 심층으로 들어가 그 경계를 넘어도, 물질의 심층으로 들어가 그 경계를 넘어도 동일한 지평을 만났다. 의식과 물질은 같은 의미로부터 펼쳐진 다른 양상들이다. 정신상과 물체상은 공통 연원인 의미로부터 파생되어 나온 것이다.

그런 점에서 빔의 지평을 '의미 마당' 혹은 '의미의 샘'이라고 불러도 좋겠다. 그 속의 의미는 우리 세계의 의미와 구분하여 '의미 씨앗'이라고 불러보자. 의식과 물질 모두를 구분할 수 없는 의미 형태로 품어 싼 씨앗은 샘으로부터 흘러나와 정신상과 물질상을 싹 틔운다. 우리 세계에서의 의식 경험과 물질 경험은 다시 의미의 샘 속으로 흡수되어 의미 씨앗이 된다. 그것이 품어 펼침의 과정이며 전변의 과정이다. 의식을 통해서 들어가건, 물질을 통해서 들어가건, 동일한 질서를 만나는 것은 정신과 물체 배후에 이들을 펼쳐내는 공통의 의미 샘이 있기 때문이다. 이 고차원적 의미 마당을 윌버는 초개인 의식 띠라고 불렀고, 유식설에서는 알라야식이라고 불렀으며, 쉘드레이크는 형태장이라고 불렀고, 봄은 품어 싼 질서라고 불렀을 뿐이다.

체코 출신의 과학자이자 발명가였던 벤토프(Itzhak Bentov)는 파동에 대한 분석을 통해 동일한 발견에 도달했다. 그가 에모토와 다른 점은 파동을 통해 양자적 질서를 밝혔다는 데 있다.

그에 따르면 '모든 사물은 떤다.' 음악은 당연히 떨지만, 가만히 있는 것 같은 바위도, 건물도, 공기도 떤다. 인간의 몸은 초당 7회 내외로 떨고, 심장을 비롯한 장기도 고유의 주파수로 떤다. 20세기 들어서 사람들을 놀라게 한 발견 중 하나는 사람의 의식도 파동이라는 것이다. 1929년 독일의 심리학자 베르거(Hans Berger)는 인간의 뇌파를 처음으로 기록함으로써, 의식의 물질적 성질을 보여주었다.

지구 자장은 초당 8~16회의 속도로 떠는데, 인간 두뇌의 지배적인 리듬도 이 범위에 들어 있다. 지구는 그 안의 생명체와 무기물의 개성적 떨림들을 조화시키는 거대한 공명체게다. 지구는 그 안의 모든 물체와 정신의 악기들과 함께 떠는 거대한 교향악이다.

파동은 눈에 보이지 않는 게 보통이다. 이런 파동현상을 가시적으로 볼 수 있는 것이 추의 움직임이다. 〈그림 39〉는 파동의 작용을 설명하기 위해 벤토프가 사용한 진자운동이다.

추는 좌우로 움직이다가 양쪽 끝에서 정지점에 도달하고는 방향을 바꾼다. 추가 정지점을 향해 다가갈수록 속도는 점점 느려진다. 반환점에 다가갈수록 추는 단위 시간당 점점 더 짧은 거리를 움직인다.

움직인 거리가 플랑크 길이(Planck length), 즉 10^{-33}센티미터 이하면 고전역학의 법칙이 깨지고 양자역학의 법칙이 적용되기 시작한다. 사건들 사이의 인과관계가 무너지고, 부드럽던 운동은 갑작스러운 운동으로 변한다. 시간과 공간은 덩어리처럼 뭉쳐버리고, 입자는 시간이 걸리지 않고도 어느 방향으로나 이동할 수 있다. 즉, 국소성이 무너지는 것이다.

이 경우 추는 정지점에서 '깜빡' 하는 사이에 무한속도로 어디든지 갔

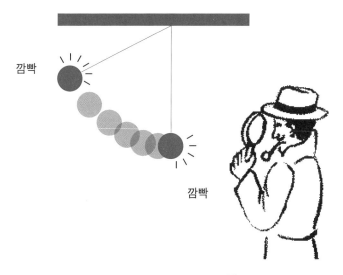

깜빡

깜빡

〈그림 39〉 파동으로서의 추 운동[74]

다 온다. 어디에 갔다 온 것일까? 불확정성 원리에 따르면 입자의 운동량을 알면 그 위치는 알 수 없다. 정지점에서 속도는 0이므로 운동량은 0이다. 그렇다면 위치는 불확실해진다. 위치를 알 수 없다는 것은 어느 위치에나 있을 수 있다는, 즉 우주 끝에도 있을 수 있다는 뜻이다. 거기에 도달하는 데는 시간도 걸리지 않는다. 추는 정지점에서 모든 방향으로 무한속도로 팽창했다가 다시 무한속도로 되돌아온다. 제자리에 오면 추는 아무 일도 없었던 것처럼 이전의 진자운동으로 돌아간다.

〈그림 40〉에서 볼 수 있듯이 떨고 있는 모든 사물은 정지와 활동을 반복한다. 활동선에 있을 때는 있음의 세계에서 정상적인 모습을 띠고 움직인다. 그러나 정지점에서는 온 우주에 퍼져버린다. 즉, 차원 변동을 해버리는 것이다. 인간 신체가 1초에 7회 진동한다면, 우리 몸은 1초에 14회씩 우주 끝까지 갔다 온다. 모든 존재는 그렇게 깜빡이고 있다.

만약 우리가 의도적으로 정지점을 늘릴 수 있다면 어떻게 될까? 실제로 명상수행에 들어간 뇌파는 정지점을 늘리고 있다. 일상적으로 깨어 있는 의식은 초당 12~30회로 떠는 베타(β)파다. 명상의 종류에 따라 명상상태의 뇌파는 두 가지로 구분되는데, 베타파보다 2~4배 느린 초당 5~8회의 세타(θ)파나, 베타파보다 두 배 이상 빨리 떠는 초당 40회의 감마(γ)파로 나타난다.[75]

쉽게 말해 명상의식은 일상의식보다 그 떨림이 두 배 이상 느리거나 빠르다. 장파일 경우는 정지점이 길어지지만, 단파일 경우는 정지점이 더 자주 나타난다. 이로 미루어 명상자들은 국소성이 무너지는 차원에 더 길게, 더 자주 머문다고 할 수 있다. 우주의 모든 장소에 출현하면서 그에 대한 정보를 흡수할 가능성을 더 길게, 더 많이 갖는다는 것이다.

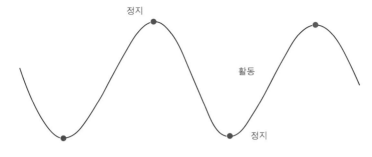

정지

활동

정지

〈그림 40〉 파동의 정지점과 활동선

그 최상의 경지라면, 중세 기독교 신학에서 신의 특성으로 언급한 무소
부재(無所不在, omnipresent)하고 전지(全知, omniscient)한 상태가 될 것이다.

이러한 떨림의 특성은 물체나 정신 모두에 똑같이 적용된다. 따라서
물체도 전 우주에 퍼졌다 수렴하는 과정을 반복하고 있으며, 전 우주에
대한 정보를 내장하고 있다. 여기서 말하는 '전 우주'란 공간적 범위를
말한다기보다는 차원변동을 통해 접근하는 고차원의 내재적 질서를 가
리킨다고 보아야 할 것이다. 그것은 의미의 샘이며, 의미 씨앗들이 뿌려
지고 피어나는 곳이다.

모든 사물은 그 파동의 정지점에 머무는 동안 의미의 샘을 다녀온다.
그곳에서 전 순간의 자기 활동을 의미의 씨앗으로 뿌리고, 그곳의 의미
씨앗을 가져와 다음 순간의 활동선 위에 펼쳐낸다. 이렇게 하여 의미는
이 우주의 모든 진동파를 통해 사물에 스며든다.

의미는 의식뿐 아니라 물질의 가장 근원적인 수준에서 작동하면서 의
식과 물질을 펼쳐내는 감추어진 암호다. 몸과 마음을 발생시키는 형태
공명도, 품어 펼침의 온운동도 의미를 통해 진행된다.

이상에서 우리는 다른 사물들을 구분해주는 두 연원, 즉 의식과 물질

의 심층부로 들어갔고, 거기서 공통된 의미 마당을 발견했다. 있음의 세계에서 사물은 다 다르다. 특히 그 사물들은 정신현상과 물질현상으로 크게 다르다. 그러나 근원적 질서로 들어가면 모든 사물은 다 동질적이다. 그들은 의미로부터 태어나고 다시 의미로 수렴된다. 다름은 같음으로부터 갈라져 나오고 다시 같음으로 돌아간다. 나와 너, 생물과 무생물, 지구와 태양은 저 깊은 같음으로부터 나온 다른 양상들이다.

우주를 만드는 의미

사회의 기반이 정보로 변했듯이, 정신의 기반도 물체의 기반도 정보로 나타났다. 정보의 핵심이 의미라고 할 때, 모든 사물은 의미로 만들어지는 것이라 할 수 있다. 그런데 왜 같은 의미의 산물인데 정신현상과 물질현상은 다르게 나타나는 것일까? 의미의 어떤 차이가 물질현상과 정신현상의 차이를 낳는 것일까?

봄은 「몸-뜻」이라는 논문에서 '물리적인 것'과 '정신적인 것' 사이의 새로운 관계를 제시했다.[76] 그는 라틴어의 '몸'(soma)이라는 개념은 물리적인 것을 지칭하는 말로, '뜻'(significance)이라는 개념은 정신적인 것을 지칭하는 말로 사용하면서 다음과 같이 전제했다. 몸과 뜻은 '분할할 수 없는 동일 현실의 양 측면'이다. 몸과 뜻은 '분할할 수 없는 하나의 내재적 현실'로부터 파생되는데, 그 내재적 현실이 바로 의미(meaning)다. 이는 '의미의 샘으로부터 물질과 의식이 펼쳐진다'는 우리의 앞선 논의와 같은 맥락에 속한다.

그러면 몸과 뜻은 어떤 관계인가? 몸과 뜻의 관계는 막대 지남철에 비유할 수 있다. 한쪽 끝은 N극이고 다른 끝은 S극이다. 그런데 막대 자남철의 중간을 자르면 가운데가 S극, N극으로 나뉜다. 따라서 잘리기 전에는 NS였던 것이 잘린 후에는 NS-NS가 된다. 이 과정은 무한대로 확대될 수 있다. 절대 N극과 절대 S극은 없고, 단지 상대적인 양극성으로 나타날 뿐이다. 이와 마찬가지로 몸과 뜻의 관계도 수준에 따라 상대적인 짝으로 나타날 뿐, 양자를 가를 절대 구획선은 없다. 하나의 사물은 몸과 뜻의 상대적 결합으로 이루어지기에, 한 사물은 '한 몸-뜻'이라고 표현할 수 있다. 세상은 몸뜻-몸뜻-몸뜻의 무한연속으로 구성되므로, 실제로는 '좀더 몸스러움'과 '좀더 뜻스러움'으로 나타날 뿐이다.

이런 연속적 질서에서 몸은 감각에 분명히 드러나는 '두드러짐'(the manifest)의 성질을 가리키며, 뜻은 미세하거나 교묘하여 붙잡기 어려운 '미묘함'(the subtle)의 성질을 가리킨다. 몸은 시공의 한계로 제한된 유한성(the finite)을, 뜻은 그런 한계로부터 자유로운 무한성(the infinite)의 특징을 가리킨다. 뜻은 의미가 더 미묘하고 더 무한한 쪽으로 나타나는 현상이며, 몸은 의미가 더 두드러지고 유한한 쪽으로 나타나는 현상이다. 정신적인 것과 물리적인 것을 연속적 스펙트럼 위의 상대적 관계로 볼 수 있는 것은 그 연원인 의미가 유한성으로부터 무한성으로 연속적으로 이어지기 때문이다.

몸과 뜻이 연속적 의미의 표출이라고 볼 때, '높은 수준'의 의식 양상일수록 더 미묘하고 더 무한한 의미가 펼쳐진 것이며, '낮은 수준'의 물질 양상일수록 더 두드러지고 더 유한한 의미가 펼쳐진 것이라고 할 수 있다. 봄의 설명을 종합하여 몸과 뜻, 그리고 의미의 관계를 그림으로 풀면 〈그림 41〉과 같이 제시할 수 있다.

여기서 왼쪽의 양방향 화살표는 의미의 스펙트럼을 나타낸다. 아래쪽일수록 몸의 성질을, 위쪽일수록 뜻의 성질을 강하게 갖는다. 〈그림 41〉의 오른편에서 여러 층위로 나뉜 역삼각형은 몸-뜻의 결합물인 사물의 의미 수준별 분포를 나타낸다. 각 층위별로 위쪽일수록 더 '뜻스럽다.' 즉, 정신의 성질이 더 강하다. 각 층위마다 아래쪽일수록 더 '몸스럽다.' 즉, 물체의 성질이 강하다. 전체적으로도 위쪽일수록 더 미묘하면서 무한하며, 아래쪽일수록 더 두드러지고 유한하다. 짙은 색은 두드러진 몸의 '무거운' 성질을, 밝은 색은 미묘한 뜻의 '가벼운' 성질을 표현한다. 좁은 범위는 몸의 유한성을, 넓은 범위는 뜻의 무한성을 나타낸다.

모든 사건은 다양한 몸-뜻들이 결합하고 부딪치는 것이므로, 사건은

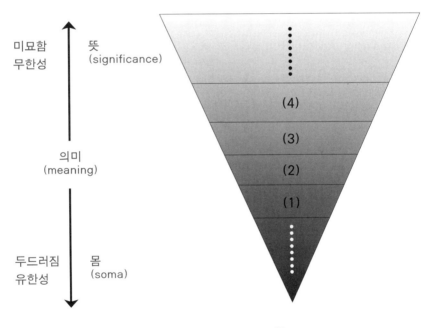

〈그림 41〉 몸, 뜻, 의미의 관계[77]

'의미의 운동'이라고 할 수 있다. 의미는 몸스러운 데서 뜻스러운 데로, 혹은 거꾸로 뜻스러운 데서 몸스러운 데로 흐르는 운동으로 전개된다. 예컨대 어둠 속에서 한 그림자를 보았다고 하자.

우선 그림자를 구성하는 빛의 신호가 눈으로 들어와서는 신경세포의 전기화학적 물질로 변환되어 뇌로 전달되고, 기존에 그가 갖고 있던 지식과 결합하여 판단하는 과정이 진행된다. 그림자 같은 사물의 층위를 (1)이라고 한다면, 전기화학적 신호층은 (2), 뇌 속에서 기존 지식에 따른 판단의 층위는 (3)이라고 할 수 있겠다. 각 층위는 상대적인 몸-뜻 결합체다. 그림자라는 빛 신호도, 신경세포의 전기화학적 물질도, 기억에 따른 판단도 상대적인 물질-의식 연속체다. 따라서 그림자의 신호를 받아 뇌가 판단하기까지의 흐름은 몸뜻(1)-몸뜻(2)-몸뜻(3)의 변환과정이다. 더 두드러진 데서 더 미묘한 데로 연이어 변형되는 몸-뜻 과정(soma-significant process)이다.

그 후 '뭔가 위험한 존재가 주변에 있다'고 판단하면, 전기화학적 물질로 몸의 각 부위에 위험신호가 전달되고, 호르몬 분비와 피 흐름, 심장 박동이 가속화되며, 마침내 뛰어 달아나거나 얼어붙는 몸의 행동으로 이어진다. 이 과정은 뇌의 판단과 명령이 있은 후(3), 뇌의 명령을 전기화학적 반응으로 수행하며(2), 겉으로 드러나는 두드러진 몸의 행위로(1) 변형되는 역순의 과정을 밟는다. 따라서 판단·결정하고 행동에 이르는 이 흐름은 더 미묘한 데서 더 두드러진 데로 단계적으로 이행하는 뜻-몸 과정(signa-somatic process)이다. 모든 사건은 몸-뜻 과정과 뜻-몸 과정의 결합으로 이루어진다.

상식적으로 볼 때 (1)의 층위, 즉 그림자의 목격이나 몸이 도망가거나 얼어붙는 행위는 순전히 물리적 작용으로 보인다. 그러나 몸이 어느 쪽으로 움직이는 것은 '몸의 의도'가 나타난 것이다. 의도(intention)는 의미의 일부다. 의미는 사물이 가리키는 바로서의 뜻뿐 아니라 그 사물이 지향하는 바로서의 의도도 포함한다. 뜻의 총체적 맥락에서 의도가 발생한다고 할 때, 의도는 뜻의 산물이며 따라서 의미의 일부다. 그렇다면 그림자와 같은 빛의 신호에는 어떤 방식으로 의미가 스며 있을까?

이에 관해 봄은 다음과 같이 말했다. "물체도 어떤 일반적이고 규칙적인 법칙에 따라 움직이려는 내재적 의도가 있으며, 이를 우리는 운동법칙이라고 부른다."[77] 몸이 특정 방향과 속도로 달리려는 것도, 빛이 특정한 방식의 운동을 하는 것도 각자 독특한 운동법칙을 따르려는 의도를 갖는 것이므로 의미의 발현현상으로 이해할 수 있다는 것이다. 물리적 운동법칙은 우주의 역사를 통해 형성되어온 것이다. 물체의 운동법칙도 의미의 표출과 소통, 그에 따른 반응과 조정에 의해 형성된 의미체계라는 것이다. 따라서 순수물리적인 것으로 보이는 (1)의 층위에서도 정신적인 것은 작용한다.

그런데 얼마 후 '그림자의 정체가 흔들리는 나무였다'고 고쳐 판단하고서 한숨을 내쉬게 되었다고 하자. 그리고 작은 판단 차이에 따라 그토록 달라지는 몸의 반응에 대해 생각하면서, 사소한 것에 울고 웃는 사람들의 무지한 경향성에 대해 동정심까지 갖게 되었다고 하자. 이런 사고는 더욱 보편적이고 더 무한하므로 (4)의 층위에 해당한다고 하겠다. 이런 높은 층위의 사고에도 그에 따른 몸의 반응은 있다. 인간에 대한 자비심이 생기면 몸은 부드러워지고 얼굴은 환해진다. 이와 같이 모든 사건들은 다양한 물질현상과 정신현상이 함께 결합하여 발생하므로 매 사건마다 몸-뜻 그리고 뜻-몸 과정이 끊임없이 지속된다.

몸과 뜻은 서로 침투하고 중첩되어 있다. 의식과 물질이 상호 침투하고 상호 중첩되는 것은 공통의 근원인 의미로부터 파생되기 때문이다. 그 때문에 원칙상 세상에 존재하는 모든 사물들은 서로 소통할 수 있다. 몸-뜻, 그리고 뜻-몸 과정을 통해 의미가 무한히 흐르기 때문이다.

뜻은 그 무한성과 미묘함 때문에 유한하고 두드러진 몸에 비해 근원적 질서에 더 가까운 성질을 갖는다. 따라서 봄은 다음과 같이 말했다. "유한한 것은 궁극적으로 무한한 것에 의존하며, 무한한 것은 유한한 것을 품는다."[78]

의미는 상위 수준으로 갈수록, 즉 뜻스러울수록 사물의 더욱 포괄적인 구조를 펼쳐낸다. 새로운 지각과 창안이 나올 때마다 더 무한하고 더 미묘한 구조가 생성되면서, 기존의 문제를 발생시킨 두드러지고 유한한 구조를 품는다. 높은 의미 수준에 이른 사람일수록 낮은 의미에 머무는 사람이 겪는 문제에 대해 바른 해결책을 제안하기 쉬운 것도, 높은 의미는 낮은 의미를 품어 안는 좀더 무한한 구조를 갖고 있기 때문이다. 무한한 의미일수록 유한한 의미를 품는 질서가 되고, 두드러진 의미일수록 미묘한 의미에서 파생되는 질서가 된다. 예컨대 삶에 대한 비전은 집에 대한 디자인을 펼쳐내고, 디자인은 건축물을 펼쳐낸다. 상위의 의미들이 하위의 의미들을 품고 펼쳐냄으로써, 각 의미 수준에 맞는 몸-뜻들이 펼쳐지는 것이다. 한 건물이 갖는 의미의 최종 심급에는 그 건물과 연관된 삶의 의미가 숨겨져 있다.

이제 의미는 우주를 설명할 가장 궁극적인 요인이 되었다. 봄은 우주

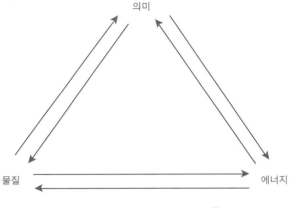

<그림 42> 의미, 에너지, 물질의 관계[79]

를 의미, 에너지, 물질의 세 가지 요인으로 설명한다. 여기서 물질(matter)
이란 의식까지 포함하는 드러난 현상을 말한다. 세 요인 각각은 다른 두
가지를 서로 품는 관계다. 즉, 세 가지 요인은 상호작용한다. 물질은 에
너지와 의미를, 에너지는 의미와 물질을, 의미는 물질과 에너지를 자신
속에 품어 싼다. 그 관계는 〈그림 42〉와 같이 묘사되었다.

  삼자가 서로를 품기는 하지만 의미가 최상위를 차지하는 이유가 있
다. 물질은 물질을, 에너지는 에너지를 품지 못하기 때문이다. 그러나 의
미는 의미를 품고 또 다른 의미를 펼쳐낸다. 더 창의적인 의미일수록 더
큰 온전 속에서 과거의 관습적 의미들을 품어 싼다. 뿐만 아니라 의미는
'의미의 의미'를 창조해낼 수 있다. 한 의미로부터 귀납이나 연상, 상상
을 통해 메타의미가 생성되기 때문이다. 의미는 자기 자신을 직접 가리
킴으로써 자신을 무한 생성할 수 있다. 그러나 물질이나 에너지는 스스
로를 가리킬 수 없기에 스스로 창조적인 운동을 할 수는 없다.

  영화 〈1492〉에서 콜럼버스(드파르디유 연기)는 '서쪽으로 가면 인도를

발견할 수 있다'며 후원자를 찾아 다녔다. 한 사람이 그에게 '꿈꾸는 자'라고 비웃었다. 콜럼버스가 그에게 도시의 건물들을 가리키며 말했다. "이 건물의 벽돌 하나도 꿈 없이는 만들 수 없어."[80] 그가 말한 '꿈'을 봄이 말하는 '의미'로 이해해보자.

건물은 벽돌로 만들어진다. 벽돌은 사람이나 기계의 힘과 같은 에너지로 만들어진다. 벽돌이 벽돌을 만들거나 근육 힘이 다른 근육 힘을 만들 수는 없다. 그런데 벽돌을 만드는 에너지는 돈이나 권력에 의해 만들어진다. 돈이나 권력은 사회적 인정, 즉 사회적 의미로 만들어진다. 이 사회적 의미는 또 다른 의미를 추구하며 역동적으로 자기를 생산한다. '더 많은 돈'이라는 의미를, 혹은 '위대한 왕'이라는 의미를 향해 기존의 돈과 권력이라는 사회적 의미가 실현되는 것이다. 따라서 의미는 의미를 가리키면서 움직인다.

그 의미가 기계나 사람을 에너지로 움직이고, 그 에너지가 벽돌을 만들고, 벽돌이 건물을 만든다. 결국 의미는 에너지와 물질을 펼쳐내는 궁극의 원인이다. 따라서 '꿈 없이는 벽돌 한 장도 만들 수 없다'는 콜럼버스의 대사는 '의미 없이는 벽돌 한 장도 만들 수 없다'는 뜻으로 이해할 수 있다. 의미야말로 모든 물리적·의식적 현실을 솟아나게 하는 궁극의 샘이다.

과거의 물리학은 사물을 물질과 힘으로 설명했다. 아인슈타인에 이르러 이 양자는 에너지로 수렴되었다. 봄에 이르러 이 모든 것들은 의미로 수렴된다. 의미는 모든 물질적·정신적 사물을 품고 펼쳐내는 궁극의 요인이다. 우주는 의미로 만들어진 것이며, 우리는 궁극적으로 의미로 산다.

의미가 유한성과 무한성의 스펙트럼이라면, 우리는 극단의 유한성과

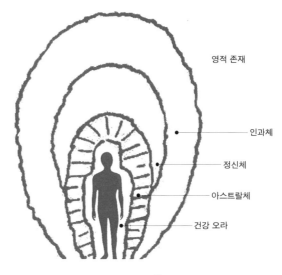

영적 존재

인과체

정신체

아스트랄체

건강 오라

〈그림 43〉 다층 몸 개념[81]

극단의 무한성 사이에서 펼쳐지는 우주의 총체적인 그림을 그릴 수 있다. 앞 절에서 파동으로써 물질의 의식성을 밝힌 벤토프는 같은 원리로 다차원적 우주를 설명하는 인상적인 상상력을 발휘했다.

인간의 몸-마음도 그 고유의 파동으로 떤다. 몸-마음은 그 파동의 정지점에 도달하는 매 순간 의미의 샘에 다녀오고, 그 속의 의미 씨앗들을 자신의 신체와 의식으로 펼쳐낸다. 이런 몸-마음이 다양한 파동으로 공명하는 체계라고 생각해보자. 몸-마음의 공명체계는 〈그림 43〉과 같은 쿤달리니(kundalini) 요가의 다층 몸 개념에 적용할 수 있다.

맨 가운데에 누구나 지각하는 신체가 있다. 그 바로 주변에 건강 오라(health aura)로 불리는 층이 있다. 이곳은 신체에서 방출된 작은 입자들(염분 결정, 피부 조각, 물, 암모니아, 이산화탄소 분자 등)의 구름으로, 몸의 건강상태에 매우 민감하게 반응한다.

그다음 층은 아스트랄체로 육체로부터 40~60센티미터 떨어져 있으며 감정에 지배되고 수면 시 의식활동이 이루어지는 장이다. 그다음 층은 정신체(멘탈계)로 조화된 마음과 지식 탐구의 장이며 사랑의 감정도 작용한다. 그다음 층은 인과체(직관계)로 지식이 거대한 다발로 순간에 새겨지며 창조적 상상력이 작동한다. 마지막 바깥 층은 진정한 자아인 '영적 존재'로 불리는데, 의식의 질에서 그 아래 층들과 차이가 크기 때문에 육체에 직접 작용하지 않고 그 사이에 있는 여러 의식 층들을 매개로 작용한다.

이들은 상이한 파동의 장이다. 이처럼 상이한 장들이 하나로 결합하려면 각 층들이 서로 공명하기 쉬운 주파수여야 한다. 자연상태에서 공명이 가장 잘 이루어지는 것은 진동수가 정수 배로 높거나 낮은 것들이다. 따라서 다섯 층의 몸-마음은 주파수가 낮은 육체로부터 정수 배로 높은 주파수의 장들이라고 하겠다. 일부 요가 전통에서는 몸을 7층으로 구분하기도 하는데, 몸-마음의 상이한 장들이 결합한다는 점에서는 동일한 원리를 따른다. 이 같은 다층 몸 모델에서 죽음이란 신체의 바깥에 있는 높은 주파수의 몸-마음들이 육체를 떠나 그 고유의 차원에서 지속되는 것을 말한다.

이 모델에서 일차로 주목할 점은 인간이 육체와 정신이라는 두 실체의 결합이 아니라 상이한 몸-마음의 장의 다층적·임시적 결합이라는 원리다. 신체도 고유의 주파수를 갖는 몸-마음의 장이고, 건강 오라나 아스트랄체 등도 상이한 몸-마음의 장들이다. 그러므로 인간도 다차원적 장으로 구성되어 있다. 각 장들은 고유의 떨림을 통해 고유의 의미 샘과 연결되어 있으면서, 또한 상호 결합해 있다.

낮은 주파수의 장으로 갈수록 마음의 성질이 작아지고 몸의 성질이 커지며, 높은 주파수의 장으로 갈수록 몸의 성질이 작아지고 마음의 성질이 커진다. 인간은 순수 몸으로부터 순수 마음으로 이어지는 몸-마음 스펙트럼 위의 특정 수준의 장들이 결합한 것이다. 같은 원리를 적용하면 운동장의 모래도, 기타에서 울리는 소리도, 큰 산의 산신령도 몸-마음 스펙트럼 위의 특정 장들이 각각의 방식으로 결합한 것이라고 할 수 있다. 사물은 관여된 장들의 성격에 따라, 그리고 그 장이 몸의 성질이 더 크냐 마음의 성질이 더 크냐에 따라 다른 모습과 질서로 나타난다.

바로 이 점에 착안하여 벤토프는 원자로부터 시작하여 식물, 동물, 인간, 감정체, 정신체, 직관체, 영계, 절대계에 이르는 우주적 질서를 그렸다. 〈그림 44〉는 벤토프가 '의식'의 질과 양에 따라 그린 우주적 질서를, 우리 개념에 맞추어 '의미'의 질과 양으로 바꾸고 단순화한 것이다.

수직선 위의 f는 주파수 응답(frequency response)으로, 숫자가 높아질수록 자극에 대한 반응이 더 섬세해지고 반응의 영역도 넓어진다. 봄의 개념으로는 더 미묘해지고 더 무한해진다. 주파수 응답은 앰프나 스피커의 성능을 나타내는 데 사용되므로, 전축의 질을 암시한다고 보면 되겠다. 이를 의미의 질로 보면, 높은 수준으로 올라갈수록 더 미묘하고 더 무한해진다고 이해할 수 있다.

수평선으로 표시된 의미의 양이란, 해당 몸-마음이 작동시킬 수 있는 반응의 종류 수, 즉 다룰 수 있는 정보의 다양성을 뜻한다. 의미의 양이 증가할수록 더 많고 다양한 정보를 처리할 수 있다. 의미의 질이 높아질수록 의미의 양도 증가하기 때문에, 의미가 미묘하고 무한해질수록 더 많고 다양한 세계를 알 수 있다고 하겠다. 의미의 양이란 한 의미의 에

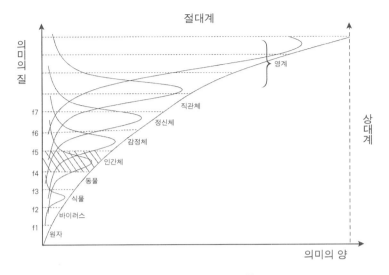

〈그림 44〉 몸-마음 스펙트럼[82]

너지 수준을 가리키니, 의미의 질이 높아질수록 해당 의미가 갖는 에너지가 커진다고 하겠다.

양쪽 끝이 벌려진 ⟆곡선은 해당 몸-마음이 주변 세계와 어느 정도의 에너지 교환을 하느냐를 나타낸다. 우리 논의의 맥락에서 보면, 한 몸-마음을 구성하는 장들의 공명 범위를 뜻한다. 다층 몸 개념으로 볼 때, 보통 인간계의 공명 범위는 위쪽으로 직관체까지 이어진다. 따라서 공명 범위가 중첩되는 인간, 동물, 식물 등은 상호작용할 수 있다.

의미의 질이 최고 수준에 이르면 의미의 양도 최고가 되어 가장 큰 에너지를 갖는 장에 도달한다. 그것을 벤토프는 절대계라고 불렀다. 절대계는 그 이하의 모든 상대계들을 품어 펼치는 궁극의 빈 마당이다. 절대계는 온그림 필름을 만드는 기준광선처럼 그 자체는 어떤 내용도 품고 있지 않으면서도, 상대계의 다양한 작용광선과 결합하여 간섭무늬를 만들고 이를 다시 상대계로 펼쳐내는 우주의 최종 온그림 필름이다. 절대계는 모든 의미 가능태로 구성되며, 상대계는 이로부터 파생된 다양한 의미 수준들의 세계다.

이렇게 볼 때, 우주는 낮은 질의 의미로부터 높은 질의 의미를 지향하는 구조를 갖는다고 할 수 있다. 〈그림 44〉의 오른편에 상대계가 절대계를 지향하는 화살표로 표시된 것도 그런 뜻을 갖는다. 즉, 물질적 성질이 큰 몸-마음으로부터 정신적 성질이 큰 몸-마음으로 향하는 목적지향적 구조다. 우주는 의미의 질과 양을 높이는 방향으로 개별 몸-마음들을 이끄는 구조가 된다.

모든 몸-마음은 그것을 펼쳐내는 모태인 절대계에 도달하기 위한 지향성을 가지며, 절대계는 의미의 스펙트럼 구조를 통해 개별 몸-마음이 자신에게 도달하도록 이끄는 유인력을 갖는다. 이 지점에서 유대인인 벤토프는 유대교 일파인 카발라(kabbalah)와 유사한 방식으로 창조주 개념을 도입한다.

그분의 무수한 창조물로부터 그분 자신이 되는 의식, 즉 그분의 복제가 나타날 때까지 그분의 목표는 달성되지 않는다. 일단 그분 자신을 복제하고 나면 그분은 자기 자신을 안다. 왜냐하면 그분만큼 위대한 의식체를 진화시키는 데 성공했기 때문이다. 그리하여 그분은 자신의 가게를 닫고, 현상으로 드러난 자신의 모든 창조물을 자신 속에 흡수하여 진공으로 돌아간다.[83]

창조주는 피조물이 창조주 수준의 의식에 도달하도록 이끄는 힘이다.

마침내 피조물이 창조주의 의식 수준에 도달하면 양자는 하나가 되면서 우주를 진화시킨다. 일차 목적이 달성되면 모든 피조물과 더불어 진공으로 돌아갔다가 다음 번 빅뱅을 통해 새로운 우주 가게를 연다.

우리는 절대계와 상대계, 창조주와 피조물 같은 유대교적 개념을 더 이상 필요로 하지는 않는다. 그런 대립적 개념들로는 제3의 눈이 본 열린 세계를 폐쇄시킬 수 있다.

다만 의미의 높은 수준에 도달할수록 더 미묘하고 더 무한하며 더 큰 에너지를 갖는다는 사실에 기초하여, 거친 몸으로부터 순수 마음에 이르는 스펙트럼 우주가 중층적으로 형성된다는 상상이 나오는 것은 자연스럽다. 이에 기초하여, 우주는 다양한 몸-마음의 층위들을 펼쳐놓음으로써 개체의 의식 향상을 지원하는 체계라는 개념이 나오는 것도 불가피하다.

그렇게 보면 우주는 매우 자애로운 목적을 물질과 의식 모두에 스며넣은 의미구조가 된다. 의식과 물질의 근원적 질서가 의미고, 그 의미의 질적 수준에 따라 몸-마음의 스펙트럼이 전개된다고 할 때, 우주는 목적지향적인 구조를 내재적으로 갖는다는 것이다.

정신현상과 물질현상의 관계를 찾는 데서 출발한 이 장의 논의는 모든 사물의 공통 근원으로서 의미를 발견했다. 나아가 의미의 특성에 따라 연관된 사물이 달리 발생하는 구조를 제시함으로써 같음에서 다름이 펼쳐지는 원리를 확인할 수 있었다. 또한 의미의 수준에 따라 펼쳐지는 우주적 의미 스펙트럼 속에서, 우주가 높은 의미로의 지향성을 내재하고 있다는 암시도 얻었다. 결국 있음의 내재적 질서인 빔이 의미로서 작동하며, 의미를 통해 있음을 품어 펼친다는 발견에 이른 것이다.

그 과정에서 사물의 내재적 지향성이 되살아나는 것도 보았다. 모든 사물의 근원적 질서에서 의미가 관통해 있고, 그 의미의 수준별 스펙트럼이 개별 사물에게 높은 의미를 지향하도록 작용한다는 것이다. 이 구조는 개별 사물이 지각하는 의미의 질을 높임으로써 의미의 양을 늘리도록 유인하는 힘으로 작용할 것이다. 결국 개별 사물은 의미의 샘이 이끄는 자력에 따라 보다 미묘하고, 보다 무한한 의미를 지향하는 힘을 받게 된다.

이러한 사고는 목적론의 부활처럼 보일 수도 있다. 서구 기독교와 철학은 오랫동안 어떤 초월적 목적과 디자인이 자연에 내재해 있다고 생각했다. 이런 사고는 근대과학에 의해 폐기되었고, 사물은 자동적으로 움직이는 법칙에 맡겨졌다. 그 과정에서 맹신은 사라졌지만, 인간의 삶은 지향성을 잃은 기계체계가 되었다. 제3의 눈에 드러난 '높은 의미로의 지향성'은 우주적 목적의 부활처럼 보인다.

그러나 엄격히 말하면 이를 목적론이라고 하기는 곤란하다. 특히 '궁극의 목적'은 물론 '궁극의 원인'도 가정하지 않는다는 점에서 제3의 눈은 서구 기독교와 철학, 나아가 근대과학과도 결별한다. 초자연도 없고 초월신도 없지만, 범신도 없고 '최초의 원인'과 같은 관념도 필요치 않다. 높은 의미를 지향하도록 작용하는 힘은 내재적이되, 그 작용방식은 결정론적이라기보다는 조건적이고 다차원적이다. 높은 의미를 지향토록 하는 힘의 작용방식은 불교에서 설명하는 카르마(業)에 가깝다.

그 힘은 몸의 생물학적 진화과정에도 작용한다. 혼돈 이론의 진화 설명에 따르면, 진화는 보다 큰 에너지를 감당할 질서를 창조하는 방향으로 진행되어왔다(7장 참조). 단세포동물에서 다세포동물로, 유인원에서 인간으로의 진화는 보다 큰 에너지를 담지한 질서의 창조라는 것이다. 즉, 진화는 의미의 양이 더 큰 질서를 지향해왔으며, 그럼으로써 의미의 질을 높이는 방향으로 진행되었다.

그 힘은 마음에도 작용한다. 그 증거는 우리의 몸-마음에 자국으로 나타난다. 미묘하고 무한한 의미를 지향하는 몸-마음이라면 보다 건강하고 보다 평화롭고 보다 온전하다. 반면 두드러지고 유한한 의미를 지향하는 몸-마음이라면 보다 취약하고 불만족스럽고 고통스럽다. 예컨대 거짓말을 하면 거짓말 탐지기에 박동과 호흡, 땀 등의 급격한 증가가 자국으로 남는다. 그만큼 몸과 마음에 무리가 되는 것이다. 의미의 질이 낮은 쪽으로 움직일 때 나타나는 불편하고 고통스러운 현상들은 강물을 거스를 때 가해지는 압력과 같다고 할 것이다.

노자는 '높은 선은 물의 흐름과 같다'(上善若水)고 했다.[84] 이것이 그가 말한 자연스러움이다. 물이 바다를 향해 흐르듯, 자연스러움은 온전한 의미의 바다를 향해 흘러감이다. 그것은 자연의 법칙을 따라 흐르는 것이다. 이제 우리는 서구 근대의 자연 개념을 버리고 노자의 자연 개념에 안긴다. 자연은 저 바깥에 있는 게 아니라 우리 안에서 온전을 향해 흐르는 의미의 강물이다. 의미의 흐름을 따라 보다 미묘하고 보다 무한한 쪽을 지향하도록 이끄는 자연은 자비의 구조다.

의미로 지은 집

의미는 주관적이고 자의적인 것이 아니다. 언어학과 기호학, 포스트모더니즘과 후기 분석철학은 인간의 문화가 그 문화에서 통용되는 언어와 기호의 의미를 발생시키는 연원이라고 이해했다. 그렇다면 소쉬르가 표현했듯이 의미는 전적으로 자의적인 것이다. 자의적이라 함은 의미의 필연적·보편적 기반이 없다는 뜻이니, 의미는 순전히 인간적인 것이고 문화적인 것이다. 그들에 따르면 인간의 언어로는 짐승이나 물과 소통할 수 없음은 물론, 다른 언어권의 사람과도 소통이 불가능하다.

제3의 눈을 통해 발견된 의미의 샘은 그들의 사고가 한편에서만 타당함을 밝혀준다. 우리가 통상 지각하고 생각하는 의미 층위에서는 그들의 이론이 적용된다. 그러나 이 층위와 공명하는 다른 층위까지 시선을 확장하면, 인간도 타문화권의 인간과는 물론 야생화나 흐르는 시냇물과도 소통할 수 있다. 원칙상 우리의 의식이 의미의 스펙트럼을 따라 무한히 확장할 수 있다고 할 때, 우리는 '모든 것들'과 소통할 수 있다.

이런 구조에서 의미는 보편성과 필연성을 갖는다. 의미는 다차원적 필연성 속에서 온운동으로 사물을 펼쳐낸다. 일본인도 호주인도, 아프리카 코끼리와 툰드라의 침엽수림도, 히말라야의 눈과 고비 사막의 모래도 모두 의미의 산물이다. 의미의 동질성이 이 다양한 사물을 보편의 질서로 품어 안는다.

언어기호 체계는 의미의 샘으로부터 나오는 보편적 떨림을 인간 문화에 맞게 변형시켜온 기제다. 의미의 샘으로부터 나오는 고차원적 의미 떨림을 고착시키고 단편화하는 기제가 언어고 기호다. 그런 언어와 두 눈의 지각이 결합하여 의미를 객관적 실체로 형질 변경함으로써 제한되고 딱딱한 현실을 구축했던 것이 두 눈 문명의 의미생성 체계다. 보편적 의미 떨림의 단편화와 고착화, 그것이 인간의 언어 코드가 뜻을 만들어내는 방식이다. 그 배후에는 의미의 보편적이고 필연적인 떨림이 있다. 그런 점에서 의미의 주관성과 자의성은 문화가 만든 상대적 현상일 뿐이다.

의미의 보편적 필연성을 따라 우리는 자연과 소통한다. 인간이라는 몸-마음과 자연이라는 몸-마음과는 의미를 통해 서로 영향을 미친다. 거대 도시, 고속도로, 공원 등 우리가 사는 물리적 환경도, 숱한 세대 동안 물질적 사물이 인간에게 준 의미가 다시 펼쳐진 결과다. 자연도 인간이 펼쳐낸 의미에 따라 영향을 받으며, 그 반응으로 스스로를 조정한다. 스트레스가 몸에 미치는 영향, 인간 행동이 동식물이나 환경에 주는 영향도 자연이 인간 행동의 의미에 따라 대응하는 현상이다. 의미는 자연에 대한 우리의 행동에 영향을 미치며, 우리에 대한 자연의 반응도 동일한 의미사슬을 따라 영향을 받는다. 인간의 문명은 자연으로부터 진화했으며 여전히 자연의 일부이므로, 문명을 포함한 전 자연은 의미가 몸-마음의 연계체계를 관통하는 운동과정이다. 봄이 말한다.

> 우리는 우리 안에서 작동하는 의미들의 총체이며, 한 사물은 그 사물의 총체적 의미다. 우주는 그 의미다.[85]

우주는 그 내재적 질서에서 의미로 작동한다. 생명체를 발생시키는 형태발생장, 물질을 발생시키는 양자 마당, 현행식을 싹 틔우는 알라야식, 그리고 모든 사물을 품어 싼 질서……. 이 빈 마당이 모두 의미의 샘이다. 모든 사물은 매 순간 이 샘의 의미 씨앗이 되면서 그 싹을 틔워 있음으로 창조된다.

이제 의미는 창조의 원리가 되었다. 이는 몇몇 고대의 사고와 만난다. 2,000년 전 중동의 성자 예수의 메시지를 기록한『요한복음』맨 앞에는 천지창조 과정에 대해 다음과 같이 설명한다.

> 세상이 창조되기 전에 말이 먼저 존재했다. 말(the Word)은 하느님과 같이 있었고, 하느님과 같은 존재였다. 하느님은 말을 통해 모든 사물을 만들었다. 창조된 것들 중 어느 하나도 말 없이 만들어진 것은 없었다. 말은 생명의 근원이었고, 이 생명이 인류에게 빛을 던져주었다.[86]

이처럼 예수의 하느님은 유대교의 야훼와는 달리 매우 보편적인 원리를 담고 있다. 말이 하느님과 같은 존재고, 말을 통해 모든 사물을 만들었다는 것은 만물이 의미를 통해 창조되었다는 뜻이다. 그에 앞서 2,500여 년 전 중국의 성자인 노자(老子)는『도덕경』맨 앞에서 천지창조 과정에 대해 다음과 같이 말한다.

> 하늘과 땅은 이름 없는 곳으로부터 나왔다. 이름은 그 이름을 따라 만물을 낳는 어머니다.[87]

노자가 말한 '이름'은 만물을 낳는 어머니로서 예수의 '말'과 같은 권능을 뜻한다. 하느님으로서의 말과 만물의 어머니인 이름은 같은 것이다. 그들은 만물을 품었다 펼쳐내는 의미의 샘이다.

친지창조 이전의 세상을 그리스인들은 '카오스'(chaos)라고 불렀고, 중국인들도 마찬가지 뜻으로 '혼돈'(渾沌)이라고 불렀다. 혼돈의 가장 뚜렷한 특징은 구분 없음, 나뉨 없음, 하나임이다. 이 안에서 숱한 의미 씨앗들이 펼쳐져 나오면서 '다른 사물들'이 생겨난다. 천지창조는 한 번 일어나고 끝난 것이 아니다. 지금도 천지창조는 계속된다. 매 순간 세상이 의미로부터 창조되어 나오는 것이다.

이 책 전반부에서 우리는 제3의 눈이 어떤 시선인지, 그 시선이 바라본 세상의 모습은 어떠한지에 관해 논의했다. 다음 단계로 제3의 눈이 문명의 전환과 어떻게 관련되는지를 논의하기에 앞서 제3의 눈이 본 것들을 되돌아보며 정리해보자.

- 제3의 눈은 모든 물체를 구성하는 기본 물체가, 그리고 모든 정신을 구성하는 궁극의 정신이 없다는 것을 발견했다.
- 물체와 정신, 객관과 주관의 구분 위에 세워졌던 '나'도 그 근거를 잃어버렸다.
- 있음의 자리에는 '텅 빔'이 드러났다.
- 빔은 허무가 아니라 역동적이고 온전한 운동의 마당이다.
- 있음과 빔은 다차원적 질서를 구성한다. 차원으로서의 세계는 '있는 것'이 아니라 관찰자와의 관계에서 '나타나는 것'이다.
- 빔은 품어 펼침의 운동을 통해 있음의 세계를 매 순간 펼쳐내고 다시 수렴하는 고차원의 마당이다.
- 품어 펼침의 온운동을 가능케 하는 것은 의미다. 모든 사물은 의미로 형성되고 의미로 수렴된다.
- 의미는 가장 몸스러운 것에서 가장 마음스러운 것(뜻스러운 것)으로 이

어지는 스펙트럼 구조를 갖는다. 의미로 형성된 어떤 사물도 몸-마음의 구조를 갖는다.

- 의미의 스펙트럼을 전제할 때, 우주는 좀더 마음스러운 것으로, 즉 좀더 미묘하고 무한한 것으로 이끄는 지향성의 구조를 갖고 있다.

이상 제3의 눈에 관한 논의가 우리의 삶에 제시하는 새로운 의미는 무엇일까? 독일의 그림(Grimm) 형제가 지은 동화 『헨젤과 그레텔』을 통해 정리해보자. 남매는 새어머니에게 버림받아 헤매다 과자로 만든 집을 발견한다. 그 집은 마녀가 아이들을 유인하여 살찌워 잡아먹기 위해 만든 덫이었다. 과자를 뜯어먹다가 마녀의 손아귀에 떨어진 아이들은 간신히 탈출하여 집으로 돌아간다. 과자로 만든 집과 마찬가지로 우리는 의미로 지은 집에 이끌려 살고 있다. 우리가 의미로 지은 집에 살고 있다는 발견은 몇 가지 시사점을 갖는다.

첫째, 의미로 지어진 집은 허깨비 집이다. 마녀가 과자로 집을 지어 헨젤과 그레텔을 끌어들였듯이, 우리는 허깨비가 만든 달콤한 의미의 집에 미혹되어 살고 있다.

인간의 다양한 의식상태를 뇌파로 비교해본 결과가 있다. 그 결과 정상적으로 깨어 있는 상태의 뇌파와 생리학적으로 가장 가까운 것은 최면상태의 뇌파무늬라는 점이 드러났다. 우리가 깨어 있는 상태라고 부르는 의식은 일종의 최면상태일 수 있다는 얘기다.[88] 앞서 신경과학자 리나스가 말한 것처럼 '눈으로 보는 것과 꿈꾸는 것은 아주 비슷하다.' 그리하여 탤보트는 말한다. "안정되고 영원해 보이는 모든 것들은······ 함께 꾸는 거대한 꿈 속의 소품들보다 더 현실적이지도, 덜 현실적이지도 않은 환영이다."[89]

우리가 사는 현실은 꿈이며 환영이며 신기루며 매트릭스다. 헨젤과 그레텔이 과자의 향기에 군침을 흘리며 마녀에게 이끌렸듯이, 우리는 환상을 현실이라 착각하며 자석에 끌리는 쇠붙이처럼 환영에 붙어 산다. 이것이 의미로 지어진 집이 우선적으로 시사하는 바다.

둘째로, 현실이 의미로 만들어진 집이라면 자연법칙은 의미로 만들어진 집의 작동원리다. 법칙도 의미로 형성된 것이다.

과자로 지은 집의 법칙은 마녀가 헨젤을 가두고 그레텔을 하녀로 부리며, 헨젤을 많이 먹여 얼마나 살쪘는지를 확인하는 등의 절차를 말한다. 그레텔은 울면서 이 법칙을 따를 수밖에 없었다. 마녀의 법칙을 절대법칙으로 받아들인 때문이다.

자연법칙이 고정적이고 절대적이라는 생각은 낡은 과학의 가정이었다. 쉘드레이크는 봄과의 대담에서 "초시간적인 영원한 법칙(timeless law)은 과학의 형이상학적 가정"이라고 전제하고서 "우주에 역사적 빅뱅이 있었을진대, 초시간적 법칙들은 빅뱅 이전에는 어디에 있었는가?"라고 질문했다. 봄은 쉘드레이크의 견해에 동의하면서 다음과 같이 부연했다.

만약 분자와 원자에 관해 어떤 고정되고 영원한 법칙을 주장한다면, 원자와 분자가 존재하지 않았던 시간으로 거슬러 올라가면 뭐라고 말할 것인가? 어떤 단계에 이르러서야 비로소 이런 입자들이 형성된 것이라고 할 수밖에 없다. 어떤 장에서 나타나는 법칙적 필연성은 점점 더 고착되어가는 발전과정을 거치면서 형성된 것이다……. 필연의 장은 영원하지 않다. 필연의 장은 끊임없이 형성되고 발전되어가는 것이다……. 시간을 넘어선

법칙이라는 관념은 더 이상 지탱될 수 없다. 왜냐하면 시간 자체가 발전과 정의 산물인 필연성의 일부분이기 때문이다. 블랙홀은 우리가 아는 시간과 공간을 포함하지 않는다.[90]

과학법칙도 형성되어온 것이고 언젠가는 또 변하거나 사라진다. 그 과정에서 다양한 몸-마음들이 의미를 통해 상호 관여하면서 법칙을 형성해가고 있는 것이다. 새로운 의미를 지각하고 깨달으면 그 법칙도 변한다.

이로부터 '의미로 지어진 집'의 세 번째 시사점이 드러난다. 우리가 다른 의미를 발견하면 그 집도, 그 집의 운영원리도 바뀐다는 것이다.

과자로 지은 집의 '무서운' 법칙은 사실상 마녀가 너무 늙어 시력이 매우 약하다는 조건에서 형성된 것이다. 즉, 낮은 수준의 시선이 본 저질 의미로 만들어진 것이다. 새로운 의미가 발견되면 이 법칙도 무너질 수밖에 없다.

그레텔은 마녀의 시력이 약해 사물을 잘 분간하지 못한다는 사실을 알았다. 그래서 마녀가 헨젤이 얼마나 살쪘는지를 확인하려고 할 때마다 가는 뼈다귀를 내밀었다. '앙상한 손가락'으로 오인한 마녀는 잡아먹는 시점을 자꾸 연기할 수밖에 없었다. 기다리는 데 지친 마녀가 오빠를 오븐에 구우려 하자, 그레텔은 마녀를 속여 오븐에 가두어버린다. 남매는 자유를 얻어 집으로 돌아와 아빠와 행복하게 산다.

이러한 역전이 가능했던 것은 그레텔이 과자로 만든 집의 법칙이 어떻게 형성된 것인지를 보았기 때문이다. 마녀의 무서운 법칙이 사실은 낮은 시력 때문에 형성되었다는 점을 보았기에 그레텔은 마녀를 속일 수 있었고, 오븐에 가둘 수 있었다. 그레텔은 마녀의 법칙을 내려다볼 높은 의미 수준의 시선을 트면서, 낮은 수준에서 형성된 과자 집과 그 법칙으로부터 해방될 수 있었다. 헨젤과 그레텔 남매가 집으로 돌아가 행복하게 살게 된 것은 그레텔이 깨달은 의미가 그 수준에 맞는 삶을 창조했기 때문이다.

우리는 우리가 지각하는 의미 수준에 맞추어 우리 자신의 집과 그 운영법칙을 만들어간다. 우리는 의미로 만들어지는 현실의 창조자다. 이것이 의미로 지은 집이 우리에게 주는 가장 중요한 시사점이다.

두 눈 문명은 오랫동안 사물을 있음으로 지각하고 믿어온 시선이 그 관성에 따라 창조해온 것이다. 그것은 '있음'이라는 의미로 지어진 집이었다. 그 집이 흔들거리자 사람들은 '삶의 의미를 잃었다'고 호소한다. 그러나 그들은 낡은 의미로 지은 감옥에 살고 있다는 사실을 그레텔처럼 분명히 보지 못할 뿐이다. 봄이 구문명을 돌아본다.

우리 문명은 소위 '의미의 실패'로 고통을 받아왔다. 아주 오래전부터 사람들은 이것을 삶의 무의미로 느꼈다. 그런 뜻에서 의미는 가치를 가리킨다. 즉, 무의미한 삶은 가치가 없다. 살 만하지 않은 것이다. 물론 어떤 것도 완전히 의미가 없는 것은 없다……. 우리가 무의미라는 말로써 말하려는 것은 의미는 있으되, 그 의미가 적절하지 않다는 것이다. 그것은 (구문명에서의) 삶이 매우 기계적이고 억압적이어서 거의 가치가 없거나 무가치하기 때문이다. 그런 기계적 의미들은 완고하게 견지되어온 오랜 기억에 의존하고 있으므로 신선한 창조적 지각에 적절히 참여할 수 없다. 이런 상황이 변화하려면 기계적 제한에 묶이지 않는 새로운 의미를 지각해야 한다.

높은 가치를 가지는 새로운 의미는 완전히 새로운 삶의 길을 개척하는 데 필요한 에너지를 일으킬 것이다. 반면 기계적 의미는 에너지를 죽임으로써 사람들이 기존 방식대로 머무르게 만든다. 이런 식으로 의미는 삶이 실제 무엇인가를 결정하는 근본적인 역할을 한다.[91]

더욱 높은 가치를 지닌 새로운 의미의 발견, 그 발견을 이룬 것이 제3의 눈이다. 새로운 의미의 지각은 그 의미로부터 새로운 몸-마음을 창조할 에너지를 끌어올린다. 제3의 눈은 더 무한하고 더 미묘하고 에너지가 더 큰 의미로 새 집을 지으려는 것이다.

유한한 뜻이 그의 의식을 지배하는 한, 그는 실제로 이 유한한 뜻이 된다. 그러나 사람이 이런 식으로 제한될 필요가 없다는 새로운 의미를 진정으로 보게 되면, 그는 실제로 구속으로부터 풀려난다.[92]

그레텔이 그랬다. 소녀가 유한한 의미를 벗어나자 과자로 만든 집이 전혀 달콤하지 않다는 사실을 분명히 알았다. 뿐만 아니라 그 과자 집은 자신과 오빠를 오븐에 굽기 위한 장치였다는 것도 알았다. 그레텔에게 생긴 새로운 시선은 마녀로 상징된 구법칙의 약점도 꿰뚫었고, 해방의 길도 열어젖혔다. 유한성의 구속에서 벗어나 무한성의 지평에 발을 내디딘 것이다. 그레텔에게 제3의 눈이 생긴 것이다.

인간은 그 자신이 본 만큼의 의미다. 문명도 그 문명이 본 만큼의 의미에 기초해 세워진다. 의미는 창조의 씨앗이다. 제3의 눈이 새 의미를 보기 시작했다는 것은 새 문명의 창조가 시작되었다는 사실을 알린다.

『법구경』의 유명한 첫 구절에서 붓다가 말한다.

마음은 모든 것들을 앞선다. 마음이 우두머리니, 모든 것들은 마음으로 만들어진다.[93]

여기서 마음으로 번역된 것은 마음의 한 종류인 마노(mano)를 가리킨다. 이를 중국에서는 의미(意)라고 번역했다. 그 뜻을 살려 다시 표현하면 아래와 같다.

의미는 모든 것들을 앞선다. 의미가 우두머리니, 모든 것들은 의미로 만들어진다.

3부

흔들리다

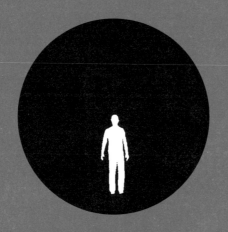

07 요동, 퍼지다

이 책 전반부에서 살펴본 제3의 눈의 출현은 새로운 문명을 예고한다. 사물을 어떤 식으로 바라보느냐는 어떤 질서에서 사느냐와 직결되기 때문이다. 시선의 변화는 문명의 변화를 촉발한다.

왜 그럴까? 우리가 궁극적으로 보는 것은 사물 자체가 아니라 사물의 의미이기 때문이다. 입체시는 사물로부터 '있음'이라는 의미를 지각했고, 그 의미를 철학과 과학으로 발전시켜 있음의 문명을 세웠다. 반면 제3의 눈은 사물로부터 '빔'이라는 의미를 지각했고, 이를 새로운 과학과 철학으로 발전시키고 있다.

제3의 눈이 발견한 빔이라는 의미는 구문명이 세운 있음의 법칙과 수평적으로 공존하기 힘들다. 그것은 그레텔이 마녀의 법칙을 내려다볼 수준의 눈을 가진 것과 마찬가지 상황이다. 새 의미에 기초한 새 질서의 수립은 불가피하다.

이런 상황에서 제3의 눈은 새로운 혁명 이론을 만들어내면서 구문명과의 전선을 형성했다. 이로부터 새 문명을 지향하는 혁명의 요동이 끊임없이 울려 나온다. 문명은 혼돈의 가장자리로 내몰리고 있다.

혼돈의 가장자리

본래 화학이나 기상학 같은 자연과학은 혁명과는 담을 쌓은 분야였다. 그런데 문명 전환을 예고하는 혁명 이론이 이들로부터 나왔다. 이 사실 자체가 세상의 근본적 질서가 변하기 시작했다는 암시다.

1960~1970년대에 기상학, 화학, 분자생물학 등에서 생겨난 혁명 이론은 '이상한 끌개'니 '흩어지는 구조'니 '요동', '혼돈', '복잡성' 등 그 어감이 기존의 안정적 질서를 인정하지 않는 듯한 개념들을 들고 나오면서, '문명의 거부'를 내건 히피들의 어지러운 행태와 결합했다. 그러고는 자연과학뿐 아니라 사회과학의 여러 분과까지 포섭해나갔다. 제3의 눈이라는 불씨가 넓은 풀밭으로 옮겨 붙기 시작한 것이다.

기존 문명의 입장에서 볼 때 이들이 매우 불온한 세력으로 보이는 이유는, 이 이론이 다루는 주제 자체가 기존 질서의 붕괴와 새 질서의 출현에 집중되었기 때문이다. 이들이 변화라고 하는 '특수현상'만을 설명하려고 했다면 큰 문제거리는 아니다. '변화'나 '무질서'는 '평형'과 '질서'의 임시적이고 특수한 국면으로 치부하면 되기 때문이다. 그런데 이들은 '혼돈으로부터 새 질서의 출현'이 무생물로부터 생물, 두뇌로부터 인간 사회에 걸쳐 두루, 그리고 항시적으로 발생한다고 주장하면서, 변화를 평형의 근본적 질서로, 무질서를 질서의 배후 근원으로 부각시킨 것이다.

이들이 마르크시즘 같은 혁명 이론이라면 다루기 쉬울 것이다. 마르크시즘은 체계 내에 적대하는 두 계급을 사회적 실체로 설정하고, 피지배 계급에 의한 체계 전복을 주장했다. 이 경우 체계는 프롤레타리아로 불린 특정 계급을 쉽게 확인할 수 있고 또 그들의 행동을 예측할 수 있기에 견제, 탄압, 포섭의 전략으로 통제할 수 있었다. 오히려 피지배 계급의 저항은 신선한 바람을 불어넣어 체계의 건강을 증진시켰다.

그런데 새로 등장한 혁명 이론에는 뚜렷한 혁명 세력이 보이지 않는다는 데 문제가 있다. 요동(fluctuation)이라 불리는 혁명 세력은 보이는 실체도 없는 '새로운 떨림'에 불과하다. 게다가 숱한 요동 중에 어떤 것이 위협 세력으로 발전할지를 예측하는 것은 원칙상 불가능하다. 이들은 상당 부분 우연에 의해 탄생하고 발전하고 소멸하거나 새로운 질서를 구축한다.

이를 처음 발견한 미국의 기상학자 로렌츠(Edward Lorenz)는 1961년 간단한 기후 모델의 시뮬레이션을 거대한 컴퓨터에 걸어놓았다. 처음에는 데이터를 소수점 6자리로 했던 것을, 두 번째 시뮬레이션을 위해 소수점 3자리로 바꾼 후 컴퓨터에 걸어놓고 커피를 마시고 돌아왔다. 그런데 예상과는 달리 전혀 다른 기후 양상이 펼쳐지고 있었다. 그는 컴퓨터의 잘못이라고 스쳐 지나가지 않고, 3자리 수를 뺐다는 초기 조건에 기후체계가 대단히 민감하게 반응할 수 있다는 통찰을 얻었다.[1]

이것을 '초기 조건에 대한 민감성'(sensitivity to initial conditions)이라고 부른다. 한 요동에 가해지는 아주 작은 차이가 지수적으로 증폭되어 전혀 다른 질서로 발전한다는 것이다. 초기 조건의 미미한 차이는 측정하기도 힘들 뿐 아니라 어떤 식으로 발전할지에 대해서는 통계적 가능성만 제시할 수 있을 뿐, 구체적으로 어떤 요동이 어떻게 발전할지에 대해서는 예측할 수 없다.

로렌츠는 초기 조건에 대한 민감성을 설명하기 위해 그 후 유명해진 '나비 효과'를 제안했다. 이 개념은 그가 1972년 한 학회에서 발표한 글의 부제에서 비롯되었다. 그 부제는 '브라질에 있는 한 나비의 날갯짓이 미국 텍사스에 토네이도를 일으키는가?'였다.[2] 체계의 초기 조건에 일어난 작은 변화가 연쇄적 사건을 통해 지수적으로 증폭되면서 대규모 현상으로 발전한다는 것이다. 브라질 나비가 왼쪽 날개를 0.1센티미터 더 길게 펄럭였다면 미국의 전 국토를 강타하는 토네이도가 되었을지도 모른다. 브라질에서의 한 나비의 펄럭임, 그것이 새로운 거대 질서를 발생시킨 최초의 떨림, 즉 요동이다.

이 요동이 거대 질서로 발전하는 과정에서 프랙털(fractal)로 불리는 '자기 닮음'의 원리가 작용한다. 하나의 펄럭임은 주변에 유사한 펄럭임을 만드는 공명을 일으킨다. 브라질 나비 한 마리의 특별한 날갯짓이 주변에 있는 숱한 나비들에게 전파되는 것과 같은 현상이다. 이를 자기촉매작용(autocatalysis)이라고 부른다. 스스로가 촉매가 되어 자신과 유사한 닮은꼴을 발생시킨다는 것이다. 이러한 공명이 번지고 번져 거대한 공명의 교향악으로 발전함으로써 초기의 요동을 닮은 새 질서가 출현한다.

예컨대 2002년 한일 월드컵 때 한국에서는 한국 선수단의 유니폼 윗도리를 입은 사람들이 길거리와 대운동장, 심지어 집 안에서까지 거대한 응원의 교향악을 형성했다. 이 새로운 질서의 첫 출발은 '붉은 악마'로 불린 시민응원단으로부터 울려 나왔다. '빨간 유니폼의 집단응원'이라는 초기 요동은 자기촉매작용을 일으켜 중고등학생들부터 노년 세대에 이르기까지 주변에 닮은꼴을 퍼뜨려나갔다. 이는 다시 선수단에도 닮은꼴을 퍼뜨려 과거 유례 없는 성과를 거두었고, 선수단의 선전은 다시 그 닮은꼴을 전국으로 퍼뜨리는 촉매가 되었다. 그리하여 준결승 때는 전국의 주요 거리와 운동장과 술집과 가정이 붉은 옷과 '대한민국'이라는 구호의 물결로 넘쳐흘렀다.[3] 이후 한국 선수단이 참가한 월드컵과 A매치마다 이때 생겨난 새로운 질서가 지속적으로 재생되었다.

이처럼 자발적으로 발생한 새 질서는 스포츠의 영역을 넘어 정치 영역에도 공명을 일으켰다. 주한 미군의 장갑차가 여중생 두 명을 치어 죽인 사건에 대한 항의로, 또 이명박 정권이 미국 쇠고기 수입에 따른 검열조건을 대폭 완화한 데 따른 저항으로 동일한 양식의 정치적 의사표현 질서가 대규모로 발생했다. 이때는 붉은 옷을 입지 않고 저녁에 촛불을 들고 길거리에 모였다는 외양만 다를 뿐 조직 양식은 2002년의 새 질서를 그대로 따랐다.

새로운 저항의 물결은 과거의 정치운동과는 달리 특정 정치집단이 의도적으로 조직한 것이 아니다. 전혀 조직화되어 있지 않고 정치에 대한 전문지식도 없는 어린 중고등학생들 사이에서 발생한 요동이 핸드폰과 인터넷을 통해 급속한 자기촉매작용을 일으키며 새로운 질서로 자기조직화(self-organization)한 것이다. 한국에서 발생한 이런 요동은 2008년 미국 대통령 선거에서 최초의 흑인 대통령을 탄생시키는 과정에도 닮은꼴을 확산시켰다.

구체제의 입장에서 볼 때 이런 요동은 참으로 관리하기 곤란하다. 어떤 요동이 언제 어떤 방식으로 발생할지, 그 요동이 자기촉매작용을 통해 적극적 되먹임(positive feedback)을 일으키면서 커질지, 혹은 반대로 반작용이나 무반응, 억압 등 소극적 되먹임(negative feedback)으로 축소되거나 소멸할지는 전적으로 우연에 맡겨져 있기 때문이다. 나아가 요동의 자기조직화가 언제 혁명적 전환기인 '혼돈의 가장자리'(edge of chaos)에 도달할지, 그리고 언제 임계점 혹은 분기점(bifurcation point)을 넘어 체계의 질적인 변화를 야기할지도 예측할 수 없다. 단지 제시할 수 있는 것은 통계적 가능성뿐이다.

다만 새 질서가 정착하고 안정화된 이후에나 그 안정성을 바탕으로 결정론적인 예측이 가능하다. 그렇다고 해도 다음 요동이 언제 어떤 방식으로 발생하고 언제 분기점에 도달할지는 예측 불가능하다. 이에 대해 혼돈 이론을 문명의 전환 논리에 적용한 토플러는 "우연은 불사조처럼 다시금 일어난다"고 표현했다.[4]

이 요동은 자기확장을 하는 데 있어 정치선동 같은 인위적 방책을 쓰지 않는다. 고전물리학에서처럼 '외적인 힘'에 의해 운동이 일어나는 것이 아니라 현대물리학에서처럼 '내적인 관계'에 의해 운동이 발생하기 때문이다. 고전적인 촉매는 자기는 변하지 않으면서 남만 변화시키는 외적인 힘이지만, '자기촉매'는 외부의 촉매자 없이 스스로가 촉매가 되어 자기 닮음을 퍼뜨리는 방식이다. '공명'과 같은 떨림의 중첩으로 자연스럽게 자기조직화가 일어나기에 어떤 특별한 세력을 통제한다고 해서 닮음의 확대재생산을 막을 수는 없다.

하나의 요동은 지배체계의 내부에서 일어나며, 처음에는 체계 내의 문제를 보완해줄 것 같은 우호 세력으로 보이기도 하고, 잠시 세력을 얻었다가 곧 시드는 것처럼 보이기도 한다. 이처럼 '요동'이라는 손에 잡기 힘든 떨림이 '자기조직화'라는 매우 자연스러운 방식으로 평형체계를 '혼돈의 가장자리'로 몰아가기 때문에, 혼돈의 가장자리에 도달했다고 느낄 때는 이미 분기점을 넘어 새 질서가 정착되어버린다. 혼돈 이론의 중심 인물 중 하나인 벨기에 화학자 프리고진(Ilya Prigogine)은 스스로 이름 붙인 '흩어지는 구조'(dissipative structure)의 원리에 대해 다음과 같이 요약한다.

> 평형으로부터 멀리 떨어져 있는 무질서와 혼돈으로부터 '자기조직화'의 과정을 통하여 질서와 조직이 '자발적으로' 태어난다.[5]

사뭇 간단해 보이는 이 사고는 구문명의 과학적 사고와는 전적으로 다른 원리를 따른다. 구이론들은 자연이나 사회가 평형상태(equilibrium)라는 전제하에, 한둘의 중심 원인들이 다른 주변 요인들을 결정한다는 가정에 뿌리를 두고 있었다. 그들은 통제하기 쉬운 실험실 상황을 마치 자연 그 자체라고 생각하고, 평형원리와 기계적 인과율에 따라 세상을 설명했다.

그러나 대부분의 자연현상과 사회현상들은 실험실 상황과는 아주 다르다. 한 체계는 다른 체계와 끊임없이 상호작용이 이루어지는 열린계(open system)다. 한둘의 중심 원인이 결정하는 것이 아니라 대단히 복잡한 변수들이 상호작용하는 복잡계(complex system)기에 '초기 조건에 대한 민감성'이 일상적 특성이다. 예컨대 기후는 대기체계만이 결정하는 것이 아니다. 기후 패턴은 오히려 대양체계의 컨베이어벨트인 해류가 더 결정적으로 영향을 미치며 화산, 빙하 등 다른 체계와도 깊이 관여되어 있다.[6]

열린 복잡계에서는 에너지의 유동이 자유롭게 이루어지므로 평형상태가 쉽게 깨질 수 있다. 질서보다는 무질서가, 평형보다는 혼돈이 자연의 본모습이다. 변화는 항상적이다. 이때 변화된 상황에 대응하려는 요동도 끊임없이 발생한다. 따라서 구질서에서 신질서가 발현하는 창조적 과정은 항상적으로 일어난다.

생명체의 몸은 세포 사이의 요동이 여러 기관으로 자기조직화한 결과며, 나무는 씨앗 속의 요동이 씨앗이라는 구질서를 혼돈의 가장자리로 몰아가 임계점을 넘어 분기한 결과다. 인간이라는 종은 유인원 질서에서 발생한 어떤 요동이 자기조직화하여 발현된 새로운 생물학적 질서다. 해안선이나 구름, 눈송이도 땅과 수증기 속의 요동이 자기 닮음의 공명으로 스스로를 조직화하면서 만들어낸 질서다. 입자도 진공 속의 특정 요동이 혼돈 속에서 자기조직화한 결과로 볼 수 있다.

도시라는 것은 시골 속에서 일어난 새 요동이 길과 집을 새로운 질서로 배열함으로써 생긴 것이다. 40년 넘게 지탱되었던 유럽의 공산주의가 갑자기 몰락한 것도, 주식시장에서 주가가 하루아침에 곤두박질치며 공황으로 접어드는 것도 혼돈의 가장자리에서 기존 질서가 새로이 자기조직화된 질서에 자리를 내주면서 발생했다.[7] 자연과 인간 사회 모두에서 유사한 질서-혼돈-새 질서의 과정이 진행되고 있는 것이다.

제3의 눈은 초기에 물리학의 미시세계와 거시세계에 제한된 영역에서 발생했다. 이런 세계는 직접 볼 수 없는 것이므로 우리가 경험하는 중시세계는 여전히 안정적이고 기계적인 질서가 작동하고 있었다. 그런데 혼돈 이론은 열역학·화학·기상학 등에서 한 요동으로 발원하여 경제학·사회학·소통학 등 사회과학 분야로 급속히 닮은꼴을 확산했다.

뿐만 아니라 이 이론은 일반대중과 기업경영자까지 공명시켰다. 일본 소니 그룹의 이데이(出井伸之) 사장은 "조직을 혼돈의 가장자리로 내몰라", "수많은 원조 나비들이 나올 수 있도록 실험을 장려하라"며 관료화된 기업의 혁신을 독려했다.[8] 제3의 눈은 그 근거지를 중시세계와 일상세계까지 넓힌 것이다.

평형과 조화는 19세기까지 과학의 절대적 이데올로기였다. 무한성을 수학에 끌어들인 캔토(Georg Cantor)나 무질서를 물리학에 끌어들인 볼츠만(Ludwig Boltzmann)은 이들을 위험분자로 생각한 비판자들의 혹독한 비난을 감당할 수 없었다. 캔토는 우울증과 정신이상에 시달렸고, 볼츠만은 자살할 수밖에 없었다.[9] 결과적으로 초기 요동에 대한 소극적 되먹임이 너무 강해 요동을 일으킨 사람들의 파괴로 이어진 것이다.

그러나 20세기 중후반에 혼돈과 무질서로 세상을 보려는 요동이 다시 발생했고, 이번에는 적극적 되먹임이 컸다. 혼돈 이론가들도 저항에 부딪쳤으나 그 선구자들과는 달리 우울증이나 자살까지 갈 필요는 없었다. 닮은꼴들이 급속히 번져나갔기 때문이다. 자연과학자로서 사회에 경종을 울리는 프리고진의 다음 언급은 은근히 혁명을 부추긴다.

나는 자기조직화를 강조했다. 즉, 자발성(spontaneity)과 증폭(amplification)을 강조한 것이다. 대규모 사회에서는 구성원들의 자발성을 유지하기가 점점 더 힘들어지고 있다. 그럼에도 사회에서 필요한 것은 자발성, 요동, 증폭이다. 사람들을 범주화하고 그들의 행위를 잘 짜인 틀로 패턴화하려는 사회에서 결여된 것이 바로 그것들이기 때문이다.

그런데 자연은 다른 모델을 보여준다. 자연은 언제나 실험을 시도하고 있다. 그 실험 중 일부는 증폭하고 일부는 그렇지 않다. 자연의 이런 자발성은 우리 인간이 명심해야 할 모델이다. 우리가 자연을 통제할 수 있다고 믿어온 고전물리학의 실수를 반복하지 않겠다는 의지가 중요하다. 우리 시대는 우리가 통제할 수 없는 요동을 더욱 고취하면서 우리 자신의 창조성을 높이길 갈망하고 있다.[10]

이전의 사회주의 혁명과정에서는 사회과학자들이 자연과학자들을 훈계했다. 이제 신세가 바뀌었다. 자연이 사회보다 더 실험적이고, 더 동적이고, 더 혁신적인 것으로 드러나고 있기 때문이다. 이에 거꾸로 자연과학에서 발생한 혁명 이론이 사회과학으로 번져나간다.

프리고진의 '흩어지는 구조' 이론에서 새 질서는 옛 질서보다 높은 에너지로 구성된다. 한 질서가 일단 세워지면 엔트로피 법칙에 의해 무질서도가 증가하면서 에너지를 소실한다. 그러나 그 체계는 열려 있기 때문에 외부로부터 에너지를 얻고, 새 에너지를 기반으로 주파수가 더 높은 떨림이 생겨난다. 이것이 새 질서를 지향하는 요동이 된다. 따라서 새 요동을 싹으로 하여 생겨나는 새 질서는 더 높은 에너지를 갖게 된다.

제3의 눈은 두 눈보다 훨씬 높은 에너지를 갖는 요동이다. 예컨대 물리학에서의 제3의 눈은 거시·미시·중시 세계 모두를 설명하지만 두 눈 물리학은 중시세계만을, 그것도 한정된 방식으로 설명할 뿐이다. 제3의 눈이 이 시대의 창조적 요동이 될 수 있었던 것도 그 에너지 수준이 높기 때문이다. 그에 따라 한 세기도 안 되는 사이에 커다란 공명의 장을 형성했고, 이제는 헤게모니를 놓고 구질서와 대결하기 시작했다.

여기까지는 과학 영역 안에서의 얘기다. 사람들은 이를 '과학 패러다임의 전환' 혹은 '과학혁명'이라고 말한다. 그러나 현재 진행되는 과학 패러다임의 전환은 문명의 전환으로 이어진다. 과학의 이야기가 인류 문명사의 이야기로 번져나가는 것이다.

문명 전환의 구조

과학에서 발생한 제3의 눈이 새로운 의미를 보았다는 것이 문명의 전환과 무슨 상관이 있을까? 이를 이해하려면 문명의 구조를 먼저 이해할 필요가 있다.

우리는 문명을 '문화의 큰 단위'로 정의하고자 한다. 즉, 시간-공간적으로 더 큰 단위에서 동질적인 삶의 방식을 유지하는 것이 하나의 문명이다. 인류는 근대국가가 자국민 중심으로 만든 역사보다 오랫동안 그리고 더 넓은 공간에서 동질적인 삶의 방식을 유지해왔다. 이런 견지에서 유럽 문명, 이슬람 문명, 유교 문명 등이 일차적인 문명의 양상으로 간주될 수 있다. 오늘날의 국제정치를 『문명의 충돌』이라는 각도에서 접근한 헌팅턴(Samuel Huntington)의 문명 개념이 여기에 해당한다.

그러나 우리는 더 확대할 수 있다. 인류는 전 지구적으로 아주 긴 시간 동안 유사한 삶의 방식을 유지해왔다. 서구로부터 비롯되어 전 지구를 지배한 산업 문명, 전 세계 이곳저곳에서 유사한 시기에 시작된 철기 문명, 수렵과 채집 시대를 마감하며 농경과 목축을 통해 새롭게 등장한 신석기 문명 등이 여기에 해당한다. 우리가 논의할 문명이란 이처럼 세계사적 의미를 갖는 문화 단위를 말한다.

이탈리아의 기호학자 에코는 문화를 두 측면에서 접근할 수 있다고 제안했다. 하나는 소통(communication)의 측면이며, 다른 하나는 의미생성(signification)의 측면이다. 그에 따르면 문화의 전체상은 '의미생성 체계에 기초한 소통현상'으로 접근할 수 있다.[11] 소통이라는 외적인 현상을 의미생성이라는 내적 토대 위에서 볼 때 문화를 온전히 설명할 수 있다는 것이다.

그의 제안을 바탕으로 우리는 문명을 구성하는 두 가지 체계를 추출할 수 있다. 하나는 문명의 '소통체계'며 다른 하나는 문명의 '의미체계'다. 의미생성 방식으로서의 의미체계는 문명의 내재적이고 근원적인 체계로서, 이에 기초하여 외형적인 소통체계가 형성되는 것으로 볼 수 있다.

영어에서 소통(communication)이라는 말은 본래 의사를 전하는 통신뿐 아니라 철도나 도로 등 물자의 수송체계까지 포함했다. 우리는 개념을 더 확장해보자. 예컨대 한 마을의 배치구조를 보면, 거대 지주나 영주를 중심으로 귀족, 평민, 농노를 주변으로 배치하는 구조를 유지하는 체계가 있는 반면, 수평적 소통 공간인 광장을 중심으로 원형으로, 혹은 계곡 아래에 은행잎처럼 배치하는 체계도 있다. 이런 소통체계의 차이는 계급적 관계를 어떤 의미로 이해하느냐에 따라 달라진다. 또 한 마을 안의 건물구조는 가축과 인간을 어떤 관계로 이해하느냐에 따라 가축우리를 따로 떼어놓기도 하고 집 안에 포함하기도 한다. 사원과 승려가 어떤 의미를 갖느냐에 따라 사원을 마을 중심 위치에 놓기도 하고, 마을과 고립된 곳에 따로 두기도 한다.

이처럼 마을은 대단히 복잡하고 다양한 의미들을 주고받는 체계로 조직된다. 수로, 대문, 도로의 모양과 배치도 인간이 다른 인간과, 그리고 자연과 맺는 관계에 따라 달라진다. 이 관계는 인간과 자연에 대한 이해

에 따라 달라지니, 결국 인간이 파악한 의미가 마을구조를 형성하는 가
장 원초적인 요인이 된다. 인간과 자연을 어떤 의미로 이해하느냐에 따
라 관계가 달라지고, 그 달라진 관계가 소통체계로 구현된다. 따라서 마
을은 단순히 기능체계라기보다는, 인간이 자기 자신과 다른 인간, 그리
고 자연에 대해 파악한 의미를 소통하는 체계다.

　마찬가지로 문명의 소통체계는 인간이 파악한 사물의 의미를 주고받
는 질서다. 정치, 경제, 사회의 조직과 규칙도 단순한 기능체계나 권력체
계라기보다는 기능, 권력, 욕구 등을 포괄하는 총체적 의미를 소통하는
체계라고 할 수 있다. 따라서 한 문명에서 이루어지는 소통이란 궁극적
으로 그 문명권이 이해한 의미의 소통이다.

　소통체계를 낳는 근원에는 의미체계가 있다. 의미체계는 사물을 지각
하고 이해하는 원칙들로 구성된다. 예컨대 많은 사회에서 부계 승계라
는 전통을 유지해왔지만, 티베트 계열의 어떤 마을은 완벽한 모계사회
로 구성된다. 여자들은 어떤 남자와도 성관계를 갖기에 누가 한 아이의
아빠인지도 분명치 않을 뿐 아니라 그것을 안다 해도 아빠가 아이 양육
에 관여할 수는 없다. 집에 머무는 외삼촌들이 아빠와 비슷한 역할을 할
뿐이다. 웬만한 마을 일은 여자들이 다 하고, 남자들은 빈둥거리거나 마
을 바깥과의 소통 일에 주로 관여한다. 이러한 모계적 소통체계의 배후
에는 남자와 여자에 대한 이해, 양육의 질서, 여자의 근육 힘이 어느 정
도냐에 대한 가정이 다름을 알 수 있다. 성의 의미뿐 아니라 자연에 대
한 관념의 차이가 사회조직의 차이를 낳는다.

　한 사회가 한 사물에 대해 의미를 부여하는 방식은 임의적이거나 우
연적이지 않다. 그 사회 나름의 체계화된 원칙에 따라 사물에 의미를 부

여하기 때문이다. 그 원칙 때문에 문화는 그 나름의 일관성을 갖는다. 의미체계는 다양한 사물의 의미를 생성시키는 원칙들로 구성된다.

문명은 그 의미체계에서 생성되는 의미를 소통하는 체계라고 할 수 있다. 문명을 이러한 방식으로 바라보는 시선은 '소통현상을 의미생성과정의 기초 위에서 본다'는 에코의 기호학적 원리와도 통하지만 동시에 '의미는 모든 사물을 품어 펼치는 근원적 질서'라는 봄의 물리학적 이론과도 상통한다.

봄의 이론에 따라 문명의 의미체계도 다차원적 질서에서 재조명할 필요가 있다. 우리는 앞서 〈그림 29〉에서 '의미의 차원'을 검토한 바 있다 (153쪽 참조). 고차원적 원운동이 저차원으로 투영되면 선운동으로 바뀌어 나타난다. 차원이 낮아지면서 원이라는 의미가 양극이라는 직선적 의미로 변형된 것이다.

고차원의 근원적 질서에서 한 사물은 다양한 의미 가능태들로 잠재해 있다. 어떤 시선을 갖고 바라보느냐에 따라, 다양한 의미 가능태들은 그 시선의 의미체계에 맞게 변형되어 발현한다. 하나의 문명은 하나의 근본적 시선에 기초한 것으로, 다양한 의미 가능성들을 일관된 방식으로 붕괴시켜 체계적인 질서로 만들어낸다. 따라서 한 문명의 의미체계는 사물의 다양한 의미 가능태들을 그 문명의 시선으로 일관되게 제한하는 원칙들로 이루어진다. 이것이 다차원적 질서로 본 의미생성 과정이라고 할 수 있다.

의미체계는 높은 질의 의미를 추출해낼 수도 있고, 낮은 수준의 의미를 파생시킬 수도 있다. 즉, 한 사태에 대해 좀더 미묘하고 무한한 의미를 일관되게 추출해낼 수도 있고, 좀더 두드러지고 유한한 의미를 일관되게 파생시킬 수도 있다. 두 눈 문명은 '있음'이라는 의미를 중심으로, 제한되고 두드러지고 몸스러운 의미들을 일관되게 파생시키는 체계를 갖고 있었다. 그 의미체계를 직접 대변한 것이 두 눈 문명의 과학과 철학, 종교였다.

과학이 한 문명의 의미체계를 대변하는 위치에 있다고 할 때, 과학에서 나타난 새로운 눈은 그 영향력을 과학 영역에만 한정하지 않는다. 새로운 시선은 새로운 의미체계를 창출해내면서, 꾸준히 새로운 의미들을 생성해내기 시작한다. 이 의미들이 자기촉매를 통해 닮은꼴들을 널리 유포시키는 과정에서, 새 의미체계는 내용적으로 더욱 공고해지고 그 세력범위도 확장하게 된다. 마침내 새로운 의미체계에 입각하여 새 소통체계가 기존 소통체계를 대체할 때, 문명의 전환은 완성된다.

결국 문명의 전환이란 새 의미체계가 기존 의미체계를 밀어내는 과정이다. 소통체계의 변화는 그에 따른 자연스러운 귀결이다. 문명 간의 투쟁은 궁극적으로 의미투쟁이다.

이 같은 문명 전환의 원리에 입각하여 기존 문명의 구조를 살펴보자. 일반적으로 문명은 그 소통체계를 중심으로 연구되어왔다. 사람들이 사용한 주요 도구가 무엇인지, 어떤 성격의 자원을 사용했는지, 권력체계와 인간관계의 성격은 어떠했는지에 따라 문명을 구분하는 것이다. 이는 가시적인 있음의 요소들로 사물을 설명하려는 두 눈 과학의 전형적 방식이다.

소통체계가 의미체계 위에 세워지는 외현적 질서라는 우리의 전제에 따라 기존 문명의 구조를 〈그림 45〉와 같이 제시할 수 있다. 파란색으로

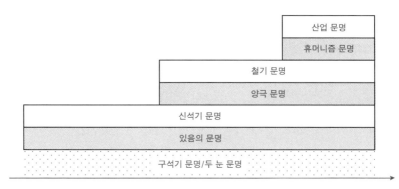

〈그림 45〉 의미체계로 본 구문명의 중층적 전개

표시한 부분이 의미체계를 가리키며, 그 위의 흰 바탕이 소통체계를 가리킨다.

맨 아래 층위의 점 바탕부터 보자. 구석기 시대의 수렵과 채집 사회는 통상 '문명'의 범주에 넣지 않는다. 인간이 자연법칙으로부터 독립한 독자적 질서를 확립하지 못했기 때문이다. 그러나 넓게 보면 이들도 문명의 싹을 안고 있다. 우선 두 눈의 입체시가 인간과 자연을 구분하는 원초적 의미체계를 형성하고 있었다. 그에 입각하여 석기, 나무, 뼈, 식물섬유, 가죽 등을 도구로 사용할 수 있었으며, 미술활동과 매장 등의 영적 의식도 치렀다. 초기적 사물 구분의 의미체계에 입각하여 수렵과 채집이라는 구석기적 소통체계가 세워진 것이다.

문명의 시작이라고 할 신석기 문명은 1만 2,000년 전 중동 지역에서 농경과 목축을 통해 자원을 스스로 생산하면서부터 시작되었다. 자원이 비약적으로 늘어나자 인구가 늘고 정착생활이 시작되면서 저장과 관개기술, 노동분화, 무역, 문화활동, 사회계급, 권력의 집중이 발생하기 시작했다. 자연의 가공, 자원의 소유, 소유의 사회적 분배 등 자연법칙으로부터 독립한 인위적 법칙이 생겨나기 시작했다. 지배적인 사회조직은 부족공동체, 혹은 부족국가의 형태를 띠었다.

이를 의미체계에 입각해서 보면 '있음의 문명'이라고 부를 수 있다. 곡물을 재배하고 야생동물을 길들여 목축을 시작했다는 것은 자연을 '인간을 위한 자원'으로 보기 시작했다는 것을 의미한다. 나아가 곡물, 가축 등의 생산과 저장기술이 발전하고, 사회계급이 발생했다는 것은 '생산물에 대한 소유' 개념이 분명해졌다는 것이다. 자연으로부터 자원이 구분되고, 자원에 대한 소유가 개념적으로 자리잡은 것이다.

한국말에서의 '있음'은 존재라는 뜻과 더불어 소유라는 개념도 갖는다. 자연적 사물이 인간의 관심과 결합하여 '자원'이 되고 '소유물'이 되었다는 것은, 자연과 사회를 '있음'의 의미로 바라보기 시작했다는 뜻이다. '있음'을 중심으로 관련 의미들이 체계화되면서 신석기와 청동기로 대변되는 다양한 자연가공 기술이 소통체계의 핵심 매개가 되었다.

2,500년 전부터 발생한 철기 문명은 '단단한' 철기에 기초하여 세워진 문명이다. 이 새로운 도구는 쟁기처럼 땅을 수월하게 갈고, 망치처럼 다른 도구를 만들 기초 도구가 되면서 생산력을 비약적으로 향상시키는 한편, 칼이나 창촉처럼 각종 무기로 제조되어 인간을 쉽게 죽일 수 있는 막강한 힘을 발휘했다. 바퀴살을 철로 만들면서 물자와 인력의 수송능력도 비약적으로 높아졌다. 이 같은 특성 때문에 철은 전례 없는 권력을 낳았다. 경제적 생산력과 무력을 통해 권력이 집중되면서 부족사회가 붕괴되고 고대국가가 출현한다.[12] 문자가 발명되어 지식이 축적되고 철학과 종교가 주요 지식제도로 부상한다. 사회적으로는 국왕과 신민, 지배 계급과 피지배 계급, 생산과 소비의 양극체계가 강화된다.

철기 문명을 의미체계의 측면에서 보면 '양극 문명'이라고 부를 수 있다. 여기에서는 본질적이고 핵심적인 있음을 중심에 놓고 기타 있음들을 주변에 놓는 중심-주변의 위계적 의미체계가 수립된다. 있음의 본질인 실체를 찾기 위해 철학이 제도화되었으며, 그 실체를 신앙의 대상으로 삼는 종교가 제도적으로 정착했다.

철기 문명의 전형적 철학은 유럽 철학이었다. 유럽 철학은 있음의 실체를 찾는 데서 출발했다. 있음들은 실체와 현상으로 양분되었으며, 실체를 중심에 놓고 현상을 그 파생물로 놓는 위계질서가 주된 사고체계를 형성했다. 이러한 사고는 양극 문명의 의미체계를 대변했다.

중국에서 등장한 유교도 마찬가지다. 유교는 사후세계나 신과 같이 조금이라도 없음의 냄새가 나는 것과는 분명히 선을 그었다. 대신 가시적으로 확인되는 있음들 사이의 관계에서 질서를 세우려 했다. 부모는 자식에 대해 핵심적 있음의 자리였으며, 국왕은 신하나 백성에 대해 중심적 있음의 자리로 설정되었다. 이에 효도와 충성이 있음의 위계적 질서를 유지하는 실천원리가 된다. 나아가 효도와 충성이 결합하면서 일반 개인으로부터 가정과 국가와 제왕에 이르는 통일적 위계질서가 수립된다. 동아시아에서 많은 국가가 유교를 중심으로 국민통합을 이루어간 것을 보면, 유교가 철기 문명의 이데올로기로서 얼마나 적절했는지가 확인된다.

유럽에서 유교와 같은 역할을 한 것이 기독교다. 바울은 예수를 초월적 존재로 만들었고 그 존재에 대한 믿음을 구원의 핵심으로 설정했다. 유럽으로 전파된 기독교는 구약을 받아들임으로써 그 독자성을 잃고 유대교적 성격을 짙게 띠었다. 신학자들은 유일신으로부터 예수, 교회, 개인에 이르는 위계적 체계를 완성했다. 상식적으로 보면 유일신은 초월 세계, 즉 없음의 세계에 속하는 것 같지만 야훼가 이 세상의 모든 일과 사물을 만들고 관여하는 것으로 간주되었기에 유일신은 모든 있음들을 관리하는 최고 실체가 되었다. 이런 의미체계는 가톨릭 중심의 중세 질서, 절대군주 중심의 근대 질서를 뒷받침했을 뿐 아니라 근대물리학에까지 영향을 미쳐 물체로부터 분자와 원자에 이르는 위계적 조직 모델을 낳았다. 유일신에 의한 천지창조 신화는 빅뱅 모델에까지 살아 있었다.

양극 문명은 위계적 소통체계를 낳는다. 있음의 질서에서 본질적인 것과 현상적인 것, 중심적인 것과 주변적인 것을 이원적으로 구분하면, 본질적이고 중심적인 것 위주로 사물을 통일하려는 경향을 띠기 때문이다. 신과 인간, 귀족과 평민, 선과 악, 남과 여, 문명과 미개 등의 양극에서 전자를 중심으로 사물을 통일하려는 기운이 철기 문명 전반을 지배했다. 따라서 서로 중심이 되려는 세력과 부문 간의 크고 작은 투쟁은 철기 문명이 작동하는 불가피한 방식이 되었다.

오늘날 세계를 지배하는 산업 문명은 유럽에서 일어나 제국주의를 타고 전 세계를 식민화했다. 산업 문명의 소통체계가 발생한 것은 300년밖에 되지 않는다. 그러나 그 의미체계는 600년 전 르네상스로부터 비롯하여 서양 근대철학에 의해 완성된다. 이를 '휴머니즘 문명'이라고 부를 수 있다.

르네상스 미술에서 도입된 원근법은 입체시에서 시작된 지각체계의 개념적 완성이라고 할 수 있다. 나와 대상은 분명한 거리감으로 나뉘었고, 사물도 뚜렷한 입체상으로 서로 구획된다. 원근법은 '뚜렷한 거리로 구획된 대상'과 그것을 바라보는 '나'에 대한 자각의 선언이었다. 데카르트에 의해 완성된 이원적 거리는 미술에서 먼저 싹튼 지각적 개념을 철학적으로 정리한 것이었다.

이러한 지각에 기초하여 휴머니즘 문명은 신과 자연으로부터 인간을 독립시키고, 인간 중심으로 세상을 바라보는 의미체계를 세웠다. 이후 인간은 자연이나 신과의 관계를 끊고 독자 발전주의 노선을 택했다. 그것은 종교적 맹신을 털어내면서 인간의 이성을 해방시키는 철학으로 구체화되었다. 데카르트가 신을 실체의 자리에서 슬쩍 밀어내고 정신을 중심으로 물체를 통합하려 했던 것도 인간 중심의 문명을 세우는 대기획의 일환이었다. 이리하여 '자연으로부터 완벽하게 독립한 인간이 이성이라는 강력한 무기를 들고 세상을 개척하면서 자신의 발전을 이룬다'는 문명의 시나리오가 완성되었다.

그 시나리오에 입각하여 과학과 결합한 기술이 산업혁명과 자본주의, 제국주의, 그리고 전 세계적인 산업화의 소통체계를 펼쳐냈다. 이때 등장한 프로테스탄트는 유일신을 자본주의적 사익 추구를 합리화해주는 존재로 바꾸어버렸다. 그것은 '인간 중심'이라는 의미로부터 비롯된 결과였다.

이처럼 의미체계를 통해 문명을 되돌아볼 때 발견되는 중요한 사실이 있다. 과거에 일어난 문명의 전환은 전적으로 다른 의미체계에 기초하여 전적으로 다른 소통체계로 변화된 것이라고 할 수 없다는 점이다. 초기 문명에서 있음의 기본 의미들이 정립되고, 그 의미들이 구체화될 때마다 다음 단계의 문명이 나타난 것이다.

구석기 문명은 '있음'에 대한 지각이 분명해지면서 발생했고, 신석기 문명은 '있음을 소유한다'는 의미 위에서 발생했으며, 철기 문명은 '있음의 양극체계'가 구체화되면서 발생했고, 산업 문명은 '있음들 중 인간이 중심'이라는 의미 위에서 자연과 사회를 통일한 것이다. 과거의 문명 전환은 '있음'이라는 의미가 자기 전개하면서 그 과정에서 소통체계를 변화시킨 것이었다.

따라서 구문명들은 완전히 새로운 의미 기반에서 출현한 것이 아니다. '있음'에 닻을 내린 초기의 의미체계는 여전히 일반원리로 작동하면서, 새로 발견되고 구체화된 있음의 의미들이 중층적으로 덧붙여진 것이다. 앞의 〈그림 45〉는 이처럼 문명의 새 단계마다 과거 문명의 의미체계를 토대로 그 위에 새로 발견되고 구체화된 의미 층을 덧붙이는 중층적 발전과정이었음을 나타낸다.

따라서 현재 지배적인 산업 문명의 토대에는 저 먼 시대로부터 발굴된 의미들이 하나의 체계로 결합해 있다. 두 눈의 입체시가 지각하는 '있음', 자연을 '자원'으로 보는 시선과 이를 '소유한다'는 개념, 세상은 중심적인 것과 주변적인 것으로 양극화된 질서라는 세계관, 인간은 이 세계에서 최상위 존재로서의 권한과 책임을 갖는다는 인간주의적 관념은 모두 과거에 존재했던 문명들로부터 끊임없이 올라오는 의미들이다. 그 가장 밑부분에는 '있음'을 지각하는 시선과 그 시선에 기초한 '있음'의 관념이 자리잡고 있다. 구문명을 통칭하여 '두 눈 문명' 혹은 '있음의 문명'이라고 부를 수 있는 것도 이 때문이다.

현 문명 속에서 산다는 것은 이 중층적 의미들을 매 순간 재생산한다는 것을 뜻한다. 그 과정은 다음과 같다.

우리가 바라보기 전에는 빈 의미 떨림들이 있다. 두 눈이 바라보면 그 떨림들은 '있음'으로 나타난다. 이 있음을 나를 위한 자원으로 가공하고 전유할 수 있다는 욕망이 생기면서 '있음을 가지는' 행위를 낳는다. 이 과정에는 '더 근본적인 있음'에 대한 분별이 덧붙여지면서, 주변에서 중심으로 진입하려는 노력이 체계화된다. 이 과정은 이성적 존재인 '나'의 권능으로 이해되어 거침없이 추구된다. 이처럼 한 사람의 삶에서도 아주 오래된 의미들이 재생산된다. 과거 문명의 전 의미체계가 우리 삶에서 반복적으로 재생산되는 것은, 이 중층적 의미체계의 가장 밑에 '있음'이라는 뿌리 의미가 자리잡고 있기 때문이다.

제3의 눈이 발견한 새로운 의미들은 과거 세계를 지배했던 문명들에서 작동한 적이 없는 전적으로 새로운 것이다. 서구의 비평가들은 그동안 제3의 눈이 근대 산업 문명의 패러다임을 넘어서는 의미 지평을 본 것으로 이해했다. 당면한 문제들은 유럽 근대의 사고방식에서 발생한 것으로, 그것만 넘어서면 산업 문명의 폐해도 넘어설 수 있을 것으로 생각했다.

그러나 제3의 눈이 꿰뚫어본 것은 산업-휴머니즘 문명의 토대만이 아니다. 제3의 눈은 모든 있음의 토대를 들춰보았다. 그리고 있음이 없다는 것을 확인했다. 결과적으로 과거의 모든 문명이 '거짓 있음을 가지려는 체계였다'는 점을 드러낸 셈이다. 제3의 눈은 있음의 근거를 허묾으로써, 구문명의 거의 모든 지배적 개념과 의미들을 무효화·상대화시켰다.

이런 일은 인류사에서 전무하다. 그만큼 제3의 시선은 근본적이고 혁신적이다. 1만여 년의 문명사가 쌓은 짐을 간단히 어깨에서 내려놓은 것이다. 그러고는 '빔'의 의미 씨앗을 뿌려나가기 시작했다. 빔이라는 의미

는 벌써 자신에게 맞는 의미체계는 물론 소통체계까지 만들어가기 시작
했다. 오랫동안 있음을 토대로 살아온 우리에게는 두려우면서도 참신한
모험이 아닐 수 없다.

08 토대, 진동하다

제3의 눈은 있음의 문명을 대체하여, 빔의 문명을 만들어가는 움직임을 형성해왔다. 텅 빔을 문명의 토대로 삼으려는 기획은 터무니없는 것처럼 보인다. 아마도 우리의 일차적 반응은 '빔은 산 속의 선사들이나 주무를 의미이므로, 사회로 끌고 올 수는 없다'는 정도일 것이다. 그만큼 우리는 있음이라는 의미에 의존해서 살았다. 있음은 우리 삶의 모든 것이었다.

그러나 우리의 통념과는 달리, 빔을 사회와 문명의 토대로 세우려는 움직임은 놀랄 정도로 방대한 규모로 진행되어왔다. 새 질서의 요동은 구문명의 의미체계뿐 아니라 소통체계에서도 발생했고, 구질서와는 판이하게 다른 질서를 만드는 데 일정 정도 성공해왔다. 문명의 전환은 우리가 생각하는 것보다 매우 가까이 와 있다.

우선 구문명의 소통체계에서 어떤 변화가 일어났는지부터 알아보자.

그물 짜기

철기 문명은 '모든 사물이 양극으로 나뉜다'는 의미 원리에 토대를 둔 소통체계를 만들었다. 지배 대 피지배의 권력체계, 아군 대 적군의 전쟁과 외교체계, 생산 대 소비의 경제체계, 중심 대 주변의 조직체계가 사회를 구성했다. 남자 대 여자의 역할체계, 믿는 자 대 이방인의 종교체계, 건강 대 질병의 의료체계, 선 대 악의 윤리체계, 성공 대 실패의 평가체계가 양극적 원리에 따라 일상생활을 조직했다.

이 대립적 양극 중 앞에 호명된 것은 뒤에 호명된 것보다 '우위의 것' 혹은 '체계를 결정하는' 것으로 간주되었다. 권력자는 백성보다, 생산자는 소비자보다, 남자는 여자보다, 삶은 죽음보다 결정적 요소로 간주되었기에, 그것을 중심으로 전 소통체계가 조직되었다. 이 소통체계는 어느 한 극이 중심이 되어 다른 극을 관리하는 비대칭적 권력관계를 동반했다.

데카르트의 심신이원론에서 드러나듯, 서구 철학에서의 양극은 서로 보완적이지 않고 끝까지 대립적이다. 그것은 양극이 추상적 원리가 아니라 두 가지 실체로서 대립적인 존재로 인식되었기 때문이다. 이러한 의미체계에 기초하여 양극적 소통체계가 구축된 것은 서양에서는 자연스럽다.

반면 중국의 도교철학은 이 양극성을 음양의 상호 보완적이고 조화로운 원리로 설명했다. 그렇다면 동양 사회가 양극화로부터 자유로웠을까? 도교는 양극화의 추세가 사회를 지배해가는 데 대한 반작용으로 등장한 것으로, 음양철학은 대립한 것들의 배후 실상을 보게 하는 지혜의 방편이었다. 중국은 세계 다른 어느 지역보다 강력한 중앙집권체계를 발전시켰으며, 중국 내부뿐 아니라 주변의 모든 나라에도 중화질서를 강요함으로써 양극체계의 전형적 모델을 창출했다.

이처럼 동서를 막론하고 구문명은 양극체계로 조직되었다. 그런데 그렇게 오래 분리되었던 양극이 서로 결합하는 변화가 나타났다.

산업 문명의 경제체계는 생산 대 소비의 양극체계였다. 고전적 경제질서는 생산자와 소비자, 그리고 양자를 매개하는 시장으로 구성되었다. 경제학의 아버지인 영국의 스미스(Adam Smith)는 생산자에 의해 생산된 것은 '보이지 않는 손'의 조화에 의해 그에 맞는 소비를 창출하리라고 믿었다. 보이지 않는 손이란 시장을 말하니 결국 생산은 시장의 조화를 통해 소비로 귀결된다는 생산결정론이라고 할 수 있다.

고전경제학은 '생산된 것은 소비된다' 혹은 '생산은 소비를 결정한다'는 가정에 기초해 있었다. 생산 대 소비의 양극체계에서 전자는 후자를 결정하니 당연히 생산자가 경제를 결정하는 권력을 가졌다.

그러나 이런 가정은 19세기 말부터 20세기 초 사이에 연속적으로 발생한 공황에 의해 붕괴된다. 과잉생산은 소비로 귀결되지 않았고, 보이지 않는 손은 작동하지 않았다. 그 해법은 정치를 통해 인위적으로 소비를 늘리는 데서 찾았다. 노동조합의 제도화, 정부의 시장개입 등 사회주의적인 정책은 소비 부문의 안정성을 확보하기 위한 시도였다. 케인스 경제학의 주된 의의는 과거 경제체계의 객체로만 존재했던 소비를 생산과 대등한 위치로 끌어올린 데 있다.

20세기 후반 경제체계의 정보화가 진행되면서, 소비가 생산에 깊이 관여하고, 생산이 소비자의 삶 깊숙한 곳까지 침투하는 경향이 가속화되었다. 소비자 정보를 확보한 유통 부문이 과거 생산자가 결정했던 권력을 빼앗고, 웹사이트를 통한 소비자의 선택이 생산을 촉발하는 체계도 늘어났으며, 환경 이슈나 시민 이슈 등 소비자의 삶의 질과 연관된 사안들이 생산 부문에 깊이 개입했다. 반면 생산자는 소비자 정보를 확보하면서 프라이버시 침해의 한계까지도 상당히 넓혀놓았고, 이렇게 얻은 소비정보를 생산 부문에 다시 되먹임하는 체계를 발전시켰다. 토플러는 시장을 통해 분리되었던 생산과 소비가 '생산하면서 소비하는 자'(prosumer)를 통해 결합되리라고 전망했다.[13]

이러한 경향은 물자와는 전혀 다르다고 생각되었던 '정신의 소통체계'에서도 나타났다. 문학의 초기 비평 이론가들은 작가의 독창성을 전제로 했다. 따라서 작품의 본 뜻은 작가의 '의도'에서 찾을 수 있다고 생각했다. 이 때문에 독자는 '작가를 잘 이해했느냐'를 놓고 논쟁을 벌였고, 비평가들은 작가의 전기, 심리, 혹은 계급 분석을 통해 '이 작품은 이런 뜻이다'라고 설명해주는 권위를 가졌다. 문학의 소통체계는 작가 대 독자의 양극성을 바탕으로 한 작가 중심주의 혹은 창작결정론의 성격을 갖고 있었다.

문학 소통체계의 객체였던 독자가 부상한 것은 1960년대다. 독일에서는 수용미학(Rezeptions-aesthetik)이, 미국에서는 독자반응 비평(reader-response criticism)이 문학 소통에서 독자의 해석을 중요한 변수로 부각시켰다. 이들에 따르면 작품에는 많은 여백과 틈이 있고, 독자는 그 여백의 공간을 자신의 문화적·개인적 해석 틀을 통해 채워나간다는 것이다. 이로써 독자는 작가의 사상을 일방적으로 받아들이는 존재가 아니라 작가와 더불어 작품을 완성하는 존재로 부각되었다.

독자의 역할을 부각시킨 비평 이론들은 당시 퍼져나갔던 민권운동과 깊은 관련을 맺고 있었다. 이들은 창작 부문에 집중되어 있던 문학의 권력을 수용 부문으로 분산시켰다. 이로써 독자는 '작가의 심오한 사상을 제대로 이해했느냐'는 강박관념에서 벗어나 '자기 나름의 진실'을 주장할 수 있게 되었다.

포스트모더니즘에 이르면 작가 대 독자의 이원적 구분은 완전히 사라진다. 작가도 하나의 독자로서 다른 숱한 작품과 경험 정보를 '받아들였고', 그것을 작가 나름의 방식으로 '재구성한 것'이 그의 작품이다. 반면 독자도 자신의 사상과 경험들을 작품 해석에 투입함으로써, 그 나름의 의미를 '창조한다.' 그의 작품 수용행위는 다시 자신의 일과 삶에서 새로운 작품으로 '창조된다.'

이처럼 작품의 수용-창작-수용-창작 연쇄에 대해 기호학자 에코는 '열린 텍스트' 혹은 '무한 기호현상'(unlimited semiosis)이라고 불렀으며, 프랑스의 문학 이론가 바르트(Roland Barthes)는 작가의 독창성과 창작의 고유성이 사라졌다는 의미에서 '작가의 죽음'이라고 불렀다. 또 다른 프랑스의 문학 이론가 크리스테바(Julia Kristeva)가 제시한 '상호 텍스트성'(intertextuality)이라는 개념은 작가와 독자의 구분이 사라진 곳에서 작품이 수용-창작의 연쇄과정을 통해 끊임없이 흐르고 창조되는 현상을 표현하고 있다. 작가만 죽은 게 아니라 독자도 죽었다. 따라서 다음과 같이 말하는 것이 타당성을 갖는다.

주는 자도, 받는 자도, 주고받는 물건도 없다.

이는 대승불교의 『심지관경』(心地觀經)에 나오는 삼륜청정게(三輪淸淨

偈)로, 바른 보시(布施)를 가르치기 위한 게송이다. 주는 자, 받는 자, 주고
받는 물건 등 3자를 세 바퀴에 비유하여 '세 바퀴를 맑고 깨끗하게 하는
게송'이라 한다. 주는 자, 받는 자, 주고받는 물건 등 3자가 본시 비어 있
으므로, 물건에 대한 집착은 물론 주는 자, 받는 자의 위치와 이해관계에
집착하지 말고 보시해야 한다는 뜻이다. 3자를 실체로 보는 착각 때문에
발생한 욕심을 비우고, 이 모두가 비어 있음을 깨닫는 수행으로서 보시
행위를 해야 한다는 것이다.

경제체계에서도 3자가 비어갔다. 양극체계가 붕괴되면서 확고한 존
재로 있다고 가정된 생산자와 소비자의 실체는 사라져가고, 정보화에
따라 상품의 실체도 사라지고 있다. 그 종국은 다음과 같은 문장으로 표
현할 수 있다. '생산자도, 소비자도, 거래하는 물건도 없다.' 양극의 실체
들이 사라진 자리에 '비어 있는 관계'가 부상한다. 빔이 문명의 소통체계
에서 나타난 것이다.

비어 있는 관계는 그물이 되어갔다. 우리는 그것을 '관계그물'이라고
부를 수 있겠다. 인터넷(internet)은 '상호그물'이라는 뜻으로 그물과 그물
의 결합체계다. 한 마을이나 조직 내의 컴퓨터들을 연결한 1차 관계가
형성된 위에, 이 관계들을 다시 연결하는 2차, 3차적 관계들을 통해 전
지구적으로 모든 컴퓨터를 연결한 것이니 초그물이요 메타그물이다.

양극 문명에서는 떨어진 것들을 연결하기 위해 중앙집권적 조직을 강
화했다. 중앙통제센터를 두고, 단일 표준하에 모든 것들을 연결했다. 하
지만 다른 곳에서는 다른 표준하에 다른 중앙이 다른 소통체계를 운영
했다. 이 경우 하나의 소통권이 다른 소통권과 소통하기 위해서는 자기
표준으로 다른 표준을 흡수·통합할 수밖에 없다. 다른 소통권끼리의 소

통문제는 먹느냐 먹히느냐의 문제가 되므로 상호그물이 될 수는 없다.

인터넷의 최하위 단위 그물은 기술이나 정책에서 그 나름의 표준을 유지한다는 점에서 과거의 소통권과 같다. 그러나 인터넷은 그물과 그물을 연결하기 위해 개별 그물의 작동체계까지를 표준화하지 않는다. 대신 전 세계적 약속체계인 TCP/IP만을 유지하는데, 이는 도메인 네임과 IP 주소 공간에 대한 표준만을 규정한다. 그물과 그물 간의 '상호 작동성'만을 규정함으로써 개별 그물의 독자성과 보편적 연결성 모두를 실현한 것이다.[14]

이처럼 열린 상호그물에 디지털 기술이 결합하자 공간적·시간적 거리와 장벽을 넘어서는 것은 물론 기호 사이의 벽도 허물어졌다. 월드 와이드 웹 같은 초텍스트(hypertext)들이 나와 과거에는 '다른 분야'에 속했던 글자, 영상, 소리, 동영상들을 얽어매고, '다른 장르'이자 '다른 산업'에 속했던 신문, 방송, 영화, 출판 간의 결합을 촉진하면서 칸막이들의 대폭발을 일으켰다. 유선그물이었던 인터넷에 핸드폰, 게임 콘솔, 자동차 내비게이터 등 무선그물이 연결되면서 지구 자체가 이런 초그물의 실타래가 되었다.

인터넷에만 관계그물이 나타난 것이 아니다. 기업의 조직방식에서도, 시민들의 연대방식에서도, 심지어는 국가들 사이에서도 과거의 위계적이고 고정적인 조직 대신에 '유연 조직', '네트워크 조직', '모자이크 조직' 등 다양한 이름으로 불리는 새로운 그물들이 나타났다.

그물은 네트워크(network), 즉 '그물의 일'이다. 그물의 일이란 개체들을 씨줄과 날줄로 엮어 짜내는 일이다. 그물에서 벗어나 있는 것들을 그물의 코로 연결하는 일이니 '그물 관계화'라고도 할 수 있다. 이 그물 관계화가 과거의 조직방식과 다른 가장 중요한 점은 개체들을 자신의 그물코로 만들어버린다는 점이다. 그물코는 독자성이 없다. 그물코는 그물 전체의 운동에 따라 움직이며, 그 가치와 권력은 전체 그물에서 어디에 위치하느냐에 따라 달라진다. 모자이크 체계 내의 기업 가치에 대해 토플러가 말한다.

> 부가가치의 대부분이 모자이크 체계 내의 '관계'에서 나오게 된다면, 한 업체가 만드는 가치와 그 업체의 가치는 부분적으로 초기호 경제 내에서 계속적으로 변화하는 그 업체의 '위치'에서 나오게 된다……. 개별항들은 불변의 확고한 원인이 있어서 가치를 갖는 것이 아니라 유동하는 관계그물에서 어디에 위치하느냐에 따라 가치를 달리한다. 위치는 일종의 자본이된다.[15]

 기업이든 개인이든 하나의 그물코는 '위치적 가치'를 갖는다. 그물코가 적당한 위치를 차지하면 영국 시골의 한 무명가수라도 전 세계 그물을 흔들어낼 수 있고, 한국의 한 고등학생이라도 그의 핸드폰에서 발신한 메시지로 정권을 뒤흔드는 대규모 정치집회를 창출할 수도 있다.
 그러나 '위치'는 그물코의 안정된 가치를 보장해주지는 못한다. 하나의 개체는 그물의 코가 됨으로써 자신의 독자성을 잃는다. 그의 정체성은 자신을 만든 씨줄과 날줄을 타고 한없이 퍼지는 그물구조 속으로 흩어져버린다. 관계그물의 코로 얽히는 일은 자신의 정체성 소멸과 동시에 이루어진다. 따라서 거대 관계그물에 얽힌 것이라면 무엇이나 독립된 실체로서의 낡은 정체성을 상실한다.

게다가 이 그물은 끊임없이 출렁이면서 다시 짜이고, 다시 짜이면서 또 출렁인다. 그물은 수평적으로만 널려 있는 것이 아니고 전후·좌우·상하로 연결되어 있다. 과거의 기억을 되살리는 친구 그물, 각종 취향 그물, 그때그때 발생했다 사라지는 사건과 이슈의 그물, 한글의 그물, 힌디어의 그물, 동영상과 포토샵으로 처리된 이미지 그물 등이 무한히 연결되기에 관계그물은 다층적이고 다면적이다. 이런 복합 그물구조 속에서 그물의 한쪽이 다른 그물과 결합하거나 우연적 사건에 의해 출렁이면 전체 그물의 조직이 바뀌면서 그물코들도 일렁인다. 따라서 한 그물코의 위치적 가치는 항상적인 불확실성에 따라 요동한다. 보이지도 않으면서 끊임없이 생성·소멸하는 다양한 그물이 개체들의 정체성을 생성·고양·파괴시킨다.

이 안에서는 어떤 정보가 어떤 길을 따라 흘러서 어떤 효과를 발휘하리라고 예측하는 일이 절대 불가능하다. 관계그물이야말로 혼돈의 체계다. 관계그물 속에서는 새로운 요동이 끊임없이 발생하고 자기조직화를 해나간다. 이 요동에 의해 새 그물이 생성되고 자기촉매로 증식하고 자기조직을 해나가다가 누구도 예측하지 못할 때 소멸한다. 관계그물 자체는 비어 있지만, 그 운동은 마치 살아 있는 생명과 같다.

빈 관계그물은 뇌 속에서도 발견되었다. 영국 BBC는 최신의 연구성과를 바탕으로 만든 〈뇌 이야기〉 속에서 뇌에도 인터넷과 같은 관계그물이 작동하고 있음을 밝혔다.[16]

초기의 신경과학자들은 뇌의 각 부위별로 고유한 기능이 있다고 생각했다. 그들은 뇌의 내부를 복잡하게 나눈 그림을 제시하며 전두엽에서는 언어기능과 판단기능, 편도체에서는 위험감지와 격정적 감정, 시상하부에서는 체온관리와 물질대사 기능 등을 수행한다고 설명했다.

이러한 설명방식은 구문명의 기계적 조직론을 전제한다. 자동차가 숱한 하위부품들의 결합으로 이루어져 운전자의 조종에 따라 전체적 기능을 수행하듯, 기업이 인사·생산·영업 등을 담당하는 하위조직들로 이루어지고 맨 위에 전체를 조정하는 사장이 있듯이, 뇌도 독립적인 기능을 갖는 하위영역들로 구성되며, 중앙통제센터 혹은 상위기능을 수행하는 영역에 의해 조종되는 것으로 간주되었다.

이러한 기계적 조직론의 가정은 두 가지로 나뉜다. 하나는 '전체는 고유한 기능을 수행하는 부분들의 합으로 이루어진다'는 것이고, 다른 하나는 '전체적 기능을 조정하기 위한 중앙통제센터가 있다'는 것이다. 그러나 뇌의 특정 부위와 그 기능을 1대 1 대응시키려는 시도는 대부분 실패했고, 컴퓨터의 중앙통제장치(CPU) 같은 것은 발견되지 않았다.

뇌는 아주 간단한 자극을 처리하는 데도 여러 영역이 상호작용을 한다. 예컨대 한 사람이 내 눈 앞에서 걸어가는 모습을 보고 있을 경우, 뇌는 형태·색깔·동작 등 여러 전문적 정보처리 조직들을 종합적으로 가동하고 결합시켜 '사람이 걸어간다'고 판단한다. 현재까지 발견된 것만으로도 하나의 시각자극을 지각하는 데 30가지 이상의 영역이 상호결합한다.

인간의 기본 감정인 행복, 슬픔, 혐오, 놀라움, 두려움, 분노도 뇌의 특정 영역과 1대 1 대응관계에 있지 않다. 예컨대 두려움이라는 감정은 위험을 감지하고 땀을 내거나 심장박동수를 늘리는 아미그달라(amygdalae)라고 불리는 회로와, 위험의 수위를 판단하는 피질의 회로가 함께 작동하여 나타난다.

뇌 작용의 기본 단위는 특정 부위가 아니라 회로라 불리는 그물이다. 뇌는 그물과 그물이 결합하여 작동하므로 뇌도 '상호그물'의 체계다.

인터넷에 중앙집권적 통제가 없듯이, 뇌의 관계그물에도 중앙통제가 없다. 자동차의 한 바퀴가 펑크나면 자동차는 서버린다. 그러나 뇌는 어느 한 부분이 망가졌을 때 다른 그물이 생겨나면서 그 기능을 인수한다.

예컨대 어려서 사고로 시각피질이 상하여 오른편을 보지 못하던 아이가 몇 년이 지난 후 오른편도 보게 되었다. 자동차 같으면 해당 부품을 교체했어야 한다. 그러나 그 아이의 뇌는 보통 사람과는 전혀 다른 영역을 가동시켜 오른쪽도 보도록 조정했다. 뿐만 아니다. 똑같은 기능, 예컨대 음악을 듣거나 IQ 테스트를 하더라도 남자와 여자에 따라, 개인적 경험에 따라 그 기능을 수행하는 그물은 다른 방식으로 짜인다. 관계그물은 살아 있다.

이러한 자율조정 현상은 정치에서도 나타난다. 한국의 이명박 정권이 정부 비판을 통제하기 위해 인터넷 실명제를 실시하면서, 수사기관이 개인의 이메일을 광범위하게 들춰볼 수 있도록 했다. 그러자 사람들은 한국 법이 적용되지 않는 외국에 서버를 둔 이메일 체계로 옮겨갔다. 이런 방식으로 대안적 그물이 짜여간다. 뇌에서 하나의 부위가 손상되었을 때, 다른 부위를 가동하여 동일한 기능을 수행하는 그물을 짜내는 것과 같은 현상이다.

뇌는 '끊임없이 변화하는 그물'(ever-changing web)로 표현된다. 관계그물이 스스로를 생성하고 여결하고 억제하고 협력하기 때문이다. 관계그물은 중앙통제가 없는 조직이지만 기계적 조직보다 더 활발히 살아 있다.

관계그물이 생명체처럼 살아 있는 이유는 무엇일까? 그것은 온그림 필름처럼 부분 속에 전체가 스며 있기 때문이리라. 과거의 조직원리는 '부분의 합이 전체'라는 것이었다. 그러나 관계그물에는 '부분 속에 전체가 스며 있다.' 뇌든 인터넷이든, 혹은 사회적 네트워크든, 관계그물이 그처럼 유연하고 역동적으로 작동할 수 있는 이유는 전체의 생명력이 부분 속에 골고루 스머드는 조직방식이기 때문이다.

양극적 소통체계를 허물면서 부상한 관계그물의 중요한 특징이 여기에 있다. 과거에는 존재들이 먼저 있고 그들이 외적으로 맺는 관계에 의해서 소통이 이루어졌다. 존재가 죽으면 소통도 죽었다. 그러나 관계그물은 존재가 없는 빈 것이다. 그럼에도 관계그물은 그물코를 낳고 연결시키고 키우고 소멸시킨다. 일부 그물코나 하위그물이 사라져도 대안적인 그물을 만들어낸다. 그물 전체의 생명력이 각 부분들에 골고루 스며 있지 않고는 불가능한 일이다.

양극체계의 붕괴와 관계그물의 팽창은 과거 중심 부문에 집중되었던 권력을 분산시키고 있다. 토플러는 양극의 수렴 추세가 생산자에게 집중되었던 권력을 해체하여 소비자 측으로 분산시키리라는 전망을 제시했다. 그리하여 형식화된 간접민주주의가 직접민주주의 방식으로 그 실질적인 내용을 채워가리라는 것이다.[17]

'위키피디아'는 전문가들에게 집중되었던 지식권력을 허물어가고 있다. '위키리크스'의 각국 정부문서 폭로와 뒤이은 운영자 체포는 미국 같은 강대국이 지식의 관계그물을 얼마나 두려워하고 있는지를 단적으로 드러낸다. 양극체계의 안정적 권력들은 관계그물의 출렁임에 의해 자신의 권력이 추락하는 것을 두려워한다.

그러나 관계그물의 등장은 그렇게 이상적인 효과만을 갖는 게 아니다. 예컨대 한 번의 소비는 관련된 정보를 생산한다. 따라서 나는 물자의 소비를 통해 정보를 생산하는 소비-생산자다. 그 정보를 사들인 어떤 소비자는 나의 취미, 습관, 종교적 경향과 성적 취향까지 알고 이를 자극하는 새로운 서비스의 생산자가 된다. 그런 정보는 또 다른 소비-생산자에게로 넘어가 '당신 자식을 납치했으니 얼마의 돈을 어디로 넣으라'는 전화 사기 서비스를 생산하기도 한다.

물리학에서는 관찰자와 관찰대상의 이원적 체계가 붕괴되면서 불확정성 원리가 등장했다. 주객 양극의 붕괴와 함께 등장한 관계그물은 불확정성을 그 기본 원리로 한다. 그 원리에서 볼 때, 관계그물은 권력의 평균적 분산체계라기보다는 권력의 불확실성 체계다. 모두가 모두를 위한 생산자요, 또 모두의 소비자일 수 있는 가능성 속에서 어떤 소비가 어떤 생산을 낳을지는 예측 불가능하다.

당신은 사채업자보다는 은행을 더 믿기에 은행의 소비자가 되었다. 그러나 그 소비행위를 통해 생산된 정보가 당신이 믿는 그 기관의 직원에 의해 유출됨으로써 당신에게 어떤 영향으로 돌아올지는 알 수 없는 체계가 되었다. 당신은 '위키리크스'의 고상한 이념을 믿고 정부의 주요 기밀을 넘겼다. 당신이 정보료를 받았을지는 모르지만 '위키리크스'가 정보원 보호를 중요시하지 않는다면 당신은 정부에 체포될 수도 있고 알 수 없는 테러집단의 공격목표가 될 수도 있다. 보드리아르는 양극체계의 붕괴 상황을 다음과 같이 표현한다.

더 이상 당신이 TV를 보는 것이 아니다. 오히려 TV가 당신을 보고 있다…… 담론은 한 점에서 다른 점으로 가는 것이 아니고, 발신자와 수신자의 위치를 구분 없이 감싸는 원을 주파한다…… 더 이상 권력의 발원지도 발신의 발원지도 없다. 권력은 순환하는 무엇이며 그 근원은 더 이상 정확히 정해지지 않는다.[18]

권력분산처럼 보이는 소통체계의 변화는 모두를 잠재적 권력의 생산자이자 소비자로 만들어간다. 나는 권력을 가질 가능성도 얻었지만 동시에 누구인지도 모르는 다른 권력의 피해자가 될 가능성도 더 커졌다. 인터넷 위에서 모르는 사람이 내뱉은 한 마디가 나를 자살로 몰아갈 가능성도 항존하고, 미국의 한 농부가 잔뜩 뿌린 화학약품이 내 식탁에 오를 수도 있으며, 다른 민족이나 인종을 폄하한 한 마디가 대규모 테러를 불러올 수도 있다. 이런 것들을 국가의 법으로 규제하는 일은 점점 불가능해진다.

불확정적인 관계그물은 숱한 가능성과 더불어 숱한 위험성을 안고 우리에게 펼쳐지고 있다. 양극체계의 법적·정치적 규제방식으로는 관계그물을 통제할 수 없다. 사실상 어떤 외적 규제도 이 관계그물 내의 한 요동으로 변하여, 그물 전체를 흔들면서 어딘지 알 수도 없는 위치로 흡수될 뿐이다. 이제 혼돈 자체가 새 질서다. 문명은 비평형과 불확실성의 늪으로 빠져들고 있다.

이 불확실성이 안고 있는 위험을 줄일 수 있는 마지막 근거는 사람들의 마음이다. 보이지도 않는 그물에 엮인 개개인이 무한히 연결된 존재라는 데 대한 자각, 한 그물코의 행동이 전체 그물에 엄청난 영향을 줄 수도 있다는 도덕적 책임감 등이 우리가 기댈 수 있는 마지막 언덕이다. 인류의 의식과 가치가 질적으로 높은 수준으로 향상하지 않는 한, 관계그물은 서로가 서로에게 파국적인 영향을 주는 무서운 거미그물이 될 수도 있다. 그 불확실성이 인류의 기존 의식과 가치 수준에 대한 경종으로 되돌아오고 있다는 점에서 관계그물의 확장은 문명의 위기를 분명하게 드러낸다.

그럼에도 새로운 소통체계의 맹아인 관계그물은 우리 자신과 세상을 전혀 새로운 지평으로 이끌어가고 있다. 과거 멀리 떨어져 있던 것들이 그물 짜기의 꾸준한 운동에 따라 우리 세계에 얽혀 들어옴으로써 분리되었던 세계들을 무한한 상호그물로 이어가고 있는 것이다.

그물 짜기는 중세세계의 칸막이들을 붕괴시키면서 전혀 무관했던 시간과 공간을 지금-여기에서 진행되는 내 삶에 연결시켜왔다. 지구학은 그린란드나 남극의 빙하가 어느 정도 빨리 녹느냐가 서울의 한강 수위를 언제 얼마나 올릴 것인지와 직접 연결되어 있다는 것을 밝혔다. 시베리아의 한 호수나 캘리포니아 앞 바다와 우리의 삶이 직접 연결된 그물도 발견되었다. 그 호수나 바다는 방대한 메탄가스를 얼음 형태로 가두어놓음으로써 파괴적 온실효과를 억제하고 있기 때문이다. 생태학은 우리의 삶과 아마존 숲이 연관된 그물도 발견했다. 우리 식탁에 소고기를 올려놓기 위해 지구 생태계의 심장이라 할 아마존 숲이 대규모로 파괴되면서 기후변화를 야기하고 있기 때문이다. 지구상 한 귀퉁이를 점하고 살아가는 한 사람의 생명도 바다 속 플랑크톤의 생명과 직결된 방대한 연계그물로 밝혀지고 있다.

그물 짜기는 미시세계로 확장되면서 관계그물을 다차원화하고 있다.

뇌신경학은 우리 삶이 뇌 속의 각종 회로들과도 연계되고 있음을 보여주었으며, 양자역학은 더 미시적인 세계의 그물들과도 연결되어 있음을 보여주었다. 두 눈에 보이는 중시세계의 그물은 분자 단위의, 그리고 양자 단위의 그물과도 연결되었다. 우리의 행동은 이 미세그물에 영향을 미치고, 다시 미세그물은 우리의 사고와 결정에 영향을 준다.

지구상의 그물과 거시세계의 그물도 이어지고 있다. 한 예로 지구 생명체를 구성하는 아미노산을 들 수 있다. 우주를 떠돌아다니는 티끌에는 생명의 재료인 유기물이 다량으로 함유되어 있는데, 해마다 수천 톤이 지구로 쏟아져 내려온다. 이 우주 티끌 속에는 아미노산이 발견되는 경우가 많다. 아미노산은 왼쪽 형과 오른쪽 형이 있지만 우주에서 날아온 아미노산은 상당 부분이 왼쪽 형이었다. 그것은 지구상에 존재하는 세균, 식물, 동물의 세포가 왼쪽 형의 아미노산으로 구성되어 있다는 사실과 직결된다.

아미노산은 오른쪽 형과 왼쪽 형이 같은 양으로 태어나는 게 정상인데, 어째서 우주에서 오는 아미노산은 왼쪽 형이 많을까? 이와 관련하여 호주의 한 천문연구팀은 오리온 대성운에 몰려 있는 우주가스 속에서 몇 가지 유기물을 관찰했다. 이런 대규모 가스층은 별이 태어나는 현장인데, 거기에는 강력한 자외선이 비추는 지역도 넓게 발견되었다. 오른쪽 형의 아미노산은 이런 자외선을 쬐면 쉽게 분해되어 파괴된다. 결국 왼쪽 형이 자외선에 버티는 힘이 강하기에 우주로부터 온 아미노산은 강한 생명력을 갖는 왼쪽 형이 많았던 것이다. 지구상에 존재한 모든 생명체도 우주 티끌로부터 떨어져 내려왔고, 또 우주로부터 오는 아미노산의 형태에 맞추어 스스로를 진화시킨 것이다.[19] 지구의 생명그물은 우주의 생명그물과 연결되어 있었다.

관계그물은 시간적으로도 빅뱅 시점까지 소급되었고, 최근에는 빅뱅 이전으로까지도 거슬러 올라가고 있다. 생명의 그물은 공간적으로 더 촘촘해지면서 더 확대되었고, 시간적으로는 우주의 시간 이전까지 소급되면서 우주의 종말까지로 연장되고 있다. 관계는 비어 있지만 그 무한한 그물 짜기로 전 우주의 시간과 공간을 엮어나간다. 관계그물의 이러한 팽창은 시공간적으로 '모든 거리의 소멸'을 최종 도달점으로 삼아 움직이는 것처럼 보인다. 빔의 지평에만 적용되던 '쪼갤 수 없음'이 우리 세계의 방식으로 펼쳐지는 것이다.

우리 세계는 미시적이고 중시적이고 거시적인 새 그물들과 결합함으로써 다층화·다면화되고 있다. 우리 자신도 그런 다차원적 그물의 한 코가 되어간다. 그물코는 그물과 분리되지 않는다. 다시 말하면, 우리 자신이 무한히 연결된 우주적 존재가 되어가고 있는 것이다.

이는 '나'에 대한 근본적 재정의를 요구한다. 앞서 우리는 관계그물의 불확실성이 야기하는 위험성을 언급한 바 있다. 그것은 실상 '관계그물'의 위험성이 아니다. 세상이 관계그물로 무한히 짜여가는 상황에서 '나'를 붙들고 있는 데 따른 위험성이다. 무한성을 유한성으로 대처하는 데 따른 위험이다.

'나'를 위한 모든 행위, 즉 하나의 소비행위로부터 기업의 이윤추구 원칙, 종교와 인종과 민족의 배타적 자기애는 모두가 얽힌 그물 전체를 위험에 빠뜨릴 수 있다. 구문명의 자폐적 정체성이 새롭게 부상한 무한한 관계그물을 위태롭게 하는 것이다. 유한한 '나'가 관계그물의 무한성에 맞추어 자기정체성을 변경하지 못하면, 인류는 자멸의 길로 빠질 수도 있다. 바로 이 때문에 문명의 위기는 깊어만 간다.

소통체계가 과거의 양극체계에서 새로운 그물체계로 전환되어가는 변화는 문명의 표면에서 일어나는 현상이다. 그 이면에서는 의미체계의 변화가 진행되고 있다.

대립의 뿌리

구문명의 양극체계는 이원론 철학이 뒷받침했고, 이원론은 사물을 구분해서 정돈하는 분석적 논리가 뒷받침했다. 그 논리의 뿌리에는 언어가 있다.

20세기 들어 언어가 그 의미로써 상이한 사물을 만들어내는 과정에 대한 폭로가 잇따랐다. 언어가 의미를 통해 '있음'을 만들고, 그것이 다시 '실체'를 만드는 과정에 대해서는 앞서 소쉬르의 언어학적 논의에서 확인한 바 있다(2장). '의미가 존재를 만든다'는 원리는 봄 같은 물리학자를 통해서도 확인된 바 있다(6장).

의미로부터 존재를 생산해내는 이 과정을 구의미체계의 제1공정이라고 부를 수 있다. 이와 관련하여 해체주의자 데리다는 "외형성의 힘이 내재성을 구성한다"고 표현했다. 비어 있는 외형적 형식에 불과한 기호가 사물을 채우는 내재적 내용을 만들어낸다는 뜻이다.[20] 이 기호들은 끊임없는 사슬로 이어지며, 그 자취로서 의미들을 줄줄이 생산해낸다. 형식적 기호들의 연쇄가 그 자취로서 내용을 만드는 과정을 데리다는 '생산적 운동'(generative movement)이라고 불렀다.[21]

이 때문에 의미생성 과정은 존재창조 과정이 된다. 우리는 매 순간 의미를 통해 혼돈으로부터 다양한 존재들을 창조한다. 언어학적 개념으로 표현하면, 쪼갬에 의해 의미를 만들어내는 '의미 분절'(semantic articulation)은 쪼갬으로 존재를 만들어내는 '존재 분절'(ontological articulation)로 이어진다. 일본의 의미론자 이즈츠(井筒俊彦)가 설명한다.

> 인간으로서 생존할 수 있기 위해서는 혼돈이 인식적·존재적·행동적 질서로 쌓아 올려져야 한다. 그와 같은 질서 부여의 메커니즘을 '문화'라고 부른다……. 혼돈에서 문화 질서로, 이 전환의 과정을 지배하는 인간 의식의 창조적 작용원리를, 나는 '존재 분절'이라고 부른다.[22]

여기서 존재 분절이라는 말은 그 의미를 통해 '다른 있음'들을 생산하는 제1공정을 가리킨다. 이 1차적 의미생산 공정은 신석기 시대인 있음의 문명에서 완성되었다.

철기 시대의 양극 문명은 의미체계의 제2공정을 창조해냈다. 그것은 대립화·반대화의 원리다. 이는 제1공정의 쪼갬 원리, 즉 언어의 차별화 원리를 보완하는 것으로, 좀더 뚜렷한 차별화를 위해 용어들을 반대화하는 과정이다.

예컨대 음악소리의 진동수는 연속체다. 따라서 도와 레, 미 사이에는 명백한 경계선이 없다. 도와 레를 분명히 구분하려면 훈련을 통해 차별화의 약속체계를 익혀야 한다. 얼굴 표정에서도, 얼굴 근육을 어떻게 쓰느냐에 따라 기쁨과 슬픔이 아슬아슬하게 나뉜다. 이런 연속성이 내포한 혼돈을 밀어내고 분명한 의미를 만들려면 '확실한 차이'를 기준으로 해야 한다. 그것이 반대말이다. 반대말은 어린아이들의 언어교육에서도 의미를 분명히 익히게 하는 중요한 수단이다.

선과 악, 남과 여, 남한과 북한 등 반대말 쌍은 그 단어뿐 아니라 다른 관련 단어들의 의미를 분명히 하는 기준이 된다. 반대말 체계는 그 의미 차이가 너무 분명하기 때문에 중간이나 주변에 있는 '모호한' 말들을 자석처럼 끌어들인다. 그리하여 반대말로 형성된 양극체계를 중심으로 질서가 수립된다. 의미의 대립화로부터 사물의 대립화가 발생하면서 철기 문명의 소통체계에서 양극적 질서가 뚜렷이 형성된 것이다.

악질 도둑도 훔친 돈의 일부를 불쌍한 거지에게 던져줄 수 있으나 선과 악 대립화의 원리에 따라 저널리즘이나 재판에서는 그의 선행이 무시되거나 삭제된다. 남성과 여성 사이에 중성적인 인간들도 있지만 중간을 배제하는 원리에 따라 남녀 중 하나로 편입되거나 사회의 뒷골목으로 추방된다. 삶과 건강은 좋은 것이고 죽음과 질병은 나쁜 것이므로 후자는 일상적 공간 저편으로 밀려나 칸막이가 쳐진다. 이 같은 칸막이 질서는 철기 문명의 기본 원리를 답습한 산업 문명에서 더욱 분명해졌다.

철기 문명 초기에 글자가 나타났다는 사실은 이와 관련하여 중요한 시사점을 갖는다. 글자는 말에 배어 있는 상황 의존성과 맥락성을 제거하면서 의미를 추상화·고착화한다. 말이 상황 전체를 가미하여 의미를 만드는 기제라면 글자는 상황과는 분리된 추상적·논리적 원칙에 따라 의미를 만드는 기제다. 따라서 글자의 의미가 분명하려면 동일률과 배중률 같은 논리원칙에 따라 동일화와 대립화를 분명히 해야 한다. 이 때문에 글자는 하나의 사상을 극단화하며 다른 사상과 대립시키는 경향이 있다.

의미체계의 제1공정, 제2공정은 '다른 사물들'과 '대립한 사물들'을 만들어내면서 세상을 형형색색의 사물과 경쟁하는 사상들로 채웠다. 그 모습은 멀리서 보면 아름답다. 그러나 다름과 대립의 원리는 구분, 비교, 경쟁, 투쟁을 유발하면서 문명의 구성원들에게 밑도 끝도 없는 조울증을 안겨주었다. 이것이 차별화와 대립화의 의미생성 체계가 구문명의 구성원들에게 안겨준 빛과 그림자였다.

이러한 의미생성 공정은 쪼갤 수 없는 근원적 질서의 왜곡을 통해 이루어졌다. 결국 언어는 창조자면서 동시에 사기꾼이다.

언어의 사기술에 대한 폭로는 포스트모더니스트들을 통해 대대적으로 이루어진 바 있다. 이 폭로의 대열에는 물리학자들도 가세했다. 우리는 앞서 영의 두 구멍 실험을 통해 양자들이 입자와 파동으로 달리 나타난다는 사실을 논한 바 있다(3장).

양자들이 한 구멍을 열었을 때는 입자로, 두 구멍 모두를 열었을 때는 파동으로 나타나는 현상은 심각한 의미론적 문제를 제기한다. 물리학의 정의상 입자는 입자요, 파동은 파동이다. 한 사물이 입자면서 파동일 수는 없다. 그런데 두 구멍 실험은 양자들이 '입자면서 파동이다'라는 역설을 받아들이도록 강요하고 있다. 나아가 하나의 사물이 '물체면서 정신이다'라는 역설까지 받아들이도록 강요한다. 이는 '나는 신이면서 인간이다'라거나 '나는 남자면서 여자다'처럼 논리적으로 말도 안 되는 문장을 타당하다고 받아들여야 하는 상황과 같다.

이런 역설은 제3의 눈들에 의해 계속 제기되어왔다. '양자에게 의식이 있다'든가 '공간적 거리는 없다'든가 '유전물질이 정신적 경험을 각인한다'든가 '물이 인간과 대화한다'든가……. 논리적 모순임에도 진실을 내포한 역설에 대해 물리학자 카프라는 다음과 같이 말했다.

> 물리학자들이 원자실험을 통해 자연에 질문을 제기할 때마다 자연은 역설
> 로 대답했다. 그 상황을 더욱 명백히 하려고 하면 할수록 그 역설들은 더
> 욱 날카로워졌다.[23]

물리학자들은 물리학의 문제가 의미문제에 직결되어 있음을 감지했
다. 파동을 파동으로, 입자를 입자로만 생각하게 하는 의미체계가 문제
의 근원일 수 있다는 것이다. 일부 서구의 물리학자들은 명사 중심의 서
구 언어에 문제가 있을지 모른다며, 다른 언어권에서 물리학이 당면한
문제를 극복할 길을 제시할 수 있을 것으로 기대했다. 그러나 사실은 쪼
갬과 대립화로 의미를 만드는 모든 언어에 문제가 있다. 물리학의 문제
는 문명의 심층부에서 작동하는 의미체계의 문제다.

중국과학사에 깊은 관심을 가졌던 보어는 1937년 중국에 가서 태극
도를 보고 깜짝 놀랐다. 태극도는 대립된 음과 양이 서로 물려 있으며,
서로가 서로를 생성하는 상생적 관계로 그려진 것이다.

〈그림 46〉처럼 태극도에는 음양의 넓은 부분 속에 작은 동그라미가
있다. 음의 영역에 있는 작은 동그라미는 양의 싹을, 양의 영역에 있는
작은 동그라미는 음의 싹을 나타낸다. 양의 기운이 겉으로 극성해질 때
보이지 않는 곳에서 음의 기운이 싹트고, 음이 세상을 지배할 때 양의
세력이 자라고 있다는 뜻이다.

이 작은 동그라미들은 대립물이 상호 침투되어 있다는 일차적 통찰
이상의 것을 암시한다. 겉으로 드러난 대립적 질서의 이면에는 감추어

〈그림 46〉 태극도

진 공통의 뿌리가 있다는 것이다. 그 공통의 뿌리는 양극으로 분열되기 이전의 '극 없음'을 가리킨다. 도교의 음양철학에서는 세상이 '커다란 극들'(太極)로 나뉘기 전에 '극 없음'(無極)의 상태가 있고, 또 그 이전에는 '큰 비어 있음'(太虛)이 있다고 설명한다. 세상은 큰 빔이 큰 극으로 분열하면서 나타나는 것이다. 따라서 음양의 양극은 표면 질서에서는 대립적이지만 이면 질서에서는 상호 보완적이거나 동질적이다.

보어는 음양원리를 이용하여 물리학의 당면문제를 풀 수 있을 것으로 생각했다. 그리하여 입자와 파동, 위치와 운동량, 물체와 의식 등 대립된 것은 서로 보완적이라는 이론을 제시했다. 그는 "대립적인 것은 상보적(相補的)이다"라고 선언하면서 상보성 원리(complementarity principle)를 제창했다.[24]

상보성 원리는 대립된 것처럼 보이는 존재들의 내재적 실상을 역설로 드러낸다. 적들은 서로를 지탱해준다. 대립하는 적들은 안 보이는 질서에서 상보적이기 때문이다. 그들이 대립한 것은 의미체계가 그들을 대립된 의미로, 그리고 대립된 존재로 생산해냈기 때문이다. 이면 질서에서 극과 극은 통한다.

상보성 원리에 따라 과학 개념들에 대한 믿음이 무너지면서 구문명의 의미체계는 불신에 찬 시선을 받게 되었다. 논리보다는 역설이 더 진실을 표현하게 된 것이다. 이제는 서구 물리학자들조차도 선불교에서 말하는 '글자를 세우지 말라'(不立文字)는 경구를 인용할 지경이 되었다. 위대한 진리를 담는 기호로 추앙받아왔던 글자에 대한 불신은 과학계를 넘어 일상적 생활로도 번져나갔다.

글자적 사고방식을 담은 신문과 책 대신에 영상적 사고방식을 담은 방송, 영화, 컴퓨터를 타고 이미지, 동영상, 소리, 게임, 하이퍼텍스트 등이 널리 퍼져가고 있다. 이들은 분석적·대립적·직선적 사고를 원환적·모자이크적·게슈탈트적(형태적) 사고로 대체하고 있다. 캐나다의 매체학자 맥루한(Marshall McLuhan)은 글자 문화를 대체한 '음성 문화의 부활'을 주장했다.[25] 그것은 의미의 추상성에 기초한 문화에서 의미의 현장성과 총체성, 온전성에 기초한 문화로의 전환을 예고한다.

대립된 사물을 꾸며 만드는 구문명의 의미체계에 대한 폭로는 대중적 영화로 표현되기도 했다. 1986년 개봉된 프랑스 영화〈마농의 샘〉[26]은 플로방스 지방의 한 시골에서 일어난 작지만 치명적인 갈등을 잔잔하게 그린다.

곱사등이 장(제라르 드파르디유 연기)은 도시에서 공무원 생활을 하다가, 돌아가신 어머니의 고향으로 귀농하기 위해 아내와 예쁜 딸 마농(엠마누엘 베아르 연기)을 데리고 플로방스에 들어온다. 그들은 농사법에 관한 책을 읽어가며 시골생활에 뿌리를 내리기 위해 정성을 다해 일한다.

이들 도시내기들의 행동을 음험하게 지켜보는 눈길이 있었으니 중년의 파페(이브 몽탕 연기)와 그의 조카 위골랭(다니엘 오테유 연기)이다. 이들은 뭘 모르는 도시내기들의 땅을 빼앗으려는 욕심으로, 장의 땅으로 흘러드는 물의 샘을 막아버린다. 파페는 이 지방 사람들의 배타적인 지역감정을 이용하여 샘물에 관해 알고 있는 마을 사람들과 장의 가족을 격리시킨다.

장의 가족은 가뭄을 견디지 못해 연이어 농사에 실패했다. 장은 하늘을 우러러 한탄하다가 우물을 파기 위해 터뜨린 폭약에 그만 목숨을 잃는다. 미망인은 파페에게 땅을 헐값에 넘기고는 어린 딸 마농도 버리고 도시로 떠났다. 이에 파페와 조카는 막았던 샘물을 트며 땅 빼앗기 작전이 성공한 것을 자축한다.

시골에 남아 양치기 소녀로 지낸 마농은 마침내 이들의 음모로 아버지가 죽었다는 사실을 알게 된다. 마농은 자신만이 알고 있는 샘의 원천으로 올라가 마을 전체로 흐르는 물을 막아버린다. 이로써 파페에게, 그리고 외지 사람이라는 이유로 아버지의 불행을 방조한 마을 사람 모두에게 총체적인 복수를 가했다. 그러나 마을의 참상을 보다 못한 마농의 애인이 끈질기게 그녀를 설득하고, 마침내 마농은 막았던 샘을 트며 마을 사람들에 대한 원한도 푼다.

결정적인 사실은 파페의 노년 인생이 마지막을 향해 갈 때 알려진다. 우물을 파다 죽은 곱사등이 장이 자신의 아들이라는 것이다. 장의 어머니 플로레트는 파페와 무도회에서 하룻밤을 보낸 후 임신했고, 전쟁에 나간 파페로부터 답장이 없는 데 절망하여 바위에서 투신하여 아이를 지우려 했다. 그 결과 아이는 곱사등이로 태어났다.

자신이 궁지로 몰아 죽인 곱사등이 장이 바로 자기 아들이고, 자신에게 복수한 마농이 자기 손녀라는 진실 앞에 그의 삶은 무너져 내린다. 비가 떨어지는 날 멀리서 마농을 지켜본 파페는 집으로 돌아와 종부성사를 본 후 옛 애인의 머리빗을 손에 쥐고 누워서 삶을 마감한다.

이 영화는 갈등과 대립 뒤에 숨겨진 일반적 진실을 드러낸다. 모든 대립자는 같은 뿌리를 갖는다는 것이다. 한국적인 표현으로는 '극과 극은 통한다.' 파페와 마을 사람들의 눈에는 도시에서 내려온 곱사등이의 가족이 자신들과는 '다른 존재'로 보였고, 그 다름이 들어온 것은 '도시로부터의 침탈'로 해석되었으며, 꼽추에다 농사도 모르는 이들은 '하찮은 인간들'이었으니 그들의 땅을 빼앗는 것은 '정의로운 일'이었다. 마농의 입장에서는 영문도 모른 채 당했으니 이들 모두가 '가족의 적'이다. 의미의 다름에서 출발한 것이 거대한 적대전선을 형성한 것이다.

〈마농의 샘〉은 제3의 눈으로 대립화의 뿌리를 들춰냈다. 그러고는 발견했다. 다른 것, 적대적인 것의 뿌리는 같다는 것이다. 이로써 구문명의 의미체계가 감추어왔던 비밀이 드러났다. 다른 것은 같고, 극과 극은 통한다. 〈마농의 샘〉의 메시지가 퍼져나간 지 3년 후 동서냉전의 상징인 베를린 장벽이 무너졌다. 이를 단순히 자본주의의 승리로 보는 자들은 여전히 구문명의 시선을 벗어나지 못하고 있다. 세상을 자본주의와 사회주의, 부르주아와 프롤레타리아, 진보와 보수의 대립자들로 생산해온 구문명의 의미체계가 무너져 내리기 시작한 것이다.

차별화·대립화의 의미생성 원리가 사물을 다르고 적대적인 것으로 만들어내는 과정에 대한 폭로는 논리의 허구성과 역설의 진실성을 부각시켰다. 이 추세에 맞추어 역설의 정치가가 나타난다.

'아니다'가 가리킨 곳

'다른 것들은 같다'는 명제는 논리적 오류일 뿐 아니라 개념의 혼동이다. 그러나 이런 역설을 현실정치에 적용한 혁명가가 나타났다.

인도의 간디(Mahatma Gandhi)는 두 가지 '아니다'의 손가락으로 한 곳을 가리켰다. '폭력은 아니다'(non-violence)와 '타협은 아니다'(non-cooperation)의 두 손가락으로 이 세계의 언어로는 포착하기 힘든 무엇인가를 가리켰다. 왜 그는 두 가지 '아니다'의 손가락을 들었으며, 그것들이 가리킨 방향은 어디일까?

갈등과 대결은 지배와 피지배로 구획된 양극체계의 구조적 산물인데, 이 체제의 지배 세력에 대결해나가는 데서도 대립적 원리가 작동한다. 폭력노선과 타협노선이 그것이다. 지배 세력에 대한 투쟁은 이 두 가지 극으로 쪼개진다. 대부분의 피억압자들은 어느 한쪽을 취하거나 양쪽을 왔다 갔다 한다. 이 극단적 두 노선에 대해 간디는 '둘 다 아니다'라는 원칙을 세우고 밀고 나갔다.

그 결과 350여 년에 걸친 혹독한 영국 제국주의가 물러났을 뿐 아니라 영국인들조차 그에게 머리를 숙였다. 오늘날까지 인도인들은 그를 '위대한 혼'(마하트마) 혹은 '아버지'(바푸)라고 부르며, 대부분의 도시마다 중심부에 'MG 로드'(마하트마 간디 길)를 두고 있다. 먼 한국에서도 간디의 원리를 따르는 사회운동 흐름이 꾸준히 있었다.

저항의 한 극에는 '폭력투쟁'이라는 중심 개념 위에 세부 전략·전술이 달라붙어 있고, 다른 한 극에는 '타협' 혹은 '제도적 투쟁'이라는 중심 개념 위에 관련된 세부 의미들이 결합해 있다. 이 양극적 저항원리는 피지배자들을 분열시킬 뿐 아니라 저항 자체를 분열시킨다. 나아가 혁명 세력이 성공하더라도 그들은 다시 과거의 지배 대 피지배, 폭력 대 타협의 체계로 흡수되는 게 일반적이었다.

간디의 투쟁동지였던 회교지도자 지나(Muhammad Ali Jinnah)는 폭력투쟁의 의미 사슬을 따랐다. 그는 비록 간디와 오랜 세월을 함께하지만 간디의 비폭력 노선에 대해서는 비아냥거리는 등 불만이 잠재해 있었다. 그런데 영국 지배자들이 힌두교도와 회교도를 이간질시키는 정책으로 돌아서자 지나는 영국 제국주의자들에 협조하기 시작했고, 독립 후에는 동지들과 결별하고 회교국 분리운동에 앞장선다. 폭력과 타협의 양극은 서로 물고 물린다. 따라서 폭력과 타협은 근본에서 다르지 않다.

억압받는 사람들은 억누르는 사람들에 대해 적개심과 두려움을 동시에 갖고 있다. 억압자가 곤봉으로 후려치거나 비무장한 남녀노소에게 기관총을 쏘아댈 때, 비분강개하여 곧장 반사적 폭력을 휘두르는 것이 한편의 반응체계다. 그 결과 억업자는 피억압자의 폭력을 명분으로 자신의 폭력을 정당화한다. 반대로 두려움 때문에 비굴해져 억압자와 타협하면, '백성들이 만족한다'며 다시 지배 질서를 정당화한다. 심리학에서는 위협적 상황에서 사람들이 보이는 양극적 반응을 '싸우기 혹은 도망가기'(fight or flight)라고 부른다.

간디는 느슨해 보이긴 해도 저항을 멈춘 적은 없다. 영국 총독이 독점했던 소금에 대해 간디가 직판운동을 벌인 것은 비폭력 저항의 대표적인 사례다. 숱한 사람들이 소금의 직판운동에 결합하자 전매권의 붕괴를 우려한 총독부는 10만 명을 체포하는 과정에서 기관총을 발사했다. 사람들은 반사 폭력을 자제했을 뿐 아니라 곤봉에 맞아 쓰러지면서도 꾸준히 앞으로 나아갔다. 세계 여론은 '잔인한' 총독부를 궁지에 몰아넣었고 더욱더 많은 사람들이 저항대열에 가담했다.

반사 폭력을 멈추니 외형적으로는 실패할 수밖에 없다. 사람들은 그것을 받아들인다. 그러나 저항은 멈추지 않는다. 성공의 조급증도 실패의 좌절감도 그들을 간섭하지 않는다. 도덕적 우월감이 과거의 두려움과 비굴함을 대신했기 때문이다. 그들은 도망가지 않으면서 꾸준히 싸운다.

폭력과 타협은 피지배의 두 조건이다. 그래서 '다른 것은 같다.' 폭력이든 타협이든 결국 지배체계를 지지한다. 그래서 간디는 "폭력도 아니고, 타협도 아니다"라고 했다.

폭력도 타협도 '아니라면' 그 대안은 무엇인가? 이런 질문에 조심해야 한다. '둘 다가 아니다'라는 논지(兩非論)의 대안을 묻는 질문은 대답자가 뭔가를 내세우게 하고, 다시 반대 논지로 그 뭔가를 공격하기 위한 의도를 품고 있다. 그래서 간디의 언어 전략은 '아니다'로 끝난다.

그 대신 그의 꾸준한 '아니다'는 뭔가를 가리키는 손가락이 되었다. 그가 '아니다'의 손가락으로 가리킨 곳은 몇 가지 언급에서 암시되고 있다. 독립을 전후하여 힌두교도와 회교도의 종교분쟁이 격화되자 그는 양측 모두를 설득하기 위해 나서며 다음과 같이 말했다.

힌두교도와 회교도 모두에게 증명하겠어. 이 세상에 있는 악마란 우리들 마음속에 있을 뿐이라고. 우리들 마음속이 싸워야 할 전쟁터라고.[27]

영국인들은 골치 아픈 간디와 대결한다고 생각했다. 많은 인도인들도 간디가 영국에 저항한다고 생각했다. 그러나 간디가 근본적으로 대결한 것은 영국 제국주의가 아니다. 그가 진정으로 대결한 것은 지배체계 자체, 즉 인간을 지배와 피지배로 나누고, 지배자에 의한 억압과 피지배자의 굴종, 그리고 피지배자의 굴종을 지속시키는 폭력과 타협, 즉 양극적 의미체계와 대결한 것이다. 그는 의미체계의 혁명가다.

이 의미체계는 두려움이라는 뿌리 깊은 마음상태를 원료로 만들어진 허상들이다. 인도인들 속에 잠재한 마음속의 악마, 즉 지배와 굴종, 폭력과 타협, 힌두교와 회교를 양분하는 관성과 그중 하나만 옳고 다른 것은 그르다는 마음속의 양극체계와 대결하는 전쟁, 그것이 간디가 수행한 해방운동의 핵심이다.

간디는 『진리에 대한 나의 실험 이야기』라는 제목으로 펴낸 자서전 서문에서 다음과 같이 말한 바 있다.

> 내가 30년 동안 성취하려고 싸우고 애써온 것은 자아의 실현이며, 신과 얼굴을 마주 대고 봄이며, 모크샤에 도달함이다. 내가 정치 분야에서 한 모든 모험은 다 이 한 가지 목표를 지향한 것이다.[28]

여기서 '자아'(atman)란 힌두교에서 말하는바, 온 세상과 그 진리인 범아(brahman)의 개체적 현현을 말한다. 모크샤(moksha)란 죽음과 삶으로부터의 해탈을 뜻한다. 신과 얼굴을 마주 보고 신과 하나가 됨으로써 해탈에 이르기 위해 한 생애를 바친 실험으로서 정치적 저항운동을 벌였다는 것이다. 이로써 두 가지 양극 모두 '아니다'라고 하면서 간디의 손가락이 가리킨 곳이 드러난다.

'아니다'라는 손가락은 양극을 만들어내는 공통의 뿌리를 겨냥한다. 즉, 대립체계를 만들어내는 구문명의 의미 공정을 겨냥한다. 그리하여 영국 제국주의로부터의 해방뿐 아니라 '마음속 악마'를 만드는 의미체계로부터의 해방까지 이룸으로써 진정한 자유를 이루려는 것이다. 그런 해방이 없다면 영국 제국주의자들이 물러나도 진정한 독립은 이룰 수 없기 때문이다.

두 가지 '아니다'는 중도(中道)를 지향한다. 불교에서 강조한 중도는 공자가 말한 중용(中庸)과는 다르다. 중용은 양극의 중간지점에서 화합을 도모하는 것이다. 어느 한 극단에 치우치는 무리를 자제하면서 무난한 가운데서 극단과 조화를 이루려는 처세다. 그러나 중도는 양극단이 발생하는 공통의 뿌리로 내려가 그 자체를 부정함으로써, 기성의 대립구도를 더 이상 생성시키지 않는 다른 지평을 향한다. 중용이 단차원적이라면 중도는 다차원적이다. 중용이 기존 질서 속에서 화합하는 정태적인 것이라면 중도는 좀더 온전한 질서를 창조하는 운동성을 갖는다.

중도는 고통을 만드는 대립화의 의미체계로부터의 해방을 지향한다. 쪼개고 나누는 반대말이 더 이상 도달할 수 없는 지평에 가 닿음으로써 궁극적인 자유를 얻으려는 것이다. 바로 그 점 때문에 간디는 인도의 영웅에 머물지 않고, 보편적 의미체계의 혁명가가 될 수 있었다. 간디의 정치적 행동이 영국인들의 마음까지 흔들 수 있었던 것은 그가 선언한 자유의 헌장이 20세기 이후 사람들이 가야 할 길을 제시해주었기 때문이다.

150년 전 한반도에 몰려오는 제국주의에 대비하여 한국인들의 마음을 각성시킨 또 다른 혁명가가 있었다. 그는 지배와 피지배의 구조가 고착화된 전천(前天) 시대를 끝내고, 다가올 후천개벽(後天開闢)에 대비하여 한국인들이 준비하도록 각성시켰다. '동쪽의 배움'이라는 뜻의 동학(東學)을 창시한 최제우(崔濟愚)는 '아니다-그렇다'(不然其然)의 의미 전략을 제시했다.

우리가 눈으로 보는 사물은 보이는 대로 있는 듯하니 '그렇다.' 우리가 통상 받아들이는 의미 차원이다. 그러나 그것이 어디서 유래했는지를 생각하면 보이는 대로가 '아니다.' 사물의 근원으로 거슬러 올라가면 사물은 보이는 대로 존재하는 게 '아니다.' 그런데 모든 사물을 만든 조물주의 뜻에 붙여보면 그런 모습과 기능을 갖출 수밖에 없으니 다시 '그렇다.'[29] 고차원적 시선으로 보면 우리가 보는 사물들의 상대적 위상이 인정된다.

아니다-그렇다는 의미의 산물인 사물들이 표면적으로 지각되는 대로 존재하는 것으로 착각하는 데 대해 '아니다'라고 부정한다. 그러고는 다시 이 세계를 창조하는 고차원적 질서와 관련시킴으로써 '그렇다'고 긍정한다. 이런 부정-긍정의 과정을 통해 이 세상의 존재들은 그 확고한 실체성을 상실하지만, 다차원적 지평에서 새로운 위치와 의미를 부여받는다. 보이는 사물의 절대성을 부인하여 상대화시키는 한편, 이 세계를 펼쳐내는 의미의 뿌리와 연계시킴으로써 우주적 지평에서 그 적극적 역할과 기능을 확인하는 것이다. 즉, 시선의 차원 변동을 지향하는 것이 '아니다-그렇다'이다.

언어의 의미체계는 가운데를 배제하는 경향이 있다. 논리학에서는 이를 배중률(排中律)이라고 부른다. 그래야 의미가 뚜렷해지면서 사물이 양극으로 확실히 쪼개지기 때문이다. 중도는 기성의 의미체계가 회피하는 '가운데'를 언급함으로써 언어의 차별화·대립화 작용 자체를 중단시키려는 의미론적 전략을 내포한다. 양편으로 쪼개어 사물을 만들어내는 의미체계의 제2공정을 중단시키면서, 감추어진 온전한 질서를 드러내기 위한 목적이다. 그럼으로써 대립적 존재들로 구성된 있음의 세계를 품어 안는 새로운 차원을 열고, 그 차원을 지향하는 길을 가리키고자 한 것이다.

최제우도, 간디도 같은 의미론적 전략을 구사했다. 그들 모두는 문명의 기저에서 작동해온 차별화와 대립화의 의미생산 공정들을 중단시킴으로써 중도라는 새로운 의미체계를 만들어갔다. 중도는 양극의 공통 뿌리를 보면서, 대립을 품어 싼 새 의미 지평을 창조하는 역동적 원리로 구성되어 있다. 새 의미는 분리된 것, 대립한 것들을 하나로 품어 싼 온전으로부터 나온다. 중도는 온전을 지향하는 운동이다.

의미체계가 '기호 연쇄', '상호 텍스트성'의 탈근대적 관계사슬로 변하자 소통체계도 관계그물로 바뀌었다. 그것은 중간과정이다. 이제 더 새로운 의미체계가 등장하고 있다. '역설'을 통해 온전성을 드러내려는 움직임은 '중도'에서 그 완성된 모습을 보여주고 있다. 새로 부상하는 의미체계는 대립적 의미들을 품어 넘는 중도를 통해 온전을 지향하고 있는 것이다.

과연 온전을 지향하는 의미체계에 맞는 소통체계가 등장하면서 문명 대전환의 시나리오를 완성할 수 있을까? 그 지점에 도달하기 위해 새로운 의미의 요동은 구문명과의 한판 대결을 앞두고 있다. 이미 구문명은 자신을 뒷받침했던 소통체계와 의미체계 모두에서 상당한 균열과 붕괴를 겪었다. 문명 간의 전선이 분명해지면서 혁명의 기운은 무르익었다.

본래 혁명(革命)이라는 말은 '하늘의 명을 혁신한다'는 뜻이다. 단순한 지배체계의 전복이 아니다. 그간 인류의 삶을 지배해왔던 있음의 문명이 바뀌는 것, 그것은 그야말로 하늘의 명이 바뀌는 것이다. 하늘의 명을 바꿀 마지막 결전의 장이 다가오고 있다.

09 문명, 흔들리다

  사람들은 오늘날을 '급변의 시대'라고는 생각하지만, 하늘의 뜻이 바뀌는 혁명과정이라고는 생각하지 못한다. 그러나 이제 많은 사람들이 그것을 알 수 있는 문명 간의 마지막 전쟁이 다가오고 있다.

  다가오는 전쟁이 마지막인 이유는 그 결론이 분명하기 때문이다. 그 귀결은 둘 중 하나다. 새 문명이 1만 년 넘게 지구를 지배해온 구문명을 밀어내고 새로운 삶의 원리로 자리잡느냐, 아니면 인류를 포함한 지구 생명체의 대부분이 몰살하느냐. 문명이 성공적으로 전환하느냐, 아니면 인간이 멸종하느냐로 그 귀결이 분명히 갈린다. 우리는 우리 자신의 생명을 건 문명 전환의 과제를 대면하고 있다.

여섯 번째 대멸종
구문명은 그 안에서 생명을 유지해온 지구의 동식물들을 죽이기 시작했다. 국제연합환경계획(UNEP)의 2005년 보고에 따르면 지구상에서 매년 5만 5,000종의 생물이 사라진다. 전 지구의 생물종이 3,000만 정도이므로 산술적으로 볼 때 500여 년이 지나면 모든 생명체가 지구상에서 사라진다. 그러나 생명체들은 먹이사슬로 연결되어 있으므로, 그 사슬의 일정 정도가 끊어져 나가면 멸종에 가속도가 붙을 것이고, 임계점을 넘으면 순식간에 남은 생명체들이 땅과 바다에서 대규모 시체 무더기로 변할 것이다. 꿀벌의 집단소멸 현상은 생태계에 결정적으로 중요한 사슬이 끊어질지 모른다는 신호를 보내고 있다.

약 40억 년의 지구 생명사에서 이제까지 다섯 번의 대멸종이 있었다. 그전까지 잘 살아왔던 생명체의 절반 이상부터 95퍼센트까지 소멸시킨 대멸종 사건은 운석 충돌, 연쇄 화산폭발, 빙하기 도래 등으로 설명된다. 그런데 다가올 여섯 번째 대멸종은 인간이라는 신생 종이 일으킬 것으로 추정되고 있다.

〈그림 47〉은 관련된 변화의 추이를 보여준다. 제시된 네 가지 그래프는 모두 비슷한 모양을 그리고 있으며, 바닥을 흐르던 선이 길게는 최근 200년, 짧게는 최근 50년 동안 기하급수적으로 상승하는 패턴을 보인다. 그중에서도 두 번째 그래프는 멸종 생물의 수를 나타낸 것으로, 유난히 갑작스러운 수직 상승을 보인다. 이 그래프들만으로 보면, 인구 증가와 소비량의 증가가 결합하여 이산화탄소 농도를 올리고, 그 결과로 멸종 생물의 수가 급증하는 것으로 이해할 수 있다. 여기에 지구의 평균기온 상승 그래프를 결합하면 변화의 추세는 완성된 그림을 그린다. 지구 온난화는 이 문명이 일으킨 멸종 재앙의 상징이다.

온난화 문제는 과학자들뿐 아니라 산업계, 정치권이 얽힌 대논쟁을

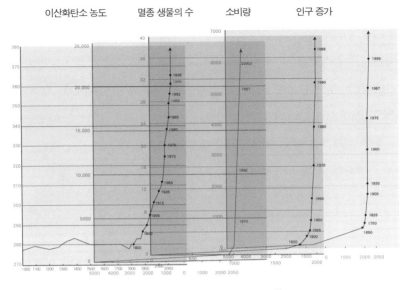

이산화탄소 농도   멸종 생물의 수   소비량   인구 증가

〈그림 47〉 멸종과 문명 간의 상관관계[30]

유발했다. 이 논쟁의 소용돌이에는 〈그림 48〉과 〈그림 49〉의 두 그래프
가 있었다.

〈그림 48〉은 미국의 화학자 킬링(Charles David Keeling)이 1950년대부터
지구 곳곳을 돌아다니며 주머니에 공기를 담아와 측정한 이산화탄소의
농도변화 그래프다. 발품을 팔아 그린 이 그래프는 2005년 그의 사망 후
아들이 아버지를 이어 계속 그려나가고 있다.

이 곡선이 매년 높아졌다 낮아졌다 하며 움직이는 이유는 여름철에
이산화탄소 농도가 높아지고 겨울철에는 떨어지기 때문이다. 이 그래
프를 통해 처음으로 대기 중 이산화탄소의 농도가 계속 높아지고 있다
는 사실과, 인간의 행동이 대기와 기후에 영향을 주고 있다는 사실이 드
러났다. 이는 지구온난화와 온실효과에 대한 논쟁을 촉발시키는 계기가

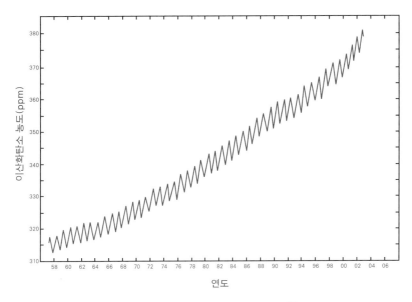

〈그림 48〉 킬링의 곡선(이산화탄소 농도변화)[31]

되었다.

1990년대에 미국의 기상학자 만(Michael E. Mann)과 연구팀은 과거의 지구 온도를 측정하기 위해 곳곳을 누비며 1,000년이나 산 큰 나무들의 나이테, 산호초, 빙하에서 추출한 얼음 심, 그리고 역사기록들에 새겨진 기온 데이터를 모아 발표했다. 〈그림 49〉는 만의 팀이 모은 데이터를 기초로 하여 유엔산하기구인 '기후변화에 관한 정부 간 패널'(IPCC: Intergovernmental Panel on Climate Change)의 2001년 보고서에서 제시한 것이다. 이 그래프의 실선 모양을 따서 '하키 채'(hockey stick)라고 부르기도 한다.

만의 하키 채는 소위 기후온난화의 회의론자들로부터 날아온 온갖 비난의 표적이 되었다. 그의 그래프를 공격하기 위해 새로운 그래프들이

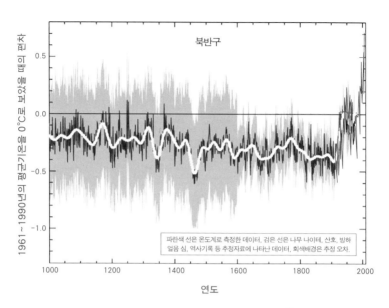

〈그림 49〉 만의 하키 채(북반구의 평균기온변화)[32]

숱하게 그려졌지만, 모든 그래프가 최근의 기온 상승이 과거와는 다른 이상현상이라는 데는 일치했다. 결과적으로는 지구의 기온이 최근 들어 급속히 상승한다는 사실을 확정하게 되었다.

이 논쟁이 첨예하게 진행된 미국은 1960~1970년대까지 기후변화에 대비한 법적 체계까지 갖출 정도로 앞서나갔다. 그러나 1980년대의 레이건과 2000년대의 부시가 이런 움직임을 반전시켰다. 이들의 배후에는 '지구기후연합'(Global Climate Coalition)이라는 환경단체 비슷한 간판을 내건 대규모 석유회사들이 있었고, 그 전면에는 온난화의 회의론자로 불린 학자들이 나섰다.

이들 정경학 연합 세력은 과학자들이 쓴 공식보고서의 내용을 몰래 바꾸어 공개하거나 각종 세미나와 웹사이트를 통해 인신공격성 비난을 일삼았다. 하키 채를 그린 만은 그 주된 공격목표였다. 2002년 조지 부시의 재선 전략 메모가 유출된 바 있는데, 여기에는 공화당의 환경 캠페인 전략이 적혀 있었다. 거기에는 '대중들은 온난화가 아직도 논쟁 중인 사안이라고 생각하면 이를 신뢰하지 않을 것이므로, 끊임없이 상대를 흔드는 게 좋은 방안'이라고 적혀 있었다. 사실과는 관계없이 무조건 공격하라는 얘기다.

기상학자를 비롯하여 유명 코미디언까지 전면에 내세운 회의론자들의 반대 캠페인은 레이건 이후 근 30년을 끌었다. 그 전말은 BBC 다큐멘터리 〈기후 전쟁〉에 상세히 그려져 있다.[33] 레이건 이후 미국의 환경정책은 퇴보하거나 답보상태에 머물렀으나 논쟁과정에서 좀더 많은 증거들이 축적되는 성과를 낳았다. 그리하여 최근에는 회의론자들까지도 온난화를 단순한 예측이 아닌 사실로 받아들이게 되었고, 후원집단인 '지구기후연합'도 해체되었다. 대규모의 공방은 시들었지만 지금도 여전히 온난화설에 대한 산발적인 공격은 계속되고 있고, 환경공해를 가장 많이 유발하는 미국의 환경정책은 여전히 답보상태다.

이 사건은 구문명의 수호 세력들이 누구인지 확인케 해주었으며, 이들이 문명에 다가온 전면적 위기에 대해 어떤 태도를 취하고 있는지도 보여주었다. 그들의 근본주의적인 믿음은 '위기는 없다'라는 문장으로 요약된다. 비록 다가오는 위기가 그들의 지배체계조차 파괴시킬 만한 것이라 해도, 그들은 여전히 손바닥으로 하늘을 가리고 앉아 있으리라는 것을 분명히 보여주었다.

온난화의 회의론자로 불리는 과학자들은 구문명의 수호 세력들이 어떤 패러다임에서 사고하는지도 분명히 보여주었다. 논쟁에서 드러난 그들의 주장은 세 가지로 요약할 수 있다. 첫째, 지구온난화는 사실이 아닌 추정과 예측에 불과하다. 둘째, 지구의 대기체계는 너무 커서 인간이 영향을 줄 수 없으므로 설혹 온난화가 진행된다 하더라도 그것은 자연적인 과정이지 인간이 개입한 것이 아니다. 셋째, 기후변화는 천천히 진행되므로 인간은 이에 적응하는 데 큰 어려움이 없다.

이러한 사고는 데카르트와 고전과학의 전형적인 자연관에 기초하고 있다. 자연은 평형의 체계고, 인간의 저편에서 자동기계처럼 작동한다. 주객이 분리된 것처럼 인간이 개입하여 자연을 변화시킬 수는 없다. 평형의 질서에는 임시적 무질서는 있을지언정, 다시 본래의 평형을 되찾을 것이다. 설혹 변화가 있더라도 그것은 기계적으로 진행되는 것이므로 충분히 적응할 수 있다.

이 사건을 통하여 구문명이 어떤 시선을 갖고 있고, 어떤 업계의 이권과 연관되어 있으며, 어떤 정치 세력과 연관되어 있는지가 드러났다. 반면 제3의 눈이 사물을 어떻게 바라보며, 어떤 지향성을 갖는지도 분명해졌다. 어떤 눈으로 기후변화를 보느냐는 어느 문명의 진영에 가담하느냐는 문제가 되었다.

회의론자들은 그간의 논쟁을 통해 그들이 가정한 첫째와 둘째 주장을 포기했다. 지구온난화는 '진행되고 있는 현실'이며, '온난화를 야기한 것은 인간이다'라는 데 대한 과학자들의 합의는 이루어진 셈이다. 이제 남은 이슈는 '온난화가 얼마나 빨리 진행될 것인가'다.

2001년 '기후변화에 관한 정부 간 패널' 3차 보고서에 따르면, 이미 20세기에 지구표면의 평균기온은 섭씨 0.6도가 올랐다. 2007년 4차 보고서에 따르면, 21세기 동안 세계의 기온은 1.1~6.4도 정도, 해수면은

18~59센티미터까지 오를 것으로 전망된다.[34]

우리는 기후 예측과 연관된 복잡한 논의에 끼어들 필요는 없을 것이다. 다만 지구가 얼마나 예민하고 유동적인 체계인지만 알면 충분하다. 하루에도 기온은 10도 이상 변하는 경우가 많으므로 위 기온변화 예측은 대수롭지 않게 받아들일 수도 있다. 그러나 평균기온이라면 문제는 달라진다. 평균기온이 6도 떨어지면 2만 년 전과 같은 빙하기가 도래하고, 반대로 평균기온이 6도 오르면 지구상의 생물은 대부분 살 수 없게 된다.[35]

위의 해수면 상승 예측도 대수롭지 않게 받아들일 수 있으나 해수면이 30센티미터만 올라도 삼각주 지대에 위치한 아시아의 수많은 농경지는 염분 침투로 농작물 경작이 불가능해진다. 숱한 논란이 있지만 샌프란시스코, 뉴욕, 런던, 기타 지중해 도시들은 막대한 자금이 투여되는 제방공사 계획을 이미 세웠거나 세우고 있다. 잘사는 해변 도시들은 재빨리 행동에 들어간 것이다. 그러나 지구의 민감성과 유동성은 그들의 행동 수준을 훨씬 뛰어넘을 수도 있다. 제일 가까운 빙하기로부터 지금까지 해수면은 130미터가 올랐다. 그린란드의 빙하가 녹으면 7미터 이상, 남극의 빙하가 녹으면 70미터 가까이 더 오를 것이다.[36]

장기 기후변화 예측의 정확성을 높이는 것은 과학자들의 당면과제지만, 이보다 더 분명한 기후의 법칙이 그 시도의 의미를 낮추어버린다. 혼돈 이론의 초기 개척자인 기상학자 로렌츠는 '나비효과'가 기후의 내재적 특성임을 밝혔다. 일정 기간까지는 서서히 변하다가 임계점을 넘으면 급속히 증폭한다는 것이다. 이 때문에 회의론자들의 세 번째 주장, 즉 온난화가 서서히 진행되기 때문에 인간이 충분히 적응할 수 있다는 기계론적 사고에 기댈 수는 없다.

기후체계의 혼돈적 특성을 뒷받침하는 강력한 자료가 그린란드 빙하 속에 숨겨져 있다. 빙하 속으로 들어가면 아주 오래전의 기후기록이 내장되어 있다. 얼음 심의 화학성분을 분석한 결과 빙하기였던 소드라이아스(Younger Dryas, 1만 2,800~1만 1,500년 전) 말기에 기온이 5도 상승했다. 그 때문에 인류의 초기 문명이 시작된 것이었다. 놀라운 점은 5도의 기온 상승이 단 1년 만에 일어났다는 것이다. 그 파급효과가 미치는 시간을 감안하더라도 길어야 3년 안에 대규모 멸종이 시작된다는 소리다.

어떻게 이렇게 빨리 변할 수 있을까? 우선 빙하가 녹으면 햇빛을 반사하여 우주로 내보내는 양이 줄어들면서 기온 상승을 가속화시킨다. 이산화탄소의 가장 큰 흡수원인 바다도 기온이 2도 상승하면 오히려 이산화탄소를 대기로 내뿜는다. 폭염이 되면 나무들도 탄소동화작용을 멈추고, 오히려 산소를 흡수하면서 이산화탄소를 방출한다. 온난화의 저지선인 플랑크톤과 나무들이 온난화의 증폭기구가 되어버리는 것이다. 게다가 온도가 오르면 바다 밑이나 얼음 호수 밑에 얼어 있던 메탄가스가 대기 중에 방출된다. 이산화탄소보다 23배의 온실효과를 가져올 메탄가스가 전 지구적으로 방출되면, 기온의 폭발적 상승은 막을 길이 없다. 이 때문에 임계점을 넘으면 단 1년 만에 5도가 오를 수 있다.[37]

이러한 기후체계의 혼돈적 특성 때문에 그 변화 예측의 의미는 줄어든다. 임계점을 정확히 예측하는 것이 불가능하기 때문이다. 그 시점은 100년이나 200년 후일 수도 있지만 바로 오늘일 수도 있다. 그래서 '이미 늦었을지도 모른다'는 말들이 나오는 것이다.

어떤 사람은 '인간이 자멸을 향해 달리는 폭주 기관차에 타고 있다'고 말한다. 그렇게 다급하게 표현할 수도 있지만, 동일한 사태를 캐나다의 유전학자 스즈키(David Suzuki)처럼 태평하게 말할 수도 있다.

이제까지 생존한 생물의 99.9999퍼센트가 멸종했다. 소수점 이하에 9가 네 개다. 멸종도 삶의 자연스러운 일부분이다. 인간은 가장 어린 종에 속하는데, 이 어린 종이 스스로의 파멸을 재촉하고 있다.[38]

멸종은 생명의 역사에서 자연스러운 현상이며, 하나의 멸종은 새로운 진화를 촉발하기도 한다. 따라서 인간이 유발하고 있는 대멸종의 가능성도 지구의 역사로 보면 자연스러운 일이다.

그는 동양 문화권의 인물답게 '꼬마가 위험한 장난을 하고 있다'고 평가했다. 인간은 이제까지 이런 위기에 맞닥뜨린 적이 없는 미숙한 동물이다. 따라서 대멸종의 위기 앞에서 어떻게 해야 할지에 대한 전통적 지침이 없다. 인간은 닥칠 위험을 피하려고 자신을 절제할 정도로 그렇게 성숙한 동물은 아닌 듯하다.

생물 역사의 한 장을 차지한 인간이 그 종의 내재적 한계 때문에 대멸종을 유발하는 것도 필연적일지 모른다. 그러나 인간도 의미의 산물이며, 그것도 자신이 만든 의미체계의 산물이라는 측면에서 보면 다른 가능성도 갖고 있다. 대멸종의 위기가 구문명의 의미체계에서 발생한 것이라면, 제3의 눈이 발견한 새로운 의미는 그 위기의 극복 가능성을 갖는다. 어쩌면 제3의 눈은 대멸종의 가능성에 대비하고자 인간에게 나타난 것인지도 모른다.

문명과 생명의 충돌

그리스 신화의 에리시톤(Erysichthon) 이야기는 오늘날 지구에 닥쳐오는 여섯 번째 대멸종의 가능성을 이해할 좋은 통찰을 제공해준다.

에리시톤은 '신앙심을 우습게 알고 신들을 업신여긴 인간'이었다. 그는 곡물과 식물의 여신인 데메테르에게 봉헌된 숲을 모조리 쳐 내려갔다. 이 숲에는 둘레가 8미터 가까이 되는 거대하고 오래된 참나무가 있었는데, 드리아스 요정들이 손을 잡고 돌며 춤추던 나무였다. 하인들이 이 나무 앞에서 망설이자 에리시톤이 말했다. "설령 이 나무가 여신이라고 한들, 내 앞을 막고서야 어찌 무사하랴?" 에리시톤이 도끼를 뺏어 들고 내리치자 나무 줄기의 도끼 자국에서 피가 흘러내렸다. 용감한 사람이 나서서 에리시톤을 만류했으나 그는 도끼로 이 사나이의 목을 찍었다. 마침내 나무는 무수한 도끼질에 엄청난 소리를 내며 쓰러졌고, 그 수를 헤아리기도 힘든 나무들과 함께 숲도 사라졌다.

드리아스 요정들은 하늘을 우러러 탄식하다가 모두 상복 차림으로 데메테르 여신에게 몰려가 에리시톤에게 죗값을 물리라고 간청한다. 데메테르가 고개를 끄덕이자 논밭의 곡식들도 모두 고개를 끄덕인다. 데메테르는 기아의 여신 손에 에리시톤을 맡겼다. 기아의 여신은 에리시톤의 몸에다 시장기를 불어넣어 핏줄 구석구석까지 시장기의 독이 스며들게 했다.

그다음 날부터 에리시톤은 한없이 먹어댔다. 그의 시장기는 '쌓여 있는 땔감을 모조리 태우고도 지칠 줄 모르고 혀를 날름거리는 불꽃' 같았다. 전 재산은 바닥났고, 하나 남은 딸까지 팔았다. 먹어도 먹어도 에리시톤의 시장기는 가시지 않아 결국은 자기 팔다리까지 잘라 먹지 않을 수 없었다. 그는 자기 몸을 잘라먹음으로써 자기를 부양했으니 숨이 끊어지고 나서야 데메테르의 복수에서 벗어날 수 있었다.[39]

숲을 잘라내는 탐욕이 자신까지 잡아먹는 이 이야기는 오늘날의 상황을 잘 표현해주고 있다. 아마도 에리시톤은 자기가 자신의 몸통을 뜯어먹고 있다는 사실을 알고 있었을 것이다. 그렇다 해도 에리시톤은 그 엽기적 행동을 멈출 수 없었다. 허기를 억누를 수 없었기 때문이다. 철기문명 이전에 만들어졌으리라 생각되는 이 이야기는 오늘날 우리가 처한 상황에 대한 정확한 예언이 되고 있다.

사람들은 다가오는 파국의 원인에 대해 다양한 견해들을 갖고 있다. 현 상황을 '환경문제'로 진단하고 '환경을 살리자'는 캠페인을 벌이는 것은 가장 지배적인 견해에 속한다. 환경운동가 오수벨(Kenny Ausubel)에 따르면 '환경을 살리자'는 틀린 말이다. "환경은 살아남는다. 우리가 못 살아남거나 원치 않는 환경에서 살게 될 것이다."[40] 궁극적으로 파괴되는 것은 환경이 아니라 인간 자신이다.

에리시톤은 숲을 파괴한 인간이다. 그것만 보면 에리시톤은 환경파괴범에 그친다. 그러나 신화는 더 큰 통찰력을 갖고 있다. 그를 환경파괴로 이끈 힘은 결국 그 자신을 파괴할 수밖에 없다는 통찰이다. 한 조직이나 문화의 멸망은 외적 요인보다는 내적 요인으로 진행되는 경우가 많다. 마치 배고픈 뱀이 큰 입을 벌려 자신의 꼬리부터 꾸준히 삼키어 넣듯, 통제할 수 없는 내적 관습과 충동이 자신의 팔다리까지를 잘라 먹고 혀를 날름거릴 때까지 끝나지 않기 때문이다.

그렇게 볼 때 문제의 핵심은 '환경'이 아니다. '환경문제'라는 해석은 인간과 대상을 구분하고, 인간이 대상을 통제·관리해야 한다는 구문명의 시선에서 나왔다. 그런 이분법으로 보더라도 원인은 '환경'이라기보다는 오히려 '인간' 쪽에 있다.

인간 쪽에서 원인을 찾는 사람들은 어떤 인간들이 주요 원인이냐를 놓고 견해가 갈린다. 환경파괴의 책임을 지지 않으려는 미국을 비롯한 선진산업국들, '잘살아보겠다'며 그나마 보존된 자연마저 파괴하는 후진국들, 기업들의 맹목적 이익 추구, 이들 모두를 지탱해주는 소비자로서 인간의 탐욕 등등이 거론된다. 각각의 견해에 따라 에리시톤이 누구를 상징하느냐에 대한 해석이 달라질 것이다. 이들 견해에서 공통점은 '원인은 내가 아니고 너다'라는 진단이다.

미국에서 생태 이슈에 앞선 민주당이 권력을 잡고 민권운동가 출신의 대통령이 등장했음에도 미국이 소극적인 기후변화협약은 큰 진전이 없다. 이산화탄소 배출 억제량을 놓고 선진국은 후진국 탓을, 후진국은 선진국 탓을 하는 지루한 논쟁은 계속 이어진다. 사람들이 서로 '네가 에리시톤이다'라고 진단하는 사이에 태평양의 섬나라들은 해수면 상승으로 사람들이 떠나고 있다.

'우리 모두가 원인이다'라는 진단하에 관련 당사자 모두의 각성을 촉구하는 운동도 있다. 이 견해는 '모든 것들이 상호 연결되어 있다'는 시각의 진전을 보여주며 각 분야별로 다른 행동지침을 제시해준다는 실천적 강점도 있다. 그들은 '우리 모두가 에리시톤이다'라고 해석한 것이다.

그런데 '우리 모두의 탓'이라든가 '내 탓'이라는 회개성 구호는 '너의 탓'을 부드럽게 표현하는 경우가 많다. 나아가 인간 자체, 혹은 인간의 욕망 자체를 문제의 근원으로 설정함으로써, 바꿀 수 없는 것을 바꾸려는 비현실성을 표출하는 경우도 있다. 인간, 혹은 인간성 자체를 문제 삼으면 인간에 대한 회의주의를 벗기 어렵다. 에리시톤의 시장기는 그의 인간적 천성인 식탐이므로 자신의 팔다리를 잘라 먹고야 끝날 수 있기 때문이다.

인간은 의미의 산물이며, 좀더 구체적으로는 자신이 만든 의미체계의 산물이다. 의미체계가 달라지면 문명도 인간도 변한다. 인간은 문명을 만들면서 자신도 만들어왔다. 따라서 인간성, 혹은 인간의 욕망이라는 추상적·초시간적 개념을 붙들면 그의 천성에 모든 운명을 맡길 수밖에 없다.

생태전도사로 나선 미국의 전 부통령 고어(El Gore)는 지구의 환경위기를 "우리 문명과 지구와의 충돌"(collision between our civilization and the earth)이라고 진단했다.[41] 문명이란 인간의 삶의 방식을 말하므로 삶의 방식이 지구와 충돌하고 있다는 지적이다. 에리시톤은 '우리 문명'이라는 것이다. 이렇게 이해하면 인간성 자체를 문제 삼지 않고도 인간의 가능성을 새로운 문명의 가능성 속에서 전망하는 게 가능하다.

다만 엄격히 말하면 문명과 지구는 충돌하지 않는다. 지구는 인간이 멸종해도 다시 새로운 생태계를 복원할 것이다. 충돌이 일어난다면 그것은 인간 문명과 지구 생명 사이에서다. 문명과 생명이 충돌한 것이다.

에리시톤은 일차적으로 산업 문명의 상징이다. 신과 요정과 산신령이 깃들었던 나무와 숲의 파괴는 산업 문명의 등장을 나타낸다. 에리시톤은 성스러운 나무 앞에서 "설령 이 나무가 여신이라고 한들, 내 앞을 막고서야 어찌 무사하랴?"고 호언했다. 신에 대한 두려움을 떨쳐내고 이성의 힘으로 인간주의를 드높인 휴머니즘 문명의 전형적 사고방식이다. 인간주의에 기초한 산업 문명이 마침내 인간 자신을 뜯어먹는 지경에 이른 것이다.

그렇다면 산업 문명을 극복하면 위기를 넘어설 수 있을까? 그렇게 생각하는 사람들은 적지 않다. 토플러는 제2물결의 굴뚝산업 문명을 제3물결의 지식 문명으로 바꾸는 것으로 많은 문제를 넘어설 수 있으리라고 전망했다. 고어는 지구온난화를 일으킨 문명의 특징을 첫째 인구 증가, 둘째 기술에 의한 자연의 대량 침해, 셋째 온난화를 방치하는 정치 등 세 가지로 지적함으로써 '지구와 충돌한 문명'이 산업 문명임을 분명히 했다. 그는 정치가 출신답게, 시민들의 압력에 의한 정치의 변화에서 위기 극복의 가능성을 찾고 있다. 유럽과 일본에서는 탄소발자국을 줄이려는 주거와 도시 디자인들이 진전을 보이고 있다. 이런 시도들은 산업 문명의 억제를 통해 생태위기를 넘어서면서 지식 문명으로 나아가려는 기획으로 볼 수 있다.

그러나 이러한 시도도 결정적인 벽을 넘지는 못하고 있다. 더욱 부강한 나라가 되고 싶고, 기업 간 경쟁에서 이기고 싶고, 더 많은 돈을 벌려는 국가와 기업, 개인의 강한 의도는 있음의 문명을 뒷받침하는 의미체계에서 꾸준히 발생하고 있기 때문이다. 의미체계가 변하지 않는 상태에서 소통체계만을 바꾸려는 시도는 깊은 곳에서 올라오는 충동을 억제하는 데 한계가 있다. 이 때문에 문화의 변화를 도모하는 움직임이 결합한다. 환경 분야 저술가인 하트만(Thom Hartman)이 말한다.

문제는 기술도 아니고 이산화탄소 증가도 아니고 온난화나 쓰레기도 아니다. 이들은 문제의 징후일 뿐이다. 문제의 핵심은 우리의 사고방식이다. 이는 문화의 문제며 문화 수준의 문제다.[42]

그가 진단하는 '기성의 문화'는 세 가지 가정에 근거해 있다. 첫째, 우리 인간은 지구상에서 가장 우수한 생명형태다. 둘째, 우리는 다른 생명형태들과 분리되어 있다. 셋째, 우리가 다른 생명체들을 지배해야 한다. 그가 지적한 문화의 세 가지 가정은 산업 문명의 의미체계인 휴머니즘 문명을 가리킨다. 결국 그는 인간 중심주의를 넘어 생태적 인간 개념과 삶의 방식을 제시함으로써 산업 문명의 토대인 의미체계까지 혁신하려는 비전을 제시하고 있다.

고어와 하트만의 비전이 결합하면 산업 문명을 넘어서려는 프로그램은 완결성을 갖는다고 하겠다. 즉, 산업 문명이라는 소통체계와 휴머니즘이라는 의미체계 모두의 혁신이라는 문명 전환의 비전이 수립되었다고 할 수 있다.

휴머니즘 문화와 산업 문명을 극복하면 에리시톤의 시장기를 잠재울 수 있을까? 신화에 따르면 그의 시장기는 기아의 여신이 핏줄 구석구석까지 불어넣은 것이다. 대개 그리스 신화에서 신의 처벌이란 그 인간이 갖고 있던 본성과 성향을 극한으로 드러내는 계기를 상징한다. 따라서 시장기는 외부에서 들어온 것이라기보다는 본래부터 에리시톤에게 있었던 것이다. 그렇게 보면 산업 문명의 시장기는 더 깊은 의미체계에서부터 발동한 것이다. 산업 문명의 극복은 필수적이다. 그러나 그것이 성공하더라도 에리시톤의 식탐은 근본적으로 사라지지 않는다. 언젠가 또 숲을 파괴할 것이고, 다시 기아의 여신을 초청하게 될 것이다. 에리시톤은 이제까지 존재했던 구문명의 총체적 대변자다.

신화에서는 에리시톤을 '신들을 업신여긴 인간'으로 소개한다. 모든 자연에 신이 깃들어 있다는 그리스 신화의 세계관을 전제할 때, 에리시톤은 자연을 인간의 자원으로만 바라본 시선, 즉 자연을 있음으로 규정하여 가공하고 소유하려는 있음의 문명을 상징한다. 즉, 인류 초기 문명에 형성되었고 지금까지 강하게 영향을 미치는 있음의 의미체계를 대변하는 인물이다. 철기 문명 이전에 생겼을 신화가 오늘날을 예언하는 것도 동일한 의미체계가 관통하고 있었기 때문이다. '있음'이라는 의미를 받아들이는 한, 문명에 의한 생명의 파멸은 단지 시간문제가 된다.

문명 자체를 거부한 히피들의 전통을 이어, 급진적 생태주의자들은 산업 문명의 영광이 빛나는 기업, 국가, 도시를 버리고 산이나 들로 들어간다. 그들은 농사를 위주로 생계를 꾸리며, 태양열과 풍력을 이용한 자가발전의 기술을 개발하고, 일부는 거지처럼 도시에서 버려진 쓰레기에서 생필품을 얻는다.

그들의 삶은 다른 모든 인간들을 위한 비전이라고 보기에는 보편성이 약하다. 이들의 삶을 비춘 텔레비전 화면에서는 그들이 쓰레기를 뒤져 빵과 채소를 찾아내는 장면과 더불어, 지나가는 사람들의 찡그린 얼굴이 오버랩된다. 그럼에도 그들은 있음이라는 의미에 근거한 삶의 방식을 넘어서야 한다는 근본적인 비전을 제시하는 셈이다. 그것은 구문명이 양분을 빨아올리는 의미체계의 뿌리를 바꾸어야 한다는 것이다.

있음의 문명을 넘어서야 한다는 비전은 제3의 눈과 만난다. 물론 제3의 눈은 과학기술과 그에 따른 사회혁신의 가능성을 폭넓게 받아들인다는 점에서 급진적 생태주의와는 구분된다. 제3의 눈은 기성의 과학기술주의와는 분명한 선을 긋지만, 과학기술이 새 문명의 의미체계 위에서 재편될 때 인간의 가능성을 한층 높여주리라는 비전은 놓지 않는다. 그렇다면 제3의 눈은 닥쳐온 대멸종 위기에 대해 어떤 태도를 취할까?

살아남느냐 배우느냐

대멸종의 위기에서 가능한 시나리오는 세 가지다. 첫째, 큰 파국 없이 현 문명이 지구 생태계와 조화를 이루는 방향으로 서서히 전환된다. 둘째, 인간을 포함한 지구 생명체들의 대멸종이다. 여기서 인간 종이 살아남을 가능성은 배제된다. 셋째, 파국을 겪으면서 인류의 일부가 살아남아 새 문명을 일군다.

무리 없이 문명의 전환을 이루는 첫째 시나리오는 많은 사람들이 바라지만, 그 확률은 계속 떨어지고 있다. 지금처럼 획기적인 조치를 취하지 못하고 시간을 끌수록 파국을 피하기는 어렵기 때문이다. '시간이 없다'거나 '이미 늦었을지 모른다'고 말하는 과학자들을 보면 인류의 멸종이라는 둘째 시나리오의 가능성도 배제할 수 없다. 어쩌면 기후변화의 임계점을 넘었을지도 모른다는 것이 그들의 생각이다. 첫째와 둘째의 양극적 가능성을 배제한다면 인류의 일정 부분이 소멸하고 남은 인간들이 새로운 문명을 건설할 셋째 시나리오의 확률이 가장 높을지도 모른다.

양자역학과 혼돈 이론에 따르면 현실은 확률적 가능성일 뿐이다. 위 세 가지 가능성은 지금 현실 속에 모두 살아 있고, 모두가 진행되고 있는 현실의 일부다. 어떤 시나리오가 현실화될지는 우연적 요인에 의존하므로 미래를 하나의 가능성으로 단정하기는 힘들다. 다만 분명한 사실은 시간이 지날수록 첫째 시나리오의 무난한 이행의 확률은 줄어들고, 둘째와 셋째 시나리오의 파국의 확률은 높아진다는 것이다. 시간이 갈수록 확률의 상대적 비중이 달라지면서 어떤 우연적 요인에 의해 하나의 가능성이 증폭되어 현실로 드러날 것이다.

미래가 어떻게 전개될 것이냐에 대해서는 확실히 예측할 수 없지만,

미래에 대해 어떤 태도를 취하는 것이 인간에게 이익이 되느냐는 지금 판단할 수 있다. 이 판단을 하는 데 있어서 중요한 점은 지금의 물질적 생활수준이 유지되어야 한다거나 지금 살아 있는 70억 인구가 모두 살아남아야 한다는 고집을 우선 버려야 한다는 것이다. 인간 생명을 지킨다는 이상은 좋지만, 변화를 받아들이지 않는 태도가 오히려 기존 문명을 지키려는 태도와 결합해 더 큰 파국을 불러일으킬 수 있기 때문이다.

'사느냐 죽느냐'보다 더 중요한 것은 '무엇을 배웠느냐'다. 지금에 닥친 위기를 통해 충분히 배울 수 있다면, 이 위기는 인류에게 커다란 선물이 될 수도 있다. 배운 게 분명할수록 살아남을 가능성도 커진다.

과거 문명으로부터 충분히 배우고 그 배움에 기초하여 새 문명을 창조해야 한다는 실천적 입장에서 보면, 둘째 시나리오인 인간 종의 멸절 가능성을 놓고 실천방안을 기획할 수는 없다. 나아가 그것은 '이미 늦었다'든가 혹은 '인간은 어쩔 수 없다'는 허무주의 태도를 키움으로써, 이 위기로부터 배워야 할 것마저 놓친다.

"지금까지 존재했던 종의 99.9999퍼센트가 멸종했다"라는 스즈키의 말은 우리에게 평정한 태도를 선사해준다. 언젠가 인간도 멸종한다. 인간이 아무리 오래 살아남아도 언젠가 지구는 부풀어오른 태양에 흡수될 것이다. '지구를 탈출하자'는 아이디어도 있지만 우주도 언젠가는 사멸한다. 불가피한 멸종이 우리 세대에서 일어나지 말란 법도 없다. 인간이 사멸한다고 해서 인간이 지구에서 살아온 의미가 줄어드는 것은 아니다. 인간의 문명사는 우주의 의미 샘에 고스란히 보관될 것이며, 새롭게 출현하는 종이 과거 인간들이 배운 것들 위에서 다시 출발할 수 있다. 설혹 인간이 멸종된다 해도 인간이 살아왔던 의미는 사라지지 않는다.

따라서 실천적 측면에서 보면 인류 멸종의 가능성은 고려대상에서 배제하는 것이 적절하다. 스피노자처럼 '내일 지구가 멸망하더라도 오늘 한 그루의 사과나무를 심는' 태도로 접근하는 것이 더욱 큰 배움을 안겨 줄 것이다. 현재 닥친 위기는 인간과 그 문명에 대해 매우 분명한 가르침을 담고 있다. 다차원적 시선인 제3의 눈은 여기서의 생존 자체보다는 무엇을 배웠고 어느 수준의 진리에 도달했느냐에 더 큰 가치를 둔다.

문명의 전환에 관한 한 제3의 눈은 가장 근본적인 입장을 갖는다. 구 문명을 뒷받침한 의미들의 핵심이 바뀌지 않는 한 이 위기를 근본적으로 벗어날 수는 없다는 판단 때문이다. 즉, '있음'에 근거를 둔 모든 삶의 양식들이 바뀌어야 한다는 것이다. 제3의 눈은 있음이라는 의미의 폐기와 재편, 빔으로부터 나오는 의미들의 발견과 창조에 직접 관여한다.

따라서 제3의 눈은 구문명의 중층구조 전체의 혁신을 지향한다. 파국을 만든 것은 있음에 근거를 둔 모든 의미체계들로부터 파생되었기 때문이다. 어느 한 수준에 국한된 비전과 프로그램으로 현재 닥친 위기를 근본적으로 넘어설 수는 없다. 궁극의 비전은 있음의 문명을 빔의 문명으로 전환하는 것이다.

혁명 전략은 혼돈 이론에서 제시한 바 있다. 모든 의미 수준에서 일어나는 문명 전환의 요동들과, 이 요동들이 거대한 공명체계를 이루도록 고무하는 것이다. 결정론적인 전략은 상정할 수 없다. 결정적 순간은 우연의 자기조직화에 맡길 수밖에 없다.

다만 우리가 말할 수 있는 것은 모든 분야에서, 그리고 모든 층위에서 새 문명을 지향하는 나비들의 날갯짓을 고무해야 한다는 것이다. 그래야 하나의 요동이 주변을 공명시키고 다시 다른 층위의 요동들과 결합하여 더 큰 공명장을 이루면서 마침내 새 문명의 질서로 떠오르리라 기대할 수 있다. 이미 새 질서의 공명장은 형성되었다. 이것이 소극적 되먹임에 의해 약화되지 않도록, 적극적 되먹임에 의해 더 큰 공명체계로 발전하도록 나비들을 고무시키는 일이 우리의 중요한 실천항목이 될 것이다.

제3의 눈은 인류사 전체를 통해 형성된 구문명의 뿌리를 꿰뚫어보았다. 제3의 눈이 출현한 지는 단 100여 년에 불과함에도 전 문명사를 뒤엎을 만한 파괴력과 창조력을 가졌다. 그 창조적 떨림이 다른 층위의 요동들과 결합하여 더 큰 공명장을 형성하면, 우리 스스로가 놀랄 정도의 빠른 속도로 구문명이 혼돈의 가장자리에 도달할 것이다.

구문명과의 불가피한 마지막 전장에서 신문명은 절대적으로 이로운 자리를 차지하고 있다. 결국 구문명은 물러난다. 지구의 생명들과 더불어 자멸하느냐, 생명은 살리면서 물러나느냐만이 남은 문제다. 우리의 과제는 새 문명의 요동이 얼마만큼 빠르고 밀도 높게 자기조직화를 이루어 에리시톤 사후에 그 자리를 잘 인수하느냐로 수렴된다.

하늘의 뜻을 바꾸는 혁명은 외형적인 파국의 양상을 취할 수는 있으나 그 본성은 물의 질서가 눈의 질서로 변화하듯 매우 자연스러운 질적 전환일 수밖에 없다. 또 그래야 하늘의 명만큼 오랫동안 생명력을 유지한다. 이 혁명은 삶의 모든 부분에서 일어난다. 전문적 혁명가는 없지만, 모두가 혁명가일 수 있다. 지금 여기 내가 놓인 자리가 혁명의 전장이다.

4부

온전하다

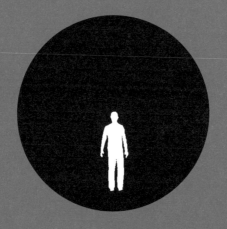

10 온전, 향하다

이제까지 우리는 제3의 눈이 무엇을 보았는지, 그것이 발견한 의미가 어떻게 새로운 요동으로 떨며 새 질서를 만들어왔는지, 그리고 인류의 문명이 얼마나 근본적인 전환기에 처해 있는지를 살펴보았다.

마지막으로 제3의 눈이 어떤 비전을 갖는지를 논의하고자 한다. 제3의 눈은 있음에서 빔을 보았으며, 다름에서 같음을 보았다. '빈 같음' 혹은 '빈 온전'은 새로운 비전이 나오는 원천이 된다. 요약하면 제3의 눈은 '빔에 기초하여 온전을 지향한다'고 할 수 있다. 그 비전은 '온전한 앎을 통한 온전한 삶'이다.

온전(穩全, whole)은 분리되지 않은 하나임(oneness)의 특성이다. 이 안에서는 분리된 것처럼 보이는 사물들의 독자성이 사라지고 '쪼갤 수 없음'의 일부가 된다. 온전 속에서 부분은 전체를 품고, 전체는 부분에 스며 있다. 온전은 전일성(全一性, totality)의 특성을 갖는다.

온전의 시선은 분석(analysis)의 시선과 결별한다. 분석적 시선은 사물을 쪼개어 기본 구성요소로 환원한 후, 이들 간의 상호작용을 발견하여 법칙을 세우려 한다. 쪼개진 것들은 그 법칙에 따라 다시 통합(integration) 되고, 종합(synthesis)된다. 이런 과정을 거쳐 종합된 것은 통일성(unity)은 떨지 모르지만 온전성(wholeness)은 아니다. 온전의 시각에서 보면 분석은 작위적인 나눔이며 통일은 기계적인 결합이다. 그 때문에 분석의 시선은 인위적이고 조작적인 지식을 낳을 수밖에 없다.

온전은 숨겨진 질서의 특성이다. 반면 쪼개짐은 드러난 질서의 특성이다. 분석적 시선은 드러난 있음만을 바라본다. 반면 온전의 시선은 있음을 그 내재적 질서인 빔과의 관계에서 봄으로써 시선 자체의 온전성을 추구한다. 온전은 제3의 시선이 바라보는 궁극의 지평이다.

온전을 향한 운동

제3의 눈의 발생과정은 분석의 시선이 온전의 시선으로 바뀌는 과정이었다고 할 수 있다.

아인슈타인은 특수상대성 원리에서 관찰대상의 값이 관찰자의 운동에 따라 달라진다는 발견을 통해 대상과 관찰자가 나뉠 수 없음을 발견했고, 질량과 에너지도 하나임을 발견했다. 일반상대성 원리에서는 시간과 공간이 쪼갤 수 없는 연속체임을 발견했고, 중력과 가속도도 다른 것이 아님을 밝혔다. 이로써 모든 것이 시공연속체의 운동으로, 나아가 시공을 발생시키는 운동으로 수렴되는 비전을 얻었다. 통일장이란 온전의 비전이었다.

보어는 상보성 원리를 통해 입자와 파동은 하나의 온전이 드러난 양면임을 발견했다. 그의 뒤를 이은 하이젠베르크는 입자의 위치와 운동량이, 나아가 관찰대상과 관찰자가 분리할 수 없는 온전에 속한다는 점을 밝혔다. EPR 효과에 대한 논쟁은 모든 공간적·시간적 분리가 3차원적 양상이라는 점을 밝힘으로써 사물의 분리성과 국소성에 종지부를 찍었다. 모든 사물은 그 근원적 질서에서 하나가 되었다.

생태계와 생명권 개념은 인간과 다른 생명체들, 나아가 땅, 바다, 대기 등이 분리할 수 없는 온전의 체계임을 밝혀왔다. 개별 생물체와 공명하는 형태장, 입자를 발생시키는 진공도 사물들을 품어 안는 고차원적 온전성을 드러냈다.

아인슈타인이 다루었던 빛은 물체라기보다 신호로 간주됨으로써 물리세계에 기호와 의미가 결합하는 출발점이 되었다. 이후 양자역학에서는 '소립자들의 의식'이 드러났고, 후성학은 '몸의 생각'을 밝히고 있다. 반면 뇌신경학에서는 의식의 전기화학적 성격을 드러내면서 의식과 물질은 온전 속에 결합해 들어갔다. 데이비드 봄은 의식과 물질 모두를 펼쳐내는 의미를 근원적 질서로 제시했다.

양극적 소통체계가 붕괴되면서 등장한 관계그물, 차별화와 대립화의 의미생성 체계를 넘어설 중도의 원리, 지구온난화로 닥친 문명과 생태계의 위기는 온전을 향한 운동을 촉발시켰다. 온전을 거스르고 분리된 발전의 길을 취하면, 마치 독자 성장하는 암세포가 생명체를 파괴하듯이 자신을 포함한 온전의 질서 전체가 위기에 처할 수 있다는 사실도 분명해졌다. 제3의 눈을 통해 분석의 시선은 온전의 시선으로 변해왔다.

일반적으로 말해서, 온전 속에서 사물을 보는 것은 쪼갬 속에서 사물을 보는 것보다 사물의 실상에 더 접근할 수 있다. 앞서 보았듯이 의미의 수준이 높을수록 더 미묘하고 더 무한하며 더 높은 에너지에 도달한다(6장). 의미 수준이 높아진다는 것은 그만큼 차별상이 사라지는 온전에 도달한다는 것이다. 차별상으로 보는 분석의 시선은 더 두드러지고 유한하며 낮은 에너지의 의미 수준에서 작동한다. 그만큼 사물의 실상은 왜곡된다. 분석적 시선이 낮은 수준의 진리치에 머무는 이유에 대해 봄은 다음과 같이 말한다.

> 하나여서 분리할 수 없는 것을 나누고 나면, 다른 것은 다르게 존재하는 것이라고 확정하게 된다. 결국 쪼갬(fragmentation)은 그 본질상 다름과 같음(혹은 하나임)에 대한 혼동이다……. 무엇이 다르고 무엇이 같은지를 혼동하는 것은 모든 것에서 혼동에 빠지는 결과를 낳는다.[1]

두 눈 문명의 과학은 '다르게 드러난 현상'을 '다른 존재'로 간주한 혼동에 기초하고 있다. 온전의 측면에서 보면 이러한 다름들은 '같다.' 그것이 다른 사물로 보이는 것은 "독립적 존재여서가 아니라 온전이 드러난 여러 측면들(aspects)일 뿐"이기 때문이다.[2]

그러나 근원적 질서에서 같다고 해서 '모든 것은 같다'고 말하는 것은 우리의 언어 질서에서는 적절하지 않다. 그리하여 봄은 바깥으로 드러난 질서와 안으로 품는 질서가 '다르다'는 개념을 도입함으로써 차원의 구분을 통해 '좀더 온전한' 질서를 보여주고자 했다.

분석적 시선은 사물과 그 운동을 분리했다. 물체가 있고 외적인 힘이 가해짐으로써 운동이 일어난다고 보았기 때문이다. 반면 제3의 눈은 운동과 사물을 분리할 수 없는 하나로 본다. 동적인 운동이 사물을 내적으로 구성하기 때문이다. 이로써 모든 사물은 '흐르는 운동 속에서 쪼갤 수 없는 온전성'(undivided wholeness in flowing movement)[3]으로 수렴된다.

사물뿐 아니라 사물을 바라보는 시선도 온전에 수렴된다. 봄은 품어 펼침이라는 온운동의 법칙을 온법칙이라 부르며 다음과 같이 말했다.

> 온법칙은 과학연구의 고정된, 그리고 궁극적인 목표가 아니다. 그것은 새로운 온전들(new wholes)이 끊임없이 나타나는 운동이다. 결국 정의 내릴 수 없고 측정할 수 없는 온운동의 전체 법칙은 결코 알 수도, 구체화할 수도, 언어로 표현할 수도 없다는 것을 함의한다. 온법칙은 필연코 내재적이기 때문이다.[4]

새로운 온전들이 끊임없이 나타나는 운동, 과학 자체가 그런 온운동이다. 이 온운동 속에서 진리를 객관화·절대화하면 도그마에 빠진다. 내재적 질서로부터 나오는 온법칙을 언어로 못 박아 영원한 진리의 탑으로 세울 수는 없다. 과학언어는 온법칙을 은유하는 시이자 그 자체가 온법칙을 내포한 온그림이다. 시로써 사물을 못 박을 수는 없으나 시는 내재적 질서로부터 끝없이 펼쳐지는 온그림 자체가 됨으로써 온법칙을 실현한다.

제3의 눈은 나와 대상을, 그리고 여러 대상들을 '다른 있음들'로 보아 온 입체시와, 입체시에 근거한 분석적 시선에 종지부를 찍는다. 그리하여 그 자신도 온전의 일부로 결합한다. 궁극의 온전은 그 온전을 보는 시선까지도 품어 안는 것이기 때문이다.

온전을 향해 나아가기 위해 과학은 자신의 칸막이를 허물어야 한다.

과학이라는 칸막이 지식체계는 과학이 스스로를 종교, 예술, 미신 등과 극단적으로 대립시키면서 만든 자폐 공간이었다. 여기서 해방되어 온전한 앎에 결합하려면 종교, 예술, 미신의 범주에 속했던 질문들도 품어 안는 상상력을 발휘해야 한다.

예컨대 '나는 왜 이 시대 이곳에서 어느 집안의 둘째 딸로 태어났는가?' 혹은 '내 인생의 의미는 무엇이고 목적은 무엇인가?' 혹은 '내게 왜 이런 끔찍한 일이 일어났는가?'처럼 많은 사람들이 '근본적인 질문'이라고 생각하는 것들도 품어 안아야 한다. 이와 같은 질문들에 대해 과학을 대변해온 철학은 '답변할 수 없는 질문'이라고 규정했고, 과학자들은 질문 자체가 '비과학적'이라며 밀어냈다. 기껏해야 '뇌의 특정 부위를 자극하면 초자연적 현상이 나타난다'는 식의 자폐적 태도를 보였다. 그러고는 칸막이 질서의 관료주의자처럼 '그런 질문은 종교단체에나 가서 물어보라'며 슬쩍 떠넘겼다.

종교단체에 가서 물어보면 '신의 섭리를 무조건 믿으라'며 맹신을 권고했다. 이런 상황에서는 그나마 무당이나 점쟁이가 가장 진지하게 대답했다. 스스로가 쪼갬의 질서로 변한 과학과 종교 때문에 정작 중요한 질문들은 어두운 골방에 처박혔고, 삶은 허무나 맹신으로 치우쳤다.

사람들이 중요하게 생각하는 질문은 의미 샘의 근원적 지평으로부터 올라오는 것이다. 이를 배제하는 칸막이 지식은 그 편벽성과 맹목성 때문에 폭력적인 힘이 된다.

생물학자 쉘드레이크는 새로운 온전이 나타나는 것을 창조적 진화의 과정으로 설명했다. 그에 따르면 진화란 새로운 온전의 깨달음을 통한 창조적 도약이다.

창조과정이란 새로운 사고가 나타나 새로운 온전을 깨닫는 과정이다. 이는 진화과정에서 새로운 온전을 발생시키는 창조적 현실과 유사하다.[5]

상상력은 분리된 사물 속에서 새로운 온전을 지각하는 과정이며, 창조성은 새로이 지각된 온전을 현실화하는 과정이다. 상상력을 통해 더 높은 의미 수준에 이를수록 더 포괄적인 온전을 깨닫게 되고, 이를 현실에 펼쳐냄으로써 기존의 문제를 품어 넘는 새 현실을 창조하게 된다. 제3의 눈도 두 눈 과학으로서는 설명할 수 없는 난제들을 풀기 위한 상상력으로부터 싹터 나왔다. 그 상상을 통해 쪼개진 있음들을 품어 싼 온전의 지평을 발견한 것이다.

온전을 향한 창조적 상상력을 이끌 보편적 원리는 중도(中道)라고 할 수 있다. 앞서 우리는 간디와 최제우를 통해 중도의 창조성을 살펴보았다(8장). 애당초 중도의 원리는 2,500년 전 붓다에 의해서 제시된 것이다.

붓다는 탐욕을 허용하는 수행노선도, 반대로 고행의 수행노선도 모두 '아니다'라고 했다. 또 영원한 자아가 있다는 견해도, 반대로 모든 것은 한 생에 끝날 뿐이라는 견해도 모두 '아니다'라고 했다. 극단적 수행방법이나 견해 모두 '아니다'라고 한 것이다. 대신에 이런 양극단을 연기론(緣起論)이라고 불리는 다차원적 운동과정으로 흡인하면서 무지에서 발생한 분별과 대립을 넘어서는 과정을 중도로 제시했다.

중도는 평균적 가운데를 취하는 중용과 달리, 양극단이 발생하는 분별의 저차원과 그 원인이 소멸하는 온전의 고차원을 함께 보는 다차원적 비전이며, 분별과 극단을 넘어 온전의 지평을 향해 가는 역동적인 과정이다. 중도는 분별의 무지로부터 온전의 지혜로 나아가는 다차원적 운동이다. 온전을 깨달음으로써 차원 도약을 이루는 창조적 운동이다.

모든 대립적인 것은 온전치 않은 것이다. 온전한 시선이 없기 때문에 사물을 쪼개고 대립시켜서 본다. 다름과 차별, 양극과 대립이 분명할수록 그 시선은 더 어두운 무지로부터 파생된 것이다.

있음과 없음, 창조와 진화, 과학과 종교 등 우리가 대립적으로 보는 사물은 나눌 수 없는 온전이 쪼갬의 시선을 통해 차별화되어 펼쳐진 양상이다. 그 차별과 대립의 허상을 실상으로 착각할수록 지식은 편견이 되고 무지스러워진다. 이를 넘는 창조적 상상력은 양극의 뿌리가 같다는 각성, 그리고 양극을 품어 넘는 중도에서 찾을 수밖에 없다.

봄은 '새로운 온전을 깨닫게 되면 그로부터 새롭고 좀더 온전한 외부 세계도 창조된다'고 했다.[6] 우리가 새로운 온전을 각성하면, 그것은 우리 머릿속의 주관적 지식에 머물지 않는다. 온전한 의미는 온전한 세계로 펼쳐진다. 진리란 온전의 깨달음이며, 온전을 펼쳐내는 과정이다. 분리와 쪼갬의 지식이 양극 문명을 펼쳐냈듯이, 중도는 온전의 문명으로 펼쳐질 것이다. 온전을 지각하고 그 지각을 삶의 무대로 펼쳐낼 때, 두 눈 문명에 닥친 위기를 넘어서는 것은 물론, 더 온전한 삶을 창조하게 될 것이다. 이것이 온전한 앎을 통해 새 문명을 창조하려는 우리의 비전이다.

지류들의 합류

중도를 통해 온전을 지향하는 흐름은 이미 시작되었다. 그동안 높은 장벽으로 분리되어있던 앎의 지류들이 합류해왔다. 그 극적인 합류는 서양 물리학과 동양사상의 만남에서 비롯되었다. 서양 과학의 정점에 있던 물리학과, 동양인들조차 구태의연하다며 포기한 동양의 전통사상 사이에 유사점은 전혀 없어 보였다. 최첨단의 과학과 구닥다리 동양 지혜는 차라리 대립된 극이었다.

1937년 중국을 방문한 양자역학의 거두 보어가 음양사상에 감동받아 상보성 원리를 제시했던 것은 이미 논의한 바 있다(8장). 그는 덴마크에서 귀족 작위를 수여받을 때 입은 예복에 '대립적인 것은 상보적이다'라는 문장과 태극 그림을 새겨놓았다.[7]

이후 거시·미시 세계에 나타난 해괴한 현실에 당혹해하던 서양의 물리학자들은 힌두교·불교·도교의 문헌을 열심히 뒤적였고, 일부는 현지에 건너가 직접 수련에 참여하기도 했다. 그 결과를 일차 정리한 것이 1975년에 발간된 카프라의 『현대 물리학과 동양사상』이다. 원제는 『물리학의 도(道)』로서, 도가적 사고방식의 영향이 컸음을 암시한다. 현대물리학의 매력은 전문가가 아니었던 주커브를 끌어들였고, 그는 1979년에 발간된 『춤추는 물리』를 통해 물리학적 사고와 불교사상을 접목시켰다. 이 두 책은 물리학과 동양사상을 연결하는 선구적 업적으로 『뉴스위크』 등 서구 저널리즘의 각광을 받기도 했다.

1990년대에는 물리학자 봄과 힌두교 배경의 사상가 크리슈나무르티(Jiddu Krishnamurti)가 대담한 것이 책과 비디오로 퍼질 만큼 두 사고방식 사이의 공통기반은 대중적인 공감을 얻었다. 카프라가 제시한 태극 그림(〈그림 50〉)은 이러한 경향을 상징적으로 보여준다.

서양 물리학과 동양 지혜의 결합은 처세술로도 확장되어 『시크릿』이나 『리얼리티 트랜서핑』 같은 베스트셀러들을 낳을 정도가 되었다. 동양 전통 옷을 입고 춤 명상을 하는 서양인들을 보는 것은 어렵지 않은

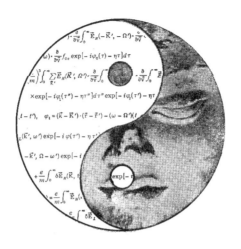

〈그림 50〉 물리-붓다 태극도[8]

일이 되었고, 유럽에서는 교회가 디스코텍으로 바뀌는 동안 삼삼오오 둘러앉아 명상하는 사람들이 늘어났다.

　이런 추세에 대해서 기독교가 뉴에이지 음악과 영화의 블랙리스트를 만들며 집안 단속에 나선 것과 유사하게, 과학자 사회에서도 '동양 신비주의'에 대한 방어태세를 취하기도 했다. 영국 물리학자 테일러(John Taylor)의 다음과 같은 언급도 그런 연장선상에 있다.

　　현대 이론물리학의 정확성은 동양 신비주의에서 이야기하는 것을 능가한다. 이런 신비주의적 생각들이 현대물리학에 접근하는 전주곡으로 이용된다면 그것은 가치 있을지 모른다. 그러나 그것도 오로지 실제 존재하는 것에 대해 좀더 정확한 값을 추구하기 위한 디딤돌로 쓰였을 때만 그렇다.[9]

　대중들은 양자역학에서 제시한바 '확률적 가능성들을 실현하는 것이 관찰자'라는 개념을 동양사상과 결합하여 '당신의 생각이 당신의 현실을 만든다'고 믿게 되었다. 그러자 테일러 같은 물리학자는 '물리학의 정확성'과 '실제 존재하는 것'을 방어해야 할 필요성을 느끼게 된 것이리라.

그가 물리학을 방어하려 했다면 큰 문제는 없다. 물리학은 크게 세 가지 수준으로 이루어진다. 첫째는 사물에 대한 지각 수준이다. 주로 관찰과 실험으로 이루어진다. 둘째는 지각 내용을 수학으로 정리하는 수준이다. 이 두 가지가 물리학을 물리학스럽게 만든다. 이 두 가지 수준의 작업을 포기하지 않는 한 물리학은 '정확성'이 무너질까봐 겁먹을 필요가 없다. 셋째는 관찰 값을 정리한 수식에 대해 일상어로 해석하고 설명하는 수준이다. 인간이 과학활동을 하는 궁극의 이유는 멋진 수식을 감상하기 위해서라기보다는 세상을 이해하고 그 이해에 따라 적절한 행동을 하기 위해서다. 그런 점에서 셋째 수준은 넓은 의미의 철학활동이다. 모든 과학은 그 과학 고유의 수준과 철학 수준을 결합하고 있다. 만약이 철학 수준이 없다면 젊은이들에게 과학에 대한 열정도 불러일으키지 못할 것이고, 그 과학이 왜 필요하고 얼마만큼 중요한지를 사회에 설득하지도 못할 것이다. 과학이 문화와 상호작용할 수 있는 것도 이 철학적 수준이 있기 때문이다. 나아가 철학과 문화는 과학자들에게 꼭 필요한 상상력을 제공해주는 원천이다. 이것을 배제한다면 과학의 발전도 있을수 없다.

서양 물리학이 동양사상과 만난 것은 바로 이 철학적 수준에서였다. 그것도 서양 물리학자들이 직접 동양사상에 손을 내민 것이었다. 과학이 문화와 동떨어진 활동이 아닌 한 이런 만남은 대단히 자연스럽다. 앞서 논의했듯이 서양 철학에는 있음의 배후 질서로서 없음에 대한 적극적 탐색 전통이 없었다. 물리적 실체들이 사라지고 광대한 빔의 지평이 열렸을 때, 그에 대한 탐색 전통이 강했던 동양사상과 손을 잡는 것은 진지하고 열린 마음을 가진 과학자들이라면 당연히 취할 행동이다.

그러나 테일러의 언급이 서양 문화의 우월감에서 나온 것이라면 별로 논의할 가치가 없다. 지구상에 존재했던 여러 문명들은 모두 흥망성쇠를 겪었고, 어떤 때는 동양 문명이 서양을 압도했으며, 또 어떤 때는 사라센 문명이 동서양을 아우른 적도 있었다. 한 문명으로서는 흥성과 쇠망을 겪을 수밖에 없지만 전체적으로는 바로 그 때문에 인류 전체가 더 많이 배운다. 그런 점에서 동양사상의 서양 유입을 '제2의 르네상스'라고 부르며 서양 문화의 향상을 위한 적극적 계기로 받아들이는 견해는 좀더 온전한 태도라고 할 것이다.

그럼에도 '동양과 서양의 결합'이라는 문화적 구호는 오래 지속할 수 없다. 서양인들이 동양을 배우려고 하자 지난 100여 년 동안 피해의식에 사로잡혔던 동양인들은 자존심을 높이며 기뻐했다. 그러나 동양인들이 '동양 문화인들'이라고 할 만한 시점은 지나가고 있다. 아시아에서 경제개발의 붐이 일면서 동양인들의 사고와 삶의 방식이 더 서구적이고 더 기계적인 양상을 보이기도 한다. 동양과 서양을 확고히 구분할 문명의 경계선은 사라져가고 있다. '동서양의 결합'이라고 불린 합류현상은 좀더 온전한 앎으로 이끄는 근원적인 운동이 나타난 표피적이고 초기적인 양상에 불과하다.

또 다른 앎의 지류들이 합류하고 있다. 종교와 과학의 공통분모가 확대되고 있는 것이다. 애당초 종교는 있음의 배후 질서인 빔에 대해 알고자 하는 노력이었다. 그것은 있음과 빔을 결합한 온전한 질서를 알고자

함이었다. 엄격히 말하면 신은 그런 다차원적 질서를 설명하기 위한 방편이었다.

그러나 철기 문명과 더불어 정치경제적 권력이 집중하면서 통찰적 앎은 세속권력과 닮은 제도로 고착되어갔다. 제도종교들은 국가적 통합을 위한 이데올로기로 변질되었고, '유일한 왕이 국가를 다스린다'는 개념에 맞추어 '유일신이 세상을 다스린다'는 교리가 성립되었다. 기독교는 원죄에 대한 두려움을 자극하면서 복종을 강조했고, 유교는 부모에게 효도하듯 국왕에 충성해야 한다고 가르쳤다. 믿음과 복종이 이런 제도종교들의 핵심 교리가 되었다. 이 과정에서 초기의 영적 스승들이 가르친 통찰적 앎은 산 속이나 사막으로 피신했다.

과학(science)도 그 어원에서는 '무지와 오해로부터 벗어난 앎'을 뜻했다. 즉, 바르고 온전한 앎을 지향하는 것이 과학활동이었다. 그러나 이성을 앞에 내건 휴머니즘 문명 이후 통찰, 직관, 정서 등을 과학에서 몰아내면서 논리와 사실이라는 기계적 모델에 맞추어 사물을 정리해냈고, 그 과정에서 과학도 점차 기계가 되어갔다. 과학은 최고의 권위를 가진 지식의 제도로 자리잡았고, 기술과 결합하여 가공할 힘을 갖게 되었다. 그러나 자신을 바르게 이끌 더 높은 수준의 앎을 배제했기에, 오늘날 인간의 생존 자체를 위협하는 주요 원인이 되었다. 과학이 온전한 앎으로부터 이탈하여 분석적 지식이 된 데 따른 결과였다.

'모든 것이 하나'라는 온전성의 원리는 합리적 지식만으로는 간파할 수 없다. 통찰과 직관, 선입견 없는 열린 마음, 진실에 대한 예감, 삶의 목적과 도덕에 대한 민감성, 고양된 정서 등이 빠진 기계적 지식은 온전한 앎이 될 수 없고, 온전하지 않은 만큼 편파적이고 폭력적이 된다.

이처럼 편파적인 과학과 이데올로기적인 종교가 만나서 할 일은 별로 없다. 그러나 과학으로부터 제3의 눈이 생겨나면서 상황은 달라지고 있다. 빔의 지평에 대한 발견이 이어지고, 그 창조성이 부각되면서 영성(spirituality)에 대한 설명도 가능한 수준에 도달했다. 마취학자이며 '양자의식'을 바탕으로 '의식의 과학'을 주창하는 미국의 하머로프(Stuart Hameroff)는 다음과 같이 말한다.

> 나는 영성에 대한 과학적 설명이 있어야 한다고 생각한다. 최근까지는 좋은 설명을 제공할 만한 과학이 없었다. 내가 보기에 유일하게 합당한 설명은 원초의식, 가치, 선, 진리 등은 시간·공간의 근본적인 수준에서 존재한다는 것이다. 그리고 우리가 마음을 열면 그것들은 우리 행동에 영향을 미친다. 이들이 우리와 다른 존재들을, 그리고 우주를 연결시켜준다.[10]

영성까지도 설명하려는 과학의 이러한 공세에 대해 특히 유일신론에 입각한 종교계와 관련 과학자들은 예민한 반응을 보여왔다. 영국 켄터베리 대주교 윌리엄스(Rowan Williams)는 물리학자 호킹(Stephen Hawking)의 창조론에 관한 도전에 대해 "물리학만으로는 신의 존재에 대한 질문에 결코 답을 내놓을 수 없을 것"이라고 반박했다.[11] 그 논리는 지식은 지식으로, 영성은 영성으로 다루어야 한다는 것이다. 그들은 종교와 과학이라는 잘 정돈된 제도적 구분을 붕괴시키려는 움직임에 대해 쪼갬의 원리로 방어한다.

이런 우려 자체가 이미 과학과 종교의 공통기반이 확장되어가고 있음을 반증한다. 철기 문명을 통해 온전한 앎을 쪼개어 나눈 과학과 종교

제도는 현재와 같은 안전한 할거체계를 유지하기는 곤란할 것이다. 그것은 외부 세력이 그들을 전복하려 하기 때문이 아니다. 그들이 근거로 하고 있는 앎 자체가 쪼갬의 질서에 속한 것이어서 온전을 향해 가는 새 문명을 좇아갈 수 없기 때문이다.

서양과 동양, 과학과 종교의 결합 추세는 지정학적 · 제도적 칸막이 체계에서 앎의 권력을 행사해온 당사자들에게는 매우 중대한 문제다. 그러나 이런 결합 추세는 외형적 격변의 가능성에도 불구하고 문명 전환의 표피적이고 초기적인 양상에 불과하다. 이들의 결합은 좀더 깊은 데서 일어나는 합류가 겉으로 드러난 현상이다. 그것은 바로 앎의 온전성을 회복하려는 문명사적 움직임이다. 우리 마음이 기계적 지식과 종교적 열광으로 쪼개져 분열해온 오랜 역사를 끝내려는 것이다.

한국의 문화기획자 강준혁은 우리의 잠재력을 육체적 에너지, 정서적 에너지, 지적 에너지, 혼의 에너지로 나누어 설명했다. 그에 따르면 서구 근대 문명이 이 에너지를 모두 분화시켰고, 그중에서도 지적 에너지에 과도한 무게중심을 실었다. 그 결과는 온전한 인격의 파괴다.

과학지식에 밀린 혼은 일요일로 쫓겨났을 뿐 아니라 혼 자체가 과학지식을 추종하느라 영성훈련을 신학지식의 습득으로 대체했다. 게다가 일정 부분을 예술에도 빼앗긴 영성은 부흥회와 같은 광적인 이벤트로 왜곡되었다. 종교가 무속화되거나 근본주의로 흐르는 것은 왜곡된 혼의 에너지를 제대로 처리할 능력을 잃었기 때문이다.

영성과 감성을 잃은 지식도 왜곡되기는 마찬가지다. 기계가 되어버린 지식이 인격을 지배하면서 몸의 에너지도 스트레스와 각종 질병으로 반란을 일으켰다. 사람들은 더 똑똑해졌지만 동시에 더 불안해지고 더 우울해졌다.

그리하여 강준혁은 '에너지의 밸런스'를 강조한다.[12] 특히 혼의 에너지가 온전한 역량을 회복함으로써 다른 에너지들의 균형을 잡는 중심추 역할을 담당해야 한다. 그에게 있어서 인간 에너지의 균형은 문화의 온전성을 되찾는 문제다.

그가 말한 네 가지 에너지들의 핵심을 추리면 지식과 지혜다. 지식과 지혜의 분열, 그리고 지식에 과도한 무게가 실림으로써 삶의 불균형이 초래된 것이다.

서양과 동양이, 과학과 종교가 서로를 끌어당긴 것은, 지식과 지혜를 결합하여 온전한 앎으로 나아가려는 지구적 움직임이 일으킨 일이었다. 이제까지 제3의 눈이 일으킨 결합들, 즉 정신과 물체, 입자와 파동, 있음과 빔의 결합도 온전한 앎을 향한 흐름의 지류들이었다. 이들은 지식과 지혜의 합류를 통해 온전의 바다로 들어서려는 것이다.

온전한 앎

본래 지식과 지혜는 한 덩어리 앎이었다. 동서양을 막론하고 고대에는 열린 체계, 다차원 지평, 마음의 창조력, 삶의 보편적 목적, 자연의 일부로서 인간을 보는 온전한 시선이 있었다. 이러한 삶의 원리를 비유적으로 가르친 신화에서도 고대의 지혜는 살아 있었다.[13]

그런데 철기 문명 들어 글자가 출현하면서 추상적 글자 언어를 중심으로 지식이 독립해갔다. 글자 문명은 신화의 비유적·상징적 사고방식을 대체하여 직선적이고 직설적인 사고 틀, 즉 철학과 과학을 발전시켰다. 거대한 국가로 권력집중이 일어난 것도 표준적인 의미를 소통하는 글자의 원격소통이 가능했기 때문이다. 스승과 제자의 인격적 관계를 바탕으로 했던 종교적 가르침도 글자 문명에 편입되면서, 대중 신도를 획일적으로 통합하는 법령, 교리, 중앙집권적 조직으로 변형되었다.

이후 휴머니즘 문명은 인쇄술의 발전과 궤를 같이하면서 글자 문명의 성격을 강화했다.[14] 발전하는 과학은 그나마 흔적으로 남아 있던 지혜를 문명의 무의식으로 몰아냈다. 근대교육에서 지혜의 훈련은 사라졌고, 철저한 지성훈련만이 남았다. 종교가 경전 외우기와 그 해석을 위한 신학체계로 재편되면서 지혜를 배울 수 있는 곳은 일상의 비공식적이고 임의적인 관계로 축소되었다. 지식과 지혜는 분리되었고, 지혜는 공식 무대에서 밀려나 희미한 명맥을 유지했다.

그런데 20세기 후반에 들면서 철기 문명에 의해 땅속에 묻힌 고대의 지혜를 발굴하는 움직임이 일어났다.

1945년 이집트 시골에서 발견된 '나그 함마디 도서관'(Nag Hammadi Library)은 정통 기독교에서 배제된 초기 경전들을 근 2,000년이 지난 뒤 현대인들에게 되살려주었다.[15] 이 경전들은 더욱 많은 사람들에게 통용될 수 있는 지혜의 보편성을 담고 있어, 예수에 대한 온전한 상을 그리는 데 도움을 준다. 이를 통해 우리는 유럽으로 건너간 기독교가 얼마나 편파적인 시선으로 예수를 왜곡했는지를 짐작할 수 있다.

독선적 우월주의로 일관한 유대교에서도 근 2,000년 만에 높은 보편성을 지닌 고대의 지혜가 부활했다. 카발라로 불리는 이 교파는 정통 유대교의 탄압에도 살아남아 현대의 우주론과도 결합할 만한 지혜를 드러냈다.[16] 이를 통해 우리는 유대교가 얼마나 철저하게 신을 자민족 중심주의의 방편으로 활용했는지를 짐작할 수 있다.

13세기 페르시아 시인 루미(Rumi)는 20세기 후반에 서구에서 되살아나 각광을 받았다. 이를 통해 이슬람교의 전통적 교조주의하에서도 고대의 보편적 지혜를 견지해온 흐름이 저류로 흐르고 있었다는 사실이 드러났으며, 다른 한편으로는 정통 이슬람교가 얼마나 편벽된 이데올로기로 사람들을 통합해왔는지도 드러났다.

불교에서는 붓다의 원래 말씀을 듣겠다는 운동이 펼쳐졌다. 특히 대승불교가 정통성을 갖고 있던 한국 같은 지역에서는 스리랑카에 보존되었던 팔리어 불경의 번역이 급속도로 진전되었다. 두 경전을 비교하게 된 사람들은 대승불교를 통해 불교가 얼마나 형이상학적 철학으로 변했는지, 그리고 신을 섬기려는 대중의 요구에 얼마나 결탁해왔는지를 확인하게 되었다.

이러한 움직임들은 철기 문명에서 제도화된 종교들이 고대의 통찰적 지혜를 왜곡하면서 세속권력이 대중의 귀신 숭배 욕구와 결탁해온 과정을 드러낸다. 종교적 맹신의 근간이 흔들리면서 그간 인류의 두려움과 무지를 먹고 컸던 종교는 그 껍질을 벗고 있다. 이는 인류의 지식이 제도종교의 맹신체계를 넘어설 정도로 성장했다는 것을 반증한다.

오랜 세월 땅속에 묻혔던 지혜의 보물을 파내는 시도들은 오늘날 인류가 그 보물을 얼마나 필요로 하는지도 암시한다. 지식만으로는 더 이상 감당할 수 없는 지구적 도전을 감당하기 위해서다. 지혜를 되살려 온전한 앎을 세움으로써 지금 닥친 위기를 넘어서는 것은 물론 인간 스스로도 더 크게 성장하려는 것이다.

지식과 지혜는 다른 차원의 앎이라고 할 수 있다. 예컨대 예수의 지혜를 배우기 위해 신학대학원에 들어갔다고 하자. 그가 신학대학원을 우수한 성적으로 나와도 좋은 목사가 될 수는 없다. 그는 예수에 '대해서' 외운 게 많을 뿐이다. 인간의 본성을 알고, 숨은 질서와 섭리를 알려면 온 몸을 던진 체험과 그 과정을 통해 깨닫는 통찰이 필요하다. 예수에 대해 외우는 것과 예수의 가르침을 실천하는 것은 전혀 다른 차원이기 때문이다. 그것이 지식과 지혜의 차이다.

오늘날 지식의 모델은 과학이다. 과학지식은 감각적 정보를 논리적 언어로 서술하는 체계다. 눈에 보이는 사실을 체계적으로 통합하는 과학지식은 있음에 대한 분석적 앎이 되었다.

반면 지혜는 체험과 직관에 기초한 통찰적 앎이다. 지혜는 사태의 온전한 관계에 대한 통찰이기에 원칙적으로는 직설적·논리적 언어에 담는 것이 불가능하다. 지혜의 스승들이 비유를 많이 사용하고 실천을 강조한 이유도 거기에 있다. 지혜가 가르치는 내용은 종종 3차원적인 시간과 공간의 제약을 넘어선다. 그것은 지혜가 본질적으로 빔의 질서에 연관된 앎이기 때문이다.

지식이 물과 나무에 대한 이해를 통해 배를 만들어 항해하는 기술적 앎이라면, 지혜는 파도와 몸에 대한 직관적 통찰을 통해 실제 파도를 타는 실천적 앎이다. 지식이 공식 교육과 업무 등 반복적인 작업에 많이 이용된다면, 지혜는 일상적 삶의 규칙성이 깨지거나 특별한 결단을 내려야 하는 비범한 상황에서 많이 이용된다. 지식은 과학 시대에 크게 강조되었지만 지혜는 전 역사에 걸쳐서 강조되었다.

지식과 지혜는 그 의미 차원이 다른 앎이기에 비례관계에 있지는 않다. 따라서 지식이 많은 사람이라고 해서 지혜가 높은 것은 아니며, 어른

이 아이보다 지혜가 꼭 높다고 할 수도 없다. '지식이 힘'이라며 지식개발에 몰두하는 사회라고 해서 그 사회가 지혜롭다고 할 수도 없다. 오늘날처럼 지혜와 분리된 지식이 사회를 지배하게 될 경우, 그 지식의 맹목적인 힘은 오히려 사회를 위태롭게 할 수도 있다.

과학이 지혜를 밀어내긴 했으나 과학자들이 생각하는 것과는 달리 지혜는 바른 지식을 안내하는 역할을 해왔다. 특히 창조과정에서 필요한 상상력은 그 자체가 직관적 지혜의 성격을 갖는다. 기존의 관습화된 지식이 더 이상 설명할 수 없는 벼랑에서, 번뜩 새 길의 가능성을 발견하는 것이 직관이다. 그에 비하면 과학 논문은 그 직관적 상상을 논리적으로 풀어내는 단순작업에 불과하다. 지혜가 창조적 결정의 순간에 크게 작동한다면 지식은 그것을 설명하고 합리화하는 과정에 주로 작동한다. 이처럼 일반적으로 생각하는 것과는 달리 지혜는 과학을 포함한 삶의 전 영역에서 문제를 해결하고 곤경을 벗어나는 데 결정적인 역할을 해왔다.

지혜가 없는 지식은 맹목적이다. 오늘날 확인할 수 있듯이 온전을 추구하는 지혜가 결여된 지식은 편파적이고 파괴적일 수 있다. 특히 있음의 지평이 제한적이고 표피적인 질서로, 빔의 지평이 근원적 질서로 드러나는 때에 지식이 온전한 앎에 이르려면 지혜와 결합해야 한다.

반면 지식이 없는 지혜는 고고하고 초월적이다. 지식은 다른 사람들과의 소통을 자극함으로써 공감대를 넓히고 견제와 균형을 이루는 데 도움을 준다. 그런 지식이 결여된 지혜는 자칫 고고한 권력으로 변하여 많은 종교 지도자들이 보여준 것과 같은 고등 사기술로 전락할 수도 있다. 과학지식의 엄격성이 영적 상상력을 제약할 수는 있지만 적절한 조화를 추구하면 오히려 바른 지혜를 찾는 데 도움을 줄 수 있다. 제3의 눈을 통해 등장한 과학지식은 지혜를 고취시킬 잠재력까지도 갖고 있다.

　일반적으로 온전의 지평에서 흘러나온 지혜는 사물을 쪼개어 아는 분석적 지식에 비해 높은 의미 수준을 담는다고 할 수 있다. 그런 점에서 지혜는 지식을 품어 싸는 앎이다. 지혜는 지식을 품어 펼쳐내며 지식은 지혜에 의존하여 전개된다. 따라서 지혜와 지식의 조화는 지식의 수준을 높이는 데도 크게 기여할 수 있다.

　지혜의 안내를 거부한 지식은 산업 문명의 성과를 거두기도 했지만 제국주의적 폭력, 좌우의 극한적 이념투쟁, 욕망의 무한팽창, 생태파괴 등 인간과 지구촌 공동체의 위기를 야기하는 데 이론적·이념적·기술적 근거를 제공해왔다. 그 위기를 극복하기 위해서도 땅속에 파묻은 지혜의 보물을 되살려야 하고 되살린 지혜를 기존의 지식과 조화시켜야 한다. 이 과제는 인간의 생존과도 직결되어 있다.

　지식과 지혜의 조화를 통해 온전한 앎의 체계를 이루는 데 있어 핵심 과제는 양자가 '온전한 시선'을 공유하는 것이라고 할 수 있다. 온전한 시선이 문명의 의미체계 가장 밑동에 자리잡아야 온전한 지식과 지혜가 꾸준히 생산될 수 있기 때문이다.

　이 과제를 달성하는 데는 지구상의 모든 지식과 지혜가 다 관여할 수 있다. 다만 우리는 가장 유력한 후보들을 통해 온전한 시선의 한 모델을 제공하고자 한다. 지식 측의 유력한 후보는 지금까지 논의했듯이 제3의 눈에 인도된 새 과학이다. 지혜 측에서는 누가 새 과학과 조화를 이루며 온전한 시선을 세우는 데 크게 기여할 수 있을까? 아인슈타인은 그 후보를 '종교'라는 범주에서 찾고서는 다음과 같이 말했다.

미래의 종교는 우주적 종교일 것이다. 그것은 인격 신을 넘어서야 하고, 도 그마와 신학으로 흐르지 않는 것이어야 한다. 동시에 자연적인 것과 영적 인 것 모두를 감싸면서, 자연적이고 영적인 모든 사물들을 하나의 의미 있 는 통일성에서 경험하는 종교적 감성에 기초해야 한다. 불교는 이런 요구 에 부응한다. 만약 어떤 종교가 현대과학의 요구에 결합할 수 있다면, 그것 은 불교일 것이다.[17]

불교는 종교일 수 있다. 그러나 동시에 철학이며 과학이다. 혹은 이들 모두를 포괄하는 어떤 것이라고 볼 수도 있다.[18] 아마도 불교는 '지혜의 가르침'이라고 부르는 것이 적절할 것이다. 불교는 새로운 과학의 요구 에 결합하면서 이 과학과 함께 온전한 앎을 세울 지혜의 가르침으로서 새롭게 부상하고 있다.

제3의 눈이 빔에 바탕을 둔 지식을 대변한다면, 불교는 빔에 기초한 지혜를 대표한다. 빔이라는 공통분모를 가진 두 앎의 체계는 많은 유사 성을 보여주었다. 새로운 과학과 불교가 바라본 세계의 내용적 유사성 에 대해서는 이미 많이 논의된 바 있으므로 여기에서 반복할 필요는 없 으리라 생각된다.

우리는 새로운 문명을 이끌 온전한 시선의 탄생에 관심을 가지고 있 다. 새로운 과학이 새 시선의 탄생에 크게 기여하긴 했으나 그 완성은 지혜의 시선과 조화로운 공명장을 이룰 때 가능하다. 그렇게 형성된 온 전한 시선은 자연스레 온전한 앎을 낳고, 온전한 앎은 다시 온전한 삶을 낳음으로써 문명의 질적 수준을 높일 수 있다.

이는 과학과 불교를 하나의 체계로 통합하는 일이 아니다. 주커브는

"21세기의 물리교과에는 명상시간이 생길지도 모른다"고 말한 바 있다.[19] 그러나 지식과 지혜의 직접적 통합은 불가능할 것이며 바람직하지도 않다. 그것이 불가능한 근본적인 이유는, 앞서 언급했듯이, 지식과 지혜 두 앎의 의미 차원이 다르기 때문이다. 우리에게 필요한 것은 지식과 지혜가 '시선의 공명장'을 형성하는 것이다.

과학에서 시선의 문제는 과학철학과 인식론에서 다루어왔다. 이는 지혜와 공명할 적절한 영역이므로 그 수준에서 온전한 시선의 원칙을 제시할 수 있겠다.

첫째, 온전한 시선이라면 어떠한 편파적인 견해로부터도 자유로워야 한다. 과학철학의 제1원리는 모든 상식, 편견, 권위, 우상으로부터 자유로운 시선을 갖는 것이었다. 그런 투명한 시선이 없으면 바른 앎은 물론, 바른 지각도 불가능하기 때문이다. 편견으로부터의 자유는 베이컨이 네 가지 우상의 타파를 강조하면서, 또 데카르트가 기존 견해에 대한 철저한 회의를 강조하면서 과학철학의 제1원리로 자리잡았다. 비록 그들이 '있음'이라는 편견을 벗지는 못했지만 이 원칙 자체는 보편적으로 유효하다고 하겠다.

붓다는 『칼라마경』(Kālāma Sutta)에서 동일한 원리를 강조했다.[20] 붓다가 코살라국의 칼라마인들이 사는 마을에 들렀을 때, 칼라마인들이 찾아와 말했다.

> 우리 마을에는 숱한 사문과 바라문들이 찾아와 자신들의 이론만을 드러내어 주장하고, 다른 사람들의 이론들에 대해서는 비난하고 힐뜯으며 멸시하고 갈갈이 찢어놓습니다. 우리는 이들 가운데 누가 진리를 말하고 누가

거짓을 말하는지 의심스럽고 혼란스러워집니다.

이에 대해 붓다는 다음과 같이 가르쳤다.

칼라마인들이여, 거듭 들어서 얻은 지식이라 해서, 전통이 그러하다고 해서, 소문에 그렇다고 해서, 성전에 써 있다고 해서, 추측이 그렇다고 해서, 일반적 원칙에 의한 것이라 해서, 그럴싸한 추리에 의한 것이라 해서, 곰곰이 궁리해낸 견해이기에 그것에 대해 갖게 되는 편견 때문에 다른 사람의 그럴듯한 능력 때문에, 혹은 '이 사문은 우리의 스승이시다'라는 생각 때문에 그대로 따르지는 말라.

붓다가 열거한 것은 통상 우리가 앎을 얻는 방법들이다. 그것을 따르지 말라는 것은 사실상 '모든' 소식통들에 대해 선입견과 판단을 중지하라는 뜻이다. 그러나 일반인들은 물론 과학자들도 『칼라마경』에서 따르지 말라는 것들로부터 자유롭지 못하다. 많은 과학자들이 과학 자체의 권위에 의존하면서 기존의 과학지식과 방법론에 집착하는 고집스러운 전통주의자들이 되어 있다. 바른 앎을 위한 제1원칙이 지켜지지 않는 것이다.

왜 과학자들은 과학철학의 최우선 원칙을 잘 지키지 못하는 것일까? 그것은 편견으로부터 자유로운 시선이 지식 수준에서 얻을 수 있는 게 아니기 때문이다. 아무리 지식이 많아도 자신의 편견을 볼 눈은 바로 생기지 않는다. 자기 편견을 보려면 자신을 투명하게 쳐다보며 감시하는 또 다른 눈이 필요하다. 그 눈은 지혜로부터 생겨난다. 과학은 지혜를 밀어냈기에, 그 스스로를 이데올로기와 도그마의 숱한 가능성에 노출시켰다. 그 결과는 많은 과학 이론의 사례를 통해 확인되어왔다. 어떠한 편견으로부터도 자유로워야 한다는 과학철학과 불교의 원칙은 온전한 앎을 위한 온전한 시선으로서 다시 강조될 필요가 있다. 지혜가 지식에 결합하지 않고는 불가능한 일이다.

두 번째 온전한 시선의 원칙은 한 견해의 옳고 그름을 판별하는 기준을 '포괄적 경험'에 두어야 한다는 것이다. 과학은 이미 경험을 진위 판별의 잣대로 중시해왔다. 관찰과 실험의 중요성에 대해 엄격히 강조한 것도 그 때문이다.

붓다는 위 『칼라마경』에서 연이어 다음과 같이 가르쳤다.

칼라마인들이여, 스스로 실천해보고 '이들은 나쁜 것이고, 이들은 비난받을 일이며, 이들은 지혜로운 이에게 책망받을 일이고, 이들을 행하면 해롭고 괴롭게 된다'는 것을 알았을 때, 그것들을 버리도록 하라.

칼라마인들이여, 스스로 실천해보고 '이들은 좋은 것이고, 이들은 비난받지 않을 일이고, 이들은 칭찬받을 일이고, 이들을 행하면 이롭고 행복하게 된다'는 것을 알았을 때, 그대로 받아들여 살도록 하라.

붓다는 스스로의 실천적 경험을 통해 어떤 견해가 거짓이고 어떤 견해가 진실인지를 판별하라고 가르친 것이니, 넓은 의미에서 과학의 경험 원칙과 상통한다고 하겠다. 불교에서 수행이란 기존 과학에서의 실험이나 관찰과 유사한 자리를 차지한다. 다만 과학은 5감각만을 '경험'에 포함시키는 반면, 불교는 일상적 경험과 초감각적 경험을 모두 포함한다.

있음의 세계에 국한된 낡은 과학의 한계를 넘기 위해서는 경험에 대한 포괄적 재정의가 필요하다. 이와 관련하여 초개인 심리학을 제창한 윌버는 과학주의의 근본적 한계를 '경험'에 대한 편협한 정의에서 찾는다. 경험주의 과학은 진위 판별의 근거를 감각 경험(the empirical)에 국한했다. 그 때문에 일상의 정서적 체험, 특별한 사람 혹은 특별한 상태에서 나타나는 비범한 체험과 사건 등은 상식이나 미신, 혹은 우연으로 치부되었다. 결국 오감으로 반복적으로 확인할 수 있는 있음에 국한된 과학이 되어버린 것이다. 이에 반해 윌버는 감각 경험도 그 뿌리는 체험(the experiential)이라고 전제하면서, 모든 체험을 진리 판별의 기준으로 포용해야 한다고 주장한다.[21] 경험이란 세상이 우리에게 드러나는 과정이므로 이에 대한 포괄적 재정의는 온전한 질서를 이해하기 위해 반드시 필요하다. 세상의 전체상을 드러내는 '모든 경험'이 진위 판별의 기준으로 포용되어야 한다는 것이다.

이 경우 진위 판별에 개입하는 지혜의 역할은 더욱 중요해진다. 예컨대 기상학자 로렌츠가 나비효과를 제창하게 된 것은 컴퓨터에 걸어놓은 데이터가 소수점 이하 6자리냐 3자리냐에 따라 전혀 다른 기후 모델이 펼쳐질 수 있다는 점을 예리한 통찰로 간파했기 때문이다. 이로써 '초기 조건에 대한 민감성'이라는 새로운 개념이 나올 수 있었다. 그런 통찰이 있으면 단 한 번의 경험으로도 새로운 이론을 제창할 수 있다. 그러나 지혜가 없으면 동일한 경험이 반복적으로 재생되는 양에 집착하게 된다. 결국 '많은 과학자들이 입증했다'는 숫자의 권위에 의존함으로써 과학은 전통주의에 빠진다. 지혜는 어떤 경험이든 그 의미를 이해하는 데 필수적인 역할로 요청된다.

　세 번째로, 온전한 시선이라면 자신의 견해에 대한 집착에서 자유로 워야 한다. 이는 과학자가 자기 이론을 바라보는 시선의 문제다. 과학주 의는 과학이 객관적·절대적 진리를 드러내는 지식이라고 보았기에, 과 학자는 자기 이론이 절대적 지식인 양 자기 견해에 집착해왔다. 그러나 객관적 진리가 불가능하다는 점은 제3의 눈에 의해 분명히 밝혀졌다. 과 학은 절대적 지식이 아니다.

　그런 취지에서 봄은 '이론'(theory)의 그리스어 어원이 '연극'(theatre)과 같다는 사실을 상기시켰다. 즉, 이론은 '보는 것'이며 '관람하는 것'이다. 이론은 특정한 형태의 지식이 아니라 세상을 보는 하나의 방식이다.[22] 나아가 이론은 정태적으로 세상을 바라보는 것이 아니다. 관객이 연극 을 함께 만들어가듯이, 이론은 더 새로운 온전, 더 큰 온전을 드러내는 온운동의 일환이다.

　붓다는 훨씬 더 나아간다. 『알라가두파마경』(Alagaddupama Sutta)에서 붓 다는 유명한 '뗏목의 비유'를 가르친다.[23] 한 사람이 여행을 하다가 큰 강 에 도달했다. 살펴보니 강의 이편은 의심스럽고 위험했지만 저편은 안 전하여 위험이 없었다. 그는 나뭇가지와 잎 등을 엮어 뗏목을 만들고는 손과 발로 저어 안전하게 저편에 도달했다. 그가 피안에 도달하고 나서 는 '이 유용한 뗏목을 머리나 등에 지고 어디든 갖고 다녀야겠다'고 생 각하고 그대로 한다고 하자. "그는 뗏목에 대해 해야 할 바를 하는 것인 가?"라고 붓다가 묻자, 제자들은 모두 "아닙니다"라고 대답했다.

　이어서 붓다가 말했다. "그 사람이 저편에 도착하고는 '이 유용한 뗏 목 덕분에 안전하게 강을 건넜다. 이 뗏목은 마른 땅에 가져다놓거나 물에 띄워버리고 나는 내 길을 가야지'라고 생각했다면, 그는 '뗏목에 대해 해야 할 바를 다한 것이다." 이 비유를 정리하며 붓다가 말했다.

> 비구들이여, 나는 담마(法, Dhamma)를 뗏목에 비유하여 가르쳤다. 뗏목은 강을 건너기 위한 것이지 붙들고 다니기 위한 것이 아니다. 마찬가지로 담마를 뗏목으로 이해한다면 너희는 담마조차 놓아버려야 한다. 하물며 담마가 아닌 것들이야 말할 나위도 없다.

담마는 해탈과 진리에 이르는 길에 대한 붓다의 가르침이다. 담마는 모든 제자들이 중시하고 따라야 할 안내다. 그럼에도 붓다의 말씀을 포함하여 모든 언어는 그 의미에 사람을 가두는 경향이 있다. 만약 붓다의 말씀 자체에 집착하여 붙들고 다녀서는 저편에 도달할 수 없을 뿐 아니라 오히려 이편에 주저앉아 가르침의 언어를 탑으로 쌓아놓고 절하는 꼴이 된다. 종교라는 제도가 발생한 것도, 많은 종교적 가르침이 도그마로 변하는 이유도 말씀을 자기 실천의 방편으로 삼기보다는 말씀 자체를 숭배하고 받들어왔기 때문이다. 아무리 좋은 말씀이라도 붙들고 늘어지면 위험한 이편에서 맹신의 탑을 쌓는 꼴이 된다.

과학도 그 언어에 담은 내용을 '절대진리'라고 집착하기 때문에 이데올로기가 된다. 언어는 불변의 진리를 담아내는 투명 그릇이 될 수가 없다. 과학언어도 피안에 도달하기 위한 뗏목이다. 옳다고 받아들인 지식도, 자기 신념도, 수많은 사람들이 찬양한 작품도 온전한 진리를 향해 나아가는 뗏목이다. 사기 견해를 바라보는 이러한 시선은 지식이 아닌 지혜로부터 나온다. 그 지혜 때문에 특정 지식에 대한 집착으로부터 자유로울 수 있고, 이 자유로움 때문에 지식이 진실에 더 가까이 다가갈 수 있다.

이 세 가지 원칙은 마지막 한 가지 원칙에서 비롯되며, 그 최종 원칙으로 귀결된다. 온전한 시선이라면 '사물을 바라보는 자신까지도 평정하게 바라보아야 한다'는 것이다.

두 눈 문명은 '내가 대상을 바라본다'는 가정에 기초하여 지식을 발전시켰다. 앞서 논의했듯이 이 가정은 나와 대상을 구분하고, 대상과 자신의 관계에 따라 조증과 울증에 오염된 시선을 형성했다(3장). 이는 입체시의 착각에서 비롯되어 주객이원론의 대립적 세계관을 낳았다. 이것이 있음의 문명을 낳은 시선이다. 이 시선 때문에 온전을 이야기하면서도 우리는 여전히 '내가 온전을 바라본다'고 생각한다. 그러나 온전은 저편에 있는 게 아니다. 제3의 눈이 발견했듯이 우리는 온전의 일부다. 우리가 보려는 온전은 우리 자신도 그 일부로 품은 질서다. 따라서 우리는 '나 자신도 그 일부인 온전을 보는 시선'을 개발하는 과제를 안게 되었다.

붓다는 사물을 있는 그대로 보기 위한 수행법으로 정념(正念, samma sati)을 강조했다. 이는 '바른 마음챙김'(right mindfulness)으로 번역되기도 한다.[24] 우리의 두 눈은 '저 바깥에 있는' 대상을 바라본다. 그러나 마음챙김은 대상을 바라보는 나를 끊임없이 바라보며 관찰하는 수행이다. 이 수행에서 중요한 점은 대상을 경험하면서 어떤 이미지나 생각이 떠오를 때, 어떤 종류의 판단이나 감정, 사념의 흐름에 휩쓸리지 않는 것이다. 마음챙김은 대상과 내가 접촉하는 매 순간을 선입견 없이 바라보는 시선이다. 이는 마치 하나의 눈을 더 만들어 나-대상을 위에서 관찰하는 것과 같다고도 할 수 있다.

두 눈 시선은 나와 대상의 구분 위에서 대상을 바라보므로 '나' 혹은 '너'라는 환상을 강화한다. 반면 마음챙김은 세 눈 시선이다. 두 눈으로 보는 것을 또 쳐다보는 제3의 시선이 결합하여 주도적인 역할을 하기 때문이다. 지속적인 훈련을 통해 마음챙김이 확고해지면 주객이원성과 '나라는 실체'의 착각이 흐려지면서 사물을 있는 그대로 보는 지혜가 커진다. 부대적으로는 '나'조차도 거리를 두고 보기 때문에 안달복달하거나 흥분할 가능성이 줄고, 평정의 여지가 커진다.

마음챙김이 과학에 도입된 사례로는 미국 매사추세츠 대학병원에서 개발하여 널리 퍼진 심신치료 프로그램인 '마음챙김에 기반한 스트레스 감소'(Mindfulness Based Stress Reduction)를 들 수 있다.[25] 이 경우 마음챙김의 본래 목적인 지혜의 시선을 개발하는 것보다는 그 부대효과인 스트레스 감소에 목적을 두고 있다.

반면 우리는 사물을 관찰하는 새로운 시선으로서 마음챙김에 주목한다. 마음챙김의 원리가 사물을 좀더 온전하게 바라보는 시선을 세우는 데 적용될 수 있다는 것이다. 이미 양자역학의 파동함수에서는 양자계를 보는 데 있어서 관찰대상뿐 아니라 관찰자까지 포함함으로써 마음챙김의 초기적 양상을 보여주고 있다.

온전한 시선은 두 눈으로 사물을 바라보는 주관까지도 바라보는 것이어야 하고, 따라서 불가피하게 제3의 눈을 요구한다. 그 과제는 불교적 시선인 마음챙김을 끌어들인다. 마음챙김은 주관과 객관이 접촉하는 데서 발생하는 다양한 지각적·감정적·관념적 현상을 바라보는 평정한 시선이기에 습관적 감정, 당연시된 편견, 권위에 의존, 자기 견해에 대한 집착까지도 통제하는 시선으로 작동할 수 있다. 마음챙김은 세상을 바라보는 나를 바라봄으로써 나와 세상이 접촉하면서 발생하는 사태의 좀 더 온전한 국면을 지각할 수 있다. 이로써 두 눈 시선이 오랫동안 벗지 못했던 나와 대상의 이분법을 극복하면서 '온전 속의 나-대상'을 바라볼 가능성이 열린다.

정리하건대 시선의 온전성을 획득하는 일은 온전한 앎을 향한 가장 근본적인 과제다. 온전한 시선은 모든 편견으로부터 자유로워야 하고, 견해의 진위를 판단하는 데 있어 감각 경험뿐 아니라 모든 경험을 준거로 삼아야 하며, 자기 자신의 견해까지도 평정하게 보는 것이어야 한다. 이는 결국 마음챙김의 원리에 따라 세워지는 시선이라고 할 수 있다. 사물을 바라보는 자신까지 평정하게 바라보는 마음챙김의 시선은 지식 자체의 온전성을 높이는 것은 물론, 지식과 지혜의 조화를 통해 온전한 앎의 틀을 세울 수 있다.

물리학과 동양사상, 과학과 종교, 새로운 과학과 불교와의 만남은 지식과 지혜가 조화를 이루어 온전한 앎의 체계를 세우려는 거대한 문명 조류의 표면적 양상이었다. 우리의 앎이 우리의 세계를 창조해왔다는 전제에서 보면, 고삐 풀린 지식을 지혜의 고삐로 다시 움켜쥐는 일은 매우 자연스러울 뿐 아니라 문명의 흐름을 바른 방향으로 돌리기 위한 가장 근본적인 실천이 된다. 그 실천을 통해 지식 영역에서 출발한 제3의 눈은 지혜의 시선과 공명의 장을 이루며 온전한 앎을 펼쳐내는 샘이 될 수 있다. 그때에야 비로소 새로운 문명의 토대는 완성된다.

지식과 지혜의 분열은 둘 모두를 편벽된 앎으로 왜곡시켜왔다. 제3의 눈이 나타난 것은 이 질곡으로부터 벗어나 더욱 높은 진리를 깨달으려는 인류의 무의식적 요청에 부응한 것일지 모른다. 지성의 극한에서 지혜를 요청한 것이고, 맹신의 극한에서 온전한 앎을 요청한 것이다. 그렇지 않고는 깊어져가는 개인의 고통으로부터, 그리고 인류의 파국적인 위기로부터 벗어날 수 없기 때문이다.

지혜는 편벽성의 거친 파도로부터 지식과 신앙을 보호할 등대 빛이며, 동시에 편벽에서 발생하는 불안과 고통을 부드럽게 감싸 안을 너른 가슴이다. 바른 지혜를 찾고, 지혜와 지식을, 그리고 지혜와 신앙을 조화시킴으로써 우리는 전대미문의 온전한 앎으로 나아갈 수 있다.

온전한 앎은 온전한 삶을 가능케 한다. 우리는 앞서, 우주가 모든 사물로 하여금 더 높은 의미를 지향케 하는 구조를 갖고 있다는 점을 살펴본 바 있다(6장). 과학지식이 우주를 거대한 기계로 설명한 이후, 목적은 우주에서 사라졌다. 자연에서 목적이 사라지자, 삶은 지향할 가치를 잃었다. 지식과 도덕이 나뉘고, 도덕은 단순한 사회규범이 되었다. 가치 상대주의가 팽배하면서 도덕은 상황윤리로 바뀌었고, 사회적 체면과 법률적 규정의 메마른 틀에 갇혔다. 앎과 삶이 분리된 것이다.

우주는 의미의 샘으로부터 흘러나온 것이기에, 모든 사물은 더 무한하고 더 미묘하고 에너지가 더 큰 의미 수준을 지향한다. 모든 사물은 온전을 향한 지향성을 내재적 질서로 포함하고 있다. 자연이 온전을 향하는 구조를 갖는다면, 인간의 삶도 자연스럽게 그 지향성에 합류한다. 가치나 도덕은 사회규범이 아니라 자연의 질서가 된다. 온전한 앎은 온전한 삶과 결합한다.

붓다가 명백히 지적했듯이 삶의 고통은 무지로부터 발생한다. 모든 문제의 근원은 앎의 문제다. 낮은 의미 수준의 앎은 무지에 가깝고, 무지에 가까운 만큼 고통을 낳는다. 우리가 '문명의 문제'라고 부른 모든 것들도 그 근본에서는 정치, 경제, 사회의 문제가 아니다. 그것은 앎의 수준 문제며, 그 앎이 도달한 의미 수준의 문제다.

온전한 앎은 온전한 삶, 그리고 온전한 문명으로 펼쳐진다. 온전한 앎으로 나아갈수록 의미 수준은 높아지고, 무지에서 멀어지며, 고통에서 멀어진다. 온전한 앎을 향한 흐름은 저급 앎이 낳은 문명의 고통으로부터 자유를 찾으려는 운동이다. 그것이 제3의 눈이 갖는 궁극의 비전이다.

제3의 눈을 뜨는 나비

이제 우리는 이 책의 논의를 마무리해야 할 지점에 이르렀다. 남은 몇 가지 의문점들을 짚어보자.

사람들은 묻는다. '제3의 눈은 시각적 지각체계인가, 아니면 관념체계인가?'

우리는 답변에 앞서 질문 자체를 검토해보아야 한다. 이 질문은 두 눈 철학으로부터 나온 것이다. 서구 근대철학은 감각과 사유, 지각과 관념, 경험과 논리를 분리된 과정으로 설정해왔다. 칸트와 분석철학에 의해 두 과정이 종합되었지만 그것은 기계적 결합이라고 보는 게 적절하다.

제3의 눈은 일차적으로 시선을 가리키기에, 이 책에서는 '제3의 눈으로 본다'는 표현을 자주 사용해왔다. '본다'는 말은 '이해한다'의 은유로 사용되는 경우가 많다. 이 경우 '제3의 눈으로 본다'는 말은 새로운 관념 체계로 사물을 '이해한다'는 말이다. 그렇다면 제3의 눈은 새로운 방식으로 사물을 이해하는 관념체계라고 할 수 있다. 요약하면, 제3의 눈은 빔 속에서 있음을, 온전 속에서 다름을 이해하는 앎의 체계라고 할 수 있다.

그런데 앞서 우리는 시지각이 '양방향 칵테일 파티'라는 뇌신경학의 발견을 거론한 바 있다(5장). 눈을 통해 들어오는 정방향의 시각정보와 대뇌피질의 기억 영역으로부터 오는 역방향의 정보가 결합하여 사물을 인식한다는 것이다. 기억이 감각정보를 변형시키기에 우리는 '실제 사물'을 지각할 수가 없다. 이처럼 기억 속의 관념이 감각 내용을 변형시킨다면, 관념적 이해와 감각적 지각은 분리된 과정이 아니다. 제3의 눈이 이해한 관념적 의미들은 뇌에 기억으로 저장될 것이다. 이 새로운 의미들은 우리가 눈으로 사물을 바라볼 때 시지각의 범위와 내용에 영향을 줄 것이다. 그런 측면에서 보면 '제3의 눈'은 지각체계이기도 하다.

결국 '본다'는 말은 '이해한다'는 말의 은유만이 아니다. 관념적 이해는 감각적 지각에 직접 연결된다. 감각과 관념은 분리할 수 없는 하나의 지각체계를 구성한다. 때문에 시각이라고 해도 '사물'을 보는 것이 아니라 '의미'를 보는 과정이 된다. 지각을 그처럼 전일한 과정으로 이해할 때, 제3의 눈을 새로운 시지각체계라고 불러도 전혀 무리가 없다. 이 책에서 '두 눈 과학'이나 '두 눈 문명' 등의 개념을 사용한 것도 지각과 관념, 그리고 문명이 분리되지 않는 의미생성 과정이자 그 의미의 산물이기 때문이다.

새로운 앎은 곧 새로운 의미를 지각하는 체계로 전환되고, 새로운 지각은 다시 새로운 앎을 낳는 순환적 운동과정의 일부다. '아는 만큼 본다'는 말처럼, 앎은 봄을 구성한다. 화가들은 '본 만큼 그린다'는 말도 한다. 새로운 봄은 새로운 작품이나 질서의 창조로 이어진다. 제3의 눈은 새로운 의미를 보고 아는 지각체계이자 앎의 체계면서, 이를 통해 새로운 질서를 창조해가는 운동이기도 하다.

사람들은 또 묻는다. '그런데 도대체 왜, 어떤 원인으로 제3의 눈이 발생했는가?'

역시 질문 자체를 검토해보아야 한다. 특정의 원인에 따라 특정 결과가 유도된다는 두 눈 과학의 기계적 사고는 다면적·다층적 관계그물로 출렁이는 상황을 설명할 수 없다. 제3의 눈을 싹 틔운 요동에 대해 혼돈이론과 양자역학은 궁극적으로 '우연'으로밖에 설명하지 못한다.

그러나 우리는 더 나아갈 수 있다. 앞서 살펴보았듯이 품어 펼침의 다차원적 질서에는 필연성이 관통한다(5장). 있음으로 드러난 세계에서는 우연이지만, 빔의 숨겨진 질서를 포함하는 다차원 우주에서는 필연적 연관성을 세울 수 있다. 다만 우리의 지각과 사고 속에서는 그 인과관계를 알 수 없을 뿐이다.

다차원적 인과관계를 알 수 없다는 것은 불가지론이라기보다는 개방성이다. 지금 우리에게는 감지될 수 없을지라도, 모든 것들이 연결된 배후 질서의 인과관계가 제3의 눈을 틔웠다는 데 대한 열린 태도다. 사람에 따라서는 다차원적 필연성을 '하느님의 섭리'라고도 하고, '카르마'라고도 하고, '우주의 마음'이라고도 한다. 그것을 뭐라 부르든 우리의 의식과 행동이 그 근원적 질서에 작용하여 제3의 눈을 창조해내는 데 기여한 것임에는 틀림없다. 우리의 의식과 행위는 카르마로 작용하면서 하느님의 섭리와 우주의 마음에 스며들기 때문이다.

사람들은 거듭 묻는다. '그래서 우리가 어떻게 해야 하는가?'

마찬가지다. 만약 우리가 사태의 특정 원인을 지목하면, 그에 따른 일관되고 통일된 행동지침이 자동적으로 나온다. 이것이 두 눈 문명의 기계적 혁명 이론이었다. 혼돈 이론에서 보았듯이 혁명은 자연적 과정이다. 특정의 획일적 전략·전술로 사람들을 통일하려고 하면 무리수를 두게 되고 자연적 과정에 폐를 끼치게 된다.

문명의 전환은 '주요 모순'과 '핵심 원인'에서 출발하지 않는다. 혁명은 삶의 전 방위에서 이루어지며, 각각의 방위는 모두 깊이 연결되어 있다. 제3의 눈이 갖는 비전을 각자 삶의 영역에서 재창조할 때, 어떤 분야도 문명 전환의 선봉이 될 수 있고, 다른 모든 분야와 연결될 수 있다.

문명의 전환은 그 의미체계의 변화로부터 비롯된다. 따라서 우리가 공통으로 제시할 수 있는 것은 비전뿐이다. 새 문명의 비전은 제3의 눈이 발견한 의미들로부터 나왔고, 그 의미들의 구체적 실현을 지향한다. 개별 실천들이 서로 다른 의미를 구현해가더라도 새 문명의 비전을 공유하고 확장해나가는 한 결국 '더 완전한 온전성'으로 나아가는 길의 동반자가 된다.

비전이란 가야 할 곳을 바라보는 시선이다. 어떤 시선을 갖느냐는 어떤 의미를 발견하느냐와 연결된다. 어떤 의미를 발견하느냐는 어떤 사물을 창조하느냐와 연결된다. 그 비전의 시선에 공명하는 것만으로도 우리는 거대한 혁명 대열에 참여한 셈이다.

마지막으로 책 안에서 유보해둔 중요한 질문을 검토해보자. '제3의 눈이 보는 나는 무엇인가?' 이 질문은 '문명 전환기에서 나는 무엇인가?'와도 통한다. 이 시대에서 삶의 개별 단위인 '나'를 어떻게 이해할 것이며, 동시에 이 '나'가 어떻게 살아야 하느냐의 문제다.

우리는 앞서 '나'가 사라졌음을 보았다(3장). 입체시와 주객 양극체계에서 형성된 주체로서의 나는 소멸했다. 앞서 '나'가 발생하는 구조에 대한 아인슈타인의 언급을 인용한 바 있는데, 그 전체 맥락을 다시 인용하면 아래와 같다.

> 인간 존재는 우리가 '우주'라고 부르는 전체의 일부다―시간과 공간에 의해 제한된 일부. 그런데 그는 자기 자신을, 자기의 생각과 감정을 나머지 다른 것들과 구분된 어떤 것으로 경험한다. 이는 그의 의식이 일으키는 일종의 시각적 기만이다. 이 시각적 미혹이 우리에게는 일종의 감옥이 되었다. 이 감옥은 우리를 개인적 욕망에 가두고, 우리의 애정을 가까운 몇몇 사람에게만 한정시킨다. 우리의 과제는 우리 안의 자비의 원을 넓혀서 모든 살아 있는 아름다운 생명체들과 전 자연을 감쌈으로써, 우리 자신을 이 감옥으로부터 해방시키는 것이다. 아무도 완벽하게 이 과제를 완수하지는 못할 것이다. 그러나 이를 이루려는 노력 그 자체는 해방의 일부분이며 내적 평안의 기초가 될 것이다.[26]

나머지 우주를 배제함으로써 스스로 만든 '감옥에 갇힌 나'는 개인적 욕망과 사소한 애정에 포획되었다. '나'라는 감옥으로부터 해방되려면 '자비의 원을 넓혀서 모든 생명체들과 전 자연을 감싸 안아야' 한다. 여기서 '자비의 원'(circle of compassion)이란 '나'라는 정체성을 내포한 울타리를 말한다. 그 원을 넓힌다는 것은 정체성의 울타리를 넓힌다는 것이니 대승불교의 개념으로는 '작은 나'(小我)를 넘어서 '큰 나'(大我)로 나아가는 실천을 말한다. 이는 궁극적으로 모든 울타리를 허문 '나 없음'(無我)을 지향한다.

그런데 아인슈타인은 그 과제를 달성할 자는 없으리라고 단정하면서, 단지 그 방향으로 노력함으로써 조금씩 해방의 길로 나아갈 수 있으리라고 전망했다. 과연 '나'의 작은 마당을 넓히는 일은 불가능할까? 그의 단정에도 불구하고 '나'라는 감옥으로부터의 해방은 좀더 가시적인 전망으로 부상했다.

지난 세기 말에는 지구화와 지방화의 캠페인이 유행했다. 이때 일본에서는 구방화(球方化, glocalization)라는 신조어가 만들어졌다. 다만 지구화를 세계화로 표현했기에, 구방화를 세방화(世方化)라고도 불렀다. 이 말은 지구화와 지방화가 동시에 발생하는 현상이며, 한 흐름의 두 측면이라는 함의를 갖는다. 구방화의 개념은 '나'를 새롭게 정의할 가능성을 제시해준다.

지구화(globalization)는 국가 간 칸막이 질서가 약해지면서 전 지구를 하나로 엮는 새 질서가 부상하는 경향을 말한다. '지구'에서의 구(球)자는 구슬을 가리키며 영어의 글로브(globe)도 공을 가리키니 지구의 둥근 모양을 상징한다. 구슬이나 공 위에서는 어디에 있든 어느 방향으로 움직이든 하나로 연결된다. 개체가 보편과 쪼갤 수 없이 연결된 모양이니 지구화는 보편화(universalization)를 상징한다.

지방화(localization)는 국가에 복속되었던 지방에 에너지가 모이면서 그 독립성·자율성이 강화되는 경향을 가리킨다. '지방'에서의 방(方)자는 모퉁이나 모서리를 가리키고, 영어의 '로컬'도 국소(局所)라는 뜻이 있다. 결국 지방화는 점 같은 모서리가 더 독자적으로 되어가는 경향, 혹은 독자성을 띠는 단위가 더 작아지는 경향을 나타낸다. 따라서 지방은 국가 내의 한 지역뿐 아니라 이보다 더 작은 조직이나 집단, 나아가 한 인간을 가리킬 수도 있다. 지방화는 특수화(particularization)를 가리킨다.

지구화와 지방화 모두에서 전제되고 있는 것은 국가라는 칸막이 질서의 약화다. 국가가 약화되면서 그 아래의 지방 수준과 그 위의 지구 수준이 강화되고 서로 연결되는 과정이 구방화다.

구방화 시대의 주체는 구방(glocal)이다. 구방은 '지구적으로 사고하고, 지방적으로 행동하는' 사람들을 가리킨다. 어떤 경우는 몇 개의 외국어를 구사하며 일 년의 상당 부분을 해외에서 활동하는 지구촌 시대의 엘리트를 가리키는 말로도 사용하지만, 구방화의 추세를 적절히 반영한다고 보기는 어렵다. 구방은 '보편적으로 사고하면서 특수하게 행동하는' 사람들이다. 이렇게 함으로써 구방은 스스로를 지구화하면서 동시에 지방화하고, 우주적으로 보편화하면서 개성적으로 특수화한다.

지구적·보편적으로 사고할 때 구방은 무한히 확산된다. 반면 지방적·개성적으로 행동할 때 구방은 무한히 응축된다. 확산되는 것은 소통의 외연적 관계며, 응축되는 것은 에너지다. 다시 말해 에너지가 밀도 높게 응축될수록 그 개성적이며 특수한 행동은 지구적 연관성과 우주적 보편성을 띤다는 것이다. 거꾸로 보편적 관계를 타고 흐를수록 그의 개성적 에너지는 밀도 높게 응축된다고도 할 수 있다. 구방은 응축-확산의 운동이다.

오늘날의 물리학도 구방이다. 현대물리학은 거시세계와 미시세계를 주된 연구대상으로 발전했다. 물리학은 중시세계의 벽을 넘어 거시세계로 확산되었고, 동시에 미시세계로 응축했다. 그 과정에서 거시세계와 미시세계가 결합하는 구방화가 진행되면서, 중시세계의 제한적 질서를 품어 안는 새로운 지평을 드러냈다.

구방은 새로운 시대의 '나'다. 이 '나'는 있음의 질서에만 속하지 않기에, 이 몸이나 마음으로 국한할 수 없다. 대신 새로운 '나'는 지구화하면서 지방화하는 운동, 즉 확산하면서 응축하는 운동이 된다. 다차원적 우주로까지 확산하면서 점 이하 단위까지 응축하는 양면적 흐름이며, 이 두 흐름을 하나의 온전 속에서 결합하는 운동이 새 시대의 '나'다.

아인슈타인의 수학 선생이었던 민코프스키(Hermann Minkowski)는 구방의 정체를 수학식으로 제시한 바 있다. 그는 제자가 상대성 이론을 발표한 후, '시간-공간이 통일된 실재'라는 개념에 깊은 감명을 받았다. 그러고는 특수상대성 이론을 바탕으로 하여 과거, 현재, 미래의 수학적 관계를 보여주는 시공도식을 제안했다.

이 시공도식에 따르면 각 개인의 모든 과거와 모든 미래가 단 한 점, 현재(now)에서 만난다. 나아가 각 개인의 현재는 여기(here), 즉 관찰자가 있는 바로 그 지점이 아닌 다른 곳에서는 결코 찾을 수 없다.[27] 지금-여기는 각 개인의 모든 과거와 미래, 그리고 그것들과 연관된 모든 장소가 응축되는 점이다. 그런 수렴과 확산의 중심으로서 지금-여기가 구방이 살아나는 시간적 순간이며 공간적 점이다.

일상적 경험으로 보아도 과거는 기억 속에만 있고, 미래는 기대 속에만 있다. 여기를 벗어난 저기는 정보 속에만 있다. 경험적으로 실재하는 현실이 있다면 지금-여기뿐이다. 아마도 지금-여기는 시공의 제한을 넘어서 구방화의 가능성을 펼쳐낼 유일한 창문일 것이다. 그런 점에서 지금-여기는 새로운 '나'가 발을 디딜 토대다.

지금-여기에서 살아나는 구방은 모든 과거와 미래를 수렴하기에 어마어마한 에너지를 갖는다. 1세제곱센티미터의 공간이라면 작은 구슬 하나의 부피다. 이 공간은 다양한 파동으로 이루어진 물리적 장이다. 하나의 파동이 지닐 수 있는 최소한의 에너지를 전제로 계산하면, 작은 구슬 하나의 공간에는 알려진 우주의 모든 물질에너지보다 훨씬 큰 에너지가 담겨 있다.[28] 우리가 우리 자신을 구슬만큼 작은 존재라고 생각해도, 그 개체는 우주 하나를 창조하고도 남는 에너지를 갖는다.

7세기 신라의 고승 의상(義湘)은 「법성게」(法性偈)에서 다음과 같이 표현하고 있다.[29]

하나 속에 모두 있고 여럿 속에 하나 있으며,

하나 그대로 모두이고 여럿 그대로 하나이네.

한 티끌 속에 우주 머금고,

모든 티끌 속에 역시 우주 머금네.

(一中一切多中一, 一卽一切多卽一, 一微塵中含十方, 一切塵中亦如是)

이 오래된 시구 속에 현대과학이 발견한 바가 고스란히 농축되어 있다. 지금-여기는 궁극적 온전의 한 드러남이며, 그 드러난 각각은 온전의 에너지를 남김없이 머금고 있다. 지금-여기는 국소성이라는 쪼갬의 질서를 넘어 온전의 차원으로 연결된 창문이다.

그런데 우리는 왜 이렇게 나의 감옥에 갇혀 맥없이 살고 있을까? 그것은 우리가 온전을 쪼개어 '나'라고 동일시하는 저에너지 문명의 일원으로 살아왔기 때문이다. 이 몸과 이 생각, 이 재산과 이 지위를 '나'라고 동일시하면서, 끊임없이 과거와 미래로 에너지를 분산시키는 문명 속에 살아왔기 때문이다. 이 문명은 우리 자신이 엄청난 창조력을 지닌 존재라는 사실을 망각하게 하는 의미체계로 구성되어 있다. 우주와의 무한한 관련성을 끊어내고 대상을 배제한 나머지로서의 '나', 그리하여 배타적이고 자폐적인 틀 속에 갇힌 '나'는 그 낮은 의미 수준 때문에 저에너지 존재일 수밖에 없다.

이 '나'는 관습적 세계의 평균적인 것들에 얽매인 채 그것이 현실이라고 착각하며 살고 있다. 자기 속의 지방과 자기 위의 지구를 접하지 못한 채, 평균적 세계에 머물러 있는 것이다. 자기 고유의 처지, 성향, 가치를 우주적 목적과 지향에 결합시키는 구방화를 멀리해왔기에, 결국 관습적 현실 속에 고유의 생명력을 바쳐왔다.

현실은 있는 것이 아니라 만들어지는 것이다. 한 특수한 몸짓에 다른 몸짓들이 공명하면서 일반적 질서가 형성되고 관습이 된다. 그것을 우리는 '현실'이라고 불러왔다. 현실은 꿈과 욕구와 비전들로 만들어지는 것이며, 실상은 의미의 덩어리일 뿐이다. '현실이 실재한다'는 생각 자체가 우리를 저에너지 존재로 묶어놓기 위한 구문명의 의미장치다. 현실이 '의미로 만들어진 것'이라는 각성은 낡은 관습으로부터 벗어날 힘을 제공해주며, 그로부터 새 의미를 발견하고 제안할 창조력이 솟아난다.

그때에 구방이 살아난다. 지금-여기에 잠재해 있던 나의 처지, 성향, 과제가 살아 올라오면서 우주적 지향 및 가치와 결합한다. 이로부터 보다 높은 수준의 새로운 의미가 발견되고 창조된다. 높은 의미로부터 솟구치는 에너지는 구문명이 규정한 '나'의 에너지와는 비교도 되지 않는다. 관습적 '나'의 정체성과 안정성의 환상은 깨져나가고, 우리는 무한 응축-확장의 운동이 된다. 새로운 구방들이 구문명의 낡은 관습을 깨고 나올 때 문명 전환의 큰 물결이 인류의 향상을 향해 힘차게 흐를 것이다.

　인류의 문명은 처음으로 인간의 생존 가능성 자체가 의문시되는 국면에 돌입했다. 살아남는 것보다 배우는 것이 더 중요하다는 관점에서 보면, 지금의 상황은 매우 분명한 가르침을 담고 있다. 편협한 '나'의 감옥으로부터 벗어나 더 미세하고 더 광대한 우주와 결합하라는 것이다. 아마도 우주의 의미 샘은 인간의 생존을 걸고, 그 메시지를 가르치려는 것 같다.

　제3의 눈의 메시지는 '모든 것이 연결되어 있다'는 것을 투명하게 알고, 그 앎에 기초하여 지구적 책임을 자각하라는 말로 요약할 수 있다. 우리는 지구 생명의 위기와 더불어 인류의 집단적 향상이라는 드문 기회 앞에 섰다. 이는 분명 이 시대를 사는 사람들 개개인과 인류 전체를 위한 각성의 계기이며 동시에 창조의 벅찬 기회이기도 하다.

　거듭 말하건대 모든 것은 깊은 차원에서 하나다. 우리는 온전의 일부다. '나'로 쪼개진 존재가 온전과 합일하는 첫 걸음을 내디딜 때, 우리는 문명의 대전환을 펼쳐내는 우주의 심장과 공명할 수 있다. 이때 우리는 제3의 눈을 뜨는 나비가 된다. 나비의 새로운 눈이 본 새로운 의미는 새로운 날갯짓으로 펼쳐진다. 그 날갯짓들이 눈부신 공명의 장을 이루면, 그 떨림의 물결 속에서 거대한 창조의 샘이 솟아날 것이다. 그 샘으로부터 인류 역사상 최초로 온전을 향한 질서가 흘러나올 것이다. 이를 후원하는 우주가 환하게 웃을 것이다.

〈그림 51〉제3의 눈을 뜨는 나비[30]

꼬리 주

서문

1 NHKエンタープライ21, (pd.),
  2007 참조.
2 NHKエンタープライズ21, (pd.),
  2007에서 재수록.
3 NHKエンタープライズ21, (pd.),
  2007에서 재수록.
4 NHKエンタープライズ21, (pd.),
  2007에서 재수록.
5 Salisbury, Mike, pd., 2002.
6 NHKエンタープライズ21, (pd.),
  2007에서 재수록.
7 NHKエンタープライズ21, (pd.),
  2007에서 재수록.

1부 사라지다
01 물체, 사라지다

1 Capra, Fritjof, 1979, 68쪽에서
  재인용.
2 Zukav, Gary, 1981, 295쪽에서
  재수록.
3 Zukav, Gary, 1981, 295~296쪽
  에서 재인용.
4 이노키 마사후미(猪木正文), 1973,
  77쪽.
5 Zukav, Gary, 1981, 171쪽에서
  재수록.
6 Capra, Fritjof, 1979, 82쪽.
7 이노키 마사후미(猪木正文), 1973,
  218~219쪽.
8 Zukav, Gary, 1981, 141쪽.
9 Toffler, Alvin, 1990b, 90~91쪽.
10 Toffler, Alvin, 1990a, 59쪽.
11 Baudrillard, Jean, 1991, 125~126쪽.
12 Baudrillard, Jean, 1981, 125쪽.
13 Toffler, Alvin, 1990a, 174쪽.
14 성균서관, 1977, "실체".

02 정신, 없어지다

15 이규호, 1974, 101쪽.
16 Saussure, Ferdinand de, 1959,
  120쪽.
17 Saussure, Ferdinand de, 1959,
  114쪽.
18 이즈츠 도시히코(井筒俊彦), 1984,
  108쪽에서 재인용.
19 Saussure, Ferdinand de, 1959,
  117쪽.
20 Saussure, Ferdinand de, 1959,
  73쪽.
21 Wittgenstein, Ludwig, 1951, 서문.
22 정성욱 연출, 2008 참조.

23 Quine, W. V. O., 1951 참조.
24 Quine, W. V. O., 1951, 42쪽.
25 Toffler, Alvin, 1990b, 42쪽.
26 Baudrillard, Jean, 1991, 26~27쪽.
27 Baudrillard, Jean, 1991, 297~298쪽.

03 나, 소멸하다

28 The Buddhist Blog, May 22, 2005.
29 Capra, Fritjof, 1982, 62쪽에서 재인용.
30 Capra, Fritjof, 1982, 56쪽에서 재인용.
31 BBC Horizon, 2005 참조.
32 BBC Horizon, 2005 참조.
33 BBC Horizon, 2005 참조.
34 신동만·서용하 연출 참조.
35 이영돈·김윤환 연출, 2006.
36 Fitzpatrick, Sonya, 2004 참조.
37 이덕건 연출, 2009 참조.
38 Kerner, Dagny. & Kerner, Imre, 2002, 79~81쪽.
39 Kerner, Dagny. & Kerner, Imre, 2002, 47쪽부터.
40 Zukav, Gary, 1981, 113쪽에서 재수록.
41 Shariatmadari, Helen. (wr. & dr.), 2011 참조.
42 Zukav, Gary, 1981, 117쪽에서 재인용.
43 Zukav, Gary, 1981, 232쪽.
44 Zukav, Gary, 1981, 75쪽.
45 Zukav, Gary, 1981, 181~183쪽.
46 Capra, Fritjof, 1979, 162쪽에서 재인용.
47 Pollack, Sydney, (dr.), 1985.
48 Kerner, Dagny. & Kerner, Imre, 2002, 47~66쪽.
49 에모토 마사루(江本勝), 2001, 86쪽.
50 Capra, Fritjof, 1979, 163쪽.
51 Zukav, Gary, 1981, 137~138쪽.
52 Baudrillard, Jean, 1993, 82~83쪽.
53 Kellner, Douglas, 1989, 118쪽에서 재인용.
54 Derrida, Jacques, 1972, 264쪽.
55 Kellner, Douglas, 1989, 118쪽에서 재인용.

2부 드러나다
04 빔, 드러나다

1 Heisenberg, Werner, 1985, 62~67쪽.
2 Bohm, David, 1980, 125쪽에서 변형 재수록.
3 Ellis, Luke, (dr.), 2007에서 재인용.

4 GaBany, R Jay, http://www. cosmotography.com/images/ black_hole/images/fabric_of_ space_warp에서 재수록.

5 Zukav, Gary, 1981, 273~274쪽.

6 Zukav, Gary, 1981, 248~284쪽.

7 Usborne, Tim, (pd. & dr.), 2008a 참조.

8 Zukav, Gary, 1981, 314쪽에서 재수록.

9 Capra, Fritjof, 1979, 214쪽.

10 Zukav, Gary, 1981, 332쪽에서 재수록.

11 Zukav, Gary, 1981, 330쪽에서 재수록.

12 Zukav, Gary, 1981, 331쪽에서 재수록.

13 Zukav, Gary, 1981, 340쪽에서 재수록.

14 Zukav, Gary, 1981, 127쪽에서 재인용.

15 Zukav, Gary, 1981, 291쪽.

16 Zukav, Gary, 1981, 342쪽에서 재수록.

17 Usborne, Tim, (pd. & dr.), 2008b 참조.

18 Usborne, Tim, (pd. & dr.), 2008b.

19 Zukav, Gary, 1981, 396쪽에서 재수록.

20 Zukav, Gary, 1981, 401쪽.

21 Davis, Paul & Brown, Julian, ed., 1994, 33~34쪽.

22 Zukav, Gary, 1981, 407~408쪽.

23 Zukav, Gary, 1981, 413쪽.

24 Zukav, Gary, 1981, 412~413쪽.

25 Ñannamoli Bhikkhu, 1992, 231쪽.

26 Ñannamoli Bhikkhu, 1992, 230~231쪽.

27 Nyanatiloka Bhikkhu, 1967, 10~11쪽.

05 빔, 품어 펼치다

28 Wachowski, Larry & Andy, (dr.), 1999.

29 Bohm, David, 1980, 144쪽에서 재수록.

30 Talbot, Michael, 1999, 38쪽.

31 Roberts, Sam, (pd.), 2000b 참조.

32 Varela, Francisco J., Thompson, Evan. & Rosch, Eleanor, 1991, 96쪽. 그리고 Roberts, Sam, (pd.), 2000b 참조.

33 Roberts, Sam, (pd.), 2000b에서 재인용.

34 Talbot, Michael, 1999, 46쪽에서 재인용.

35 Talbot, Michael, 1999, 49~53쪽.

36 Talbot, Michael, 1999, 58쪽.

37 Talbot, Michael, 1999, 59~60쪽
   에서 재인용.

38 Talbot, Michael, 1999, 55쪽.

39 Capra, Fritjof, 1979, 174쪽에서
   재수록.

40 Zukav, Gary, 1981, 320쪽에서
   재수록.

41 Clark, Malcolm, (wr. & pd.), 2002,
   102쪽에서 재인용.

42 Talbot, Michael, 1999, 87쪽.

43 Varela, Francisco J., Thompson,
   Evan. & Rosch, Eleanor, 1991,
   9쪽.

44 Capra, Fritjof, 1979, 169쪽에서
   재수록.

45 BBC Horizon, 2005 참조.

46 Sheldrake, Rupert, 2009, 9쪽에서
   재수록.

47 Sheldrake, Rupert, 2009,
   72~73쪽.

48 Sheldrake, Rupert, 2009, 87쪽에
   서 재수록.

49 Sheldrake, Rupert, 1994, 246쪽.

50 Talbot, Michael, 1999, 35쪽에서
   재수록.

51 Talbot, Michael, 1999, 34쪽에서
   재수록.

52 Bohm, David, 1980, 185쪽.

53 Bohm, David, 1980, 189쪽.

54 Watson, Lyall, 2004, 45쪽.

55 Bohm, David, 1980, 207쪽.

56 Bohm, David, 1980, 205쪽. '(혹
   은 물질)'은 필자가 넣은 것임.

57 Langan, C. Michael, 2002에서
   가공 재수록.

06 의미, 떠오르다

58 Bohm, David, 1980, 121, 123쪽.

59 Grof, Stanislav, 1994 참조.

60 Talbot, Michael, 1999,
   177쪽부터.

61 Talbot, Michael, 1999, 120쪽에서
   재인용.

62 Talbot, Michael, 1999, 191쪽에서
   재인용.

63 Cerminara, Gina, 1988 참조.

64 Wilber, Ken, 1987 참조.

65 김용호, 1990, 75~84쪽.

66 Talbot, Michael, 1999, 180쪽.

67 Wikipedia, 'synchronicity'.

68 에모토 마사루(江本勝), 2001에서
   재수록.

69 에모토 마사루(江本勝), 2001에서
   재수록.

70 에모토 마사루(江本勝), 2004에서
   재수록.

71 에모토 마사루(江本勝), 2001에서
　재수록.

72 에모토 마사루(江本勝), 2001,
　76~77쪽.

73 Davis, Paul & Brown, Julian, (ed.),
　1994, 53쪽.

74 Bentov, Itzhak, 1987, 100쪽에서
　가공 재수록.

75 장현갑, 2009, 206~207쪽.

76 Bohm, David, 1995 & 1985 참조.

77 Bohm, David, 1995, 21쪽(인쇄 쪽).

78 Bohm, David, 1985, 99쪽.

79 Bohm, David, 1985, 91쪽에서
　재수록.

80 Scott, Ridley, (dr.), 1992.

81 Bentov, Itzhak, 1987, 178쪽 그림
　변형하여 재수록.

82 Bentov, Itzhak, 1987, 136쪽 그림
　변형하여 재수록.

83 Bentov, Itzhak, 1987, 248~249쪽.

84 노자(老子), 1977, 8장 역성(易性).

85 Bohm, David, 1985, 93, 97, 99쪽.

86 American Bible Society, 1978,
　John 1.1~4.

87 노자(老子), 1977, 1장 체도(體道).

88 Talbot, Michael, 1999, 208쪽.

89 Talbot, Michael, 1999, 228쪽.

90 Sheldrake, Rupert, 2009,
263~265쪽.

91 Bohm, David, 1995, 26쪽(인쇄 쪽).

92 Bohm, David, 1995, 28쪽(인쇄 쪽).

93 Naraida Thera, (trans.), 1972, 1, 5쪽.

3부 흔들리다
07 요동, 퍼지다

1 Renouf, Jonathan, (pd. & dr.), 2009c
　참조.

2 Lorenz, Edward, 1972.

3 김주완 참조.

4 Prigogine, Ilya & Isabelle Stengers,
　1993, 30쪽에서 재인용.

5 Tucker, Robert B., (interviewed),
　1983.

6 Lawrie, Ben, (pd. & dr.), 2008 참조.

7 Waldrop, Mitchell, 2006 참조.

8 김주완 참조.

9 Malone, David. & Tanner, Mark,
　(pd. & dr.), 2007 참조.

10 Tucker, Robert B, (interviewed),
　1983.

11 Eco, Umberto, 1976, 22쪽.

12 문창용 · 박상욱, 2011 참조.

08 토대, 진동하다

13 Toffler, Alvin, 1980, 282쪽.

14 Wikipedia, 'Internet' 참조.

15 Toffler, Alvin, 1990b, 289쪽.

16 Roberts, Sam, (pd.), 2000a, 참조

17 Toffler, Alvin, 1980, 282~305쪽.

18 Baudrillard, Jean, 1992, 70~72쪽.

19 NHK, 2001 참조.

20 Derrida, Jacques, 1976, 313, 300쪽.

21 Derrida, Jacques, 1981, 28쪽.

22 이즈츠 도시히코(井筒俊彦), 1984, 105쪽.

23 Capra, Fritjof, 1979, 80쪽.

24 Capra, Fritjof, 1979, 187쪽.

25 McLuhan, Marshall, 1964 참조.

26 Berri, Claude, (dr.), 1986.

27 Attenborough, Richard, (dr.), 1982 참조.

28 Gandhi, Mohandas K, 1929.

29 최제우, 1969, 26쪽부터.

09 문명, 흔들리다

30 박진홍 연출, 2008에서 가공 재수록.

31 Hayes-Bohanan, James, 2008 에서 재수록.

32 Wikipedia, 'Hockey stick controversy'.

33 Renouf, Jonathan, (pd. & dr.), 2009a 참조.

34 Wikipedia, 'Intergovernmental Panel on Climate Change'.

35 Bowman, Ron, (dr.), 2008 참조.

36 Wikipedia, 'Sea level'.

37 Renouf, Jonathan, (pd. & dr.), 2009c 참조.

38 Peterson, L. C. & Conners, Nadia. (dr.), 2007.

39 Bulfinch, Thomas, 1989, 280~284쪽.

40 Peterson, L. C. & Conners, Nadia, (dr.), 2007.

41 Guggenheim, Davis, (dr.), 2007.

42 Peterson, L. C. & Conners, Nadia, (dr.), 2007.

4부 온전하다

10 온전, 향하다

1 Bohm, David, 1980, 16쪽.

2 Bohm, David, 1980, 18쪽.

3 Bohm, David, 1980, 11쪽.

4 Bohm, David, 1980, 157쪽.

5 Sheldrake, Rupert, 2009, 262쪽.

6 Sheldrake, Rupert, 2009, 262쪽에 서 재인용.

7 Capra, Fritjof, 1979, 186~187쪽.

8 Capra, Fritjof, 1979, 357쪽에 서 재수록.

9 Davis, Paul & Brown, Julian, (ed.), 1994, 162쪽에서 재인용.

10 Vicente, Mark, Chasse, Betsy, & Arntz, William, (drs.), 2004.

11 http://blog.naver.com/ chun7819/120123539341

12 김용호, 1991, 가을 참조.

13 김용호, 2009 참조.

14 McLuhan, Marshall, 1964 참조.

15 Robinson, James M., 1988 참조.

16 Berg, Yehuda, 2002 참조.

17 Ryan, Philip, Oct. 26, 2007에서 재인용.

18 Story, Francis, 1994 참조.

19 Zukav, Gary, 1981, 428쪽.

20 Soma Thera, (trans.), 1988 참조.

21 조효남, 2002, 313쪽.

22 Bohm, David, 1980, 3~4쪽.

23 Thanissaro Bhikkhu, (trans.), 2004 참조.

24 '고요한 소리'와 'Buddhist Publication Society'에서 나온 소책자들 상당 부분이 마음챙김에 관련된 주제를 싣고 있다.

25 장현갑, 2009, 169~170쪽.

26 The Buddhist Blog, May 22, 2005.

27 Zukav, Gary, 1981, 240~241쪽.

28 Bohm, David, 1980, 190~191쪽.

29 정화, 2000 참조.

30 김윤영의 그림.

그림 목록

참고자료

문헌

김용호, 1990, "문화적 허구의 해체를 위한 기호론적 접근: 유식설의 적용", 서강대학교 박사학위논문.

김용호, 1991, 가을, "혼의 에너지를 회복하는 문화", 『대화』, 크리스챤 아카데미.

김용호, 2009, 『신화, 이야기를 창조하다』, 서울: 휴머니스트.

노자(老子), 1977, 『道德經』, 김학규 옮김, 서울: 명문당.

마루야마 게이자부로(丸山圭三郎), 1987, 『言葉と無意識』, 東京: 講談社.

성균서관 편, 1977, 『세계철학대사전』, 서울: 成均書館.

에모토 마사루(江本勝), 2001, 『물은 답을 알고 있다: 물이 전하는 놀라운 메시지』, 양억관 옮김, 서울: 나무심는사람.

에모토 마사루(江本勝), 2004, 『물은 사랑을 원한다: 물이 전하는 사랑과 감사의 메시지』, 김현희 옮김, 서울: 대산.

이규호, 1974, 『말의 힘: 언어철학』, 서울: 제일출판사.

이노키 마사후미(猪木正文), 1973, 『現代物理學入門』, 한명수 옮김, 전파과학사.

이즈츠 도시히코(井筒俊彦), 1984, "文化와 言語 阿賴耶識: 異質文化間의 對話可能性 問題를 둘러싸고", 황필호 편역, 『동양정신과 이질문화 간의 대화』(97~132쪽), 서울: 명지사.

장현갑, 2009, 『마음 vs 뇌』, 서울: 불광.

조효남, 2002, "통합적 진리관", 계간 『과학사상』 편집부 편, 『현대 과학혁명의 선구자들: 아인슈타인에서 프리고진까지』(307~332쪽), 서울: 범양사 출판부.

최제우, 1969, "東經大全", 천도교 중앙총부 편, 『천도교경전』(1~123쪽), 서울: 천도교중앙총부 출판부.

American Bible Society, 1978, *Holy Bible: Today's English Version,* NY: American Bible Society.

Baudrillard, Jean, 1981, *For a Critique of the Political Economy of the Sign,* (trans.), Charles Levin, St. Louis: Telos Press.

Baudrillard, Jean, 1991, 『소비의 사회』, 이상률 옮김, 서울: 문예출판사(*The Consumer Society: Myths and Structures,* 1970).

Baudrillard, Jean, 1992, 『시뮬라시옹』, 서울: 민음사(*Simulacres et simulation,* 1981).

Baudrillard, Jean, 1993, 『섹스의 황도』, 서울: 솔.

Bentov, Itzhak, 1987, 『우주심과 정신물리학: 파동의 세계와 의식의 진화』, 류시화 · 이상무 옮김, 서울: 정신세계사(*Stalking the Wild Pendulum: On the Mechanics of Consciousness,* 1981).

Berg, Yehuda, 2002, 『내 영혼의 빛: 유대 비밀의 지혜서, 카발라』, 구자명 옮김, 서울: 나무와 숲(*The Power of Kabbalah,* 2000).

Bohm, David, 1980, *Wholeness and the Implicate Order*, London: Routledge.

Bohm, David, 1985, *Unfolding Meaning: A Weekend of Dialogue*, London: Routledge.

Bohm, David, 1998, *On Creativity*, (ed.), Lee Nichol, London: Routledge.

Bulfinch, Thomas, 1989, 『그리스와 로마의 신화』, 이윤기 옮김, 서울: 대원사 (*Myths of Greece and Rome,* 1981).

Capra, Fritjof, 1979, 『현대 물리학과 동양사상』. 이성범 & 김용정 옮김, 서울: 범양사 출판부(*The Tao of Physics: An Exploration of the Parallels Between Modern Physics and Eastern Mysticism,* 1975).

Capra, Fritjof, 1982, *The Turning Point: Science, Society, and the Rising Culture*, NY: Bantom Books.

Cerminara, Gina, 1988, 『윤회의 비밀』, 白蓮禪書刊行會 역, 서울: 藏經閣

(*Many Mansions: The Edgar Cayce Story on Reincarnation,* 1988).

Davis, Paul & Brown, Julian, (ed.), 1994, 『원자 속의 유령: 양자물리학의 신비에 관한 토론』, 김수용 옮김, 서울: 범양사 출판부(*The Ghost in the Atom: A Discussion of the Mysteries of Quantum Physics,* 1986).

Derrida, Jacques, 1972, "Structure, Sign, and Play in the Discourse of the Human Sciences", R. Macksey & E. Donato, (eds.), *The Structuralist Controversy: The Language of Criticism and the Sciences of Man* (247~272쪽), Baltimore: The Johns Hopkins Univ. Press.

Derrida, Jacques, 1976, Of Grammatology, (trans.), G. C. Spivak, Baltimore: The Johns Hopkins Univ. Press.

Derrida, Jacques, 1981, "Semiology and Grammatology: Interview with Julia Kristeva", (trans.), Alan Bass, *Positions* (15~36쪽), Chicago: The Univ. of Chicago Press.

Eco, Umberto, 1976, *A Theory of Semiotics,* Bloomington: Indiana Univ. Press.

Fitzpatrick, Sonya, 2004, 『물도 말을 한다』, 부희령 옮김, 서울: 정신세계사(*The Pet Psychic: What the Animals Tell Me,* 1997).

Grof, Stanslav, 1994, "초월심리학: 죽음과 부활의 체험", 김재희 엮음, 『신과학 산책』(255~303쪽), 서울: 김영사.

Heisenberg, Werner, 1985, 『철학과 물리학의 만남』, 최종덕 옮김, 서울: 한겨레 (*Physics and Philosophy,* 1958).

Kellner, Douglas, 1989, *Jean Baudrillard: From Marxism to Postmodernism and Beyond*, Stanford: Stanford Univ. Press.

Kerner, Dagny. & Kerner, Imre, 2002, 『장미의 부름』, 송지연 옮김, 서울: 정신 세계사(*Der Ruf der Rose,* 1992).

McLuhan, Marshall, 1964, *Understanding Media: The Extensions of Man,* NY: McGraw Hill.

Prigogine, Ilya. & Isabelle Stengers, 1993, 『혼돈으로부터의 질서: 인간과 자연의 새로운 대화』, 신국조 옮김, 서울: 고려원미디어(*Order out of Chaos: Man's new dialogue with nature,* 1984).

Quine, W. V. O., 1951, "Two Dogmas of Empiricism", *The Philosophical Review 60,* 20~43쪽.

Robinson, James M., 1988, *The Nag Hammadi Library*, HarperCollins.

Saussure, Ferdinand de, 1959, *Course in General Linguistics*, (trans.), Wade Baskin, NY: McGraw-Hill.

Sheldrake, Rupert, 1994, "새로운 생물학", 김재희 편, 『신과학 산책』(209~254쪽), 서울: 김영사.

Sheldrake, Rupert, 2009, *Morphic Resonance: The Nature of Formative Causation*, Rochester: Park Street Press.

Soma Thera, (trans.), 1988, 『칼라마 경: 부처님께서 자유로운 탐구를 권하신 헌장』, 현음 스님 옮김, 서울: 고요한 소리(*Kalama Sutta: The Buddha's charter of free inquiry,* 1959).

Story, Francis, 1994, 『큰 합리주의』, 심영석 옮김, 서울: 고요한 소리(*A Larger Rationalism, Kandy: BPS,* 1972).

Talbot, Michael, 1999, 『홀로그램 우주』, 이균형 옮김, 서울: 정신세계사(*The Holographic Universe,* 1972)

Toffler, Alvin, 1980, *The Third Wave*, NY: William Morrow.

Toffler, Alvin, 1990a, *Powershift,* NY: Bantam Books.

Toffler, Alvin, 1990b, 『권력이동』, 李揆行 (監譯), 서울: 한국경제신문사(*Powershift,* 1990).

Varela, Francisco J., Thompson, Evan. & Rosch, Eleanor, 1991, *The Embodied Mind*, Cambridge: The MIT Press.

Watson, Lyall, 2004, 『인도네시아 명상기행』, 이한기 옮김, 서울: 정신세계사

(*Gifts of Unknown Things,* 1991).

Waldrop, Mitchell, 2006,『카오스에서 인공생명으로』, 서울: 범양사 출판부
(*Complexity : the emerging science at the edge of order and chaos,* 1992).

Wilber, Ken, 1987, "영원한 심리학: 의식의 스펙트럼", John Welwood, (ed.),
『동양의 명상과 서양의 심리학』, 서울: 범양사 출판부(*The Meeting of the
Ways: Explorations in East/West Psychology,* 1972).

Wittgenstein, Ludwig, 1951, *Tractatus Logico-Philosophicus*, NY: The
Humanities Press.

Zukav, Gary, 1981,『춤추는 物理』, 金榮德 옮김, 서울: 범양사 출판부(*The
Dancing Wu Li Masters,* 1979).

영상

박진홍 연출, 2008, 〈재앙 1: 기후의 반격〉, SBS.

신동만·서용하 연출, 〈멸종 1: 야생의 묵시록〉, 환경스페셜, KBS.

NHK, 2001, 〈NHK スペシャル宇宙,未知への大紀行. 第1集 ふりそそぐ彗星が生命を育
む〉, 〈우주대기행 1: 쏟아지는 혜성이 생명을 기른다〉로 방영, KBS, 2003.

NHKエンタープライズ21, (pd.), 2007, 〈경이로운 지구 5: 인류 눈에 숨겨진 비밀〉,
(地球大進化—46億年·人類への旅.第5回:大陸大分裂目に秘められた物語,NHKスペシャル,
2004), KBS.

이덕건 연출, 2009, 〈하이디의 위대한 교감〉, TV동물농장, SBS.

이영돈·김윤환 연출, 2006, 〈마음 1: 마음, 몸을 지배하다〉, KBS 스페셜, KBS.

정성욱 연출, 2008, 〈인간의 두 얼굴 1–2: 사소한 것의 기적〉, EBS 다큐프라임,
EBS.

Attenborough, Richard, (dr.), 1982, 〈간디〉(Gandhi), Sony Pictures.

BBC Horizon, 2005, 〈당신 유전자 속의 유령〉(The Ghost in Your Genes), BBC.

Berri, Claude, (dr.), 1986, 〈마농의 샘〉(Manon des Sources), Orion Classics.

Bowman, Ron, (dr.), 2008, 〈지구온난화: 6도의 악몽〉, NGC, 〈Six Digrees Could Change the World〉.

Clark, Malcolm, (wr. & pd.), 2002, 〈Parallel Universes〉, BBC Horizon.

Ellis, Luke, (dr.), 2007, 〈The Universe: Beyond the Big Bang〉, History Channel.

Guggenheim, Davis, (dr.), 2007, 〈불편한 진실〉(An Inconvenient Truth), pres. El Gore, CJ Entertainment.

Lawrie, Ben, (pd. & dr.), 2008, 〈Earth, the Power of Planet 1–5〉, pres. by Iain Stewart, BBC.

Lorenz, Edward, 1972, "Predictability: Does the Flap of a Butterfly's Wings in Brazil set off a Tornado in Texas?", December, 1972 meeting of the American Association for the Advancement of Science in Washington, D.C.

Malone, David. & Tanner, Mark, (pd. & dr.), 2007, 〈Dangerous Knowledge〉, pres. by David Malone, BBC.

Nanamoli Bhikkhu, 1992, The Life of the Buddha Kandy: Buddhist Publication Society.

Narada Thera, (trans.), 1972, The Dhammapada: Pali text and translation with stories in brief and notes, Vajirarama: Colombo.

Nyanatiloka Bhikkhu, 1967, The Word of the Buddha, Kandy: Buddhist Publication Society.

Peterson, L. C. & Conners, Nadia, (dr.), 2007, 〈11번째 시간〉(The 11th Hour), pres. by Leonardo Dicaprio, Warner Brothers.

Pollack, Sydney, (dr.), 1985, 〈Out of Africa〉, Universal Pictures.

Renouf, Jonathan, (pd. & dr.), 2009a, 〈The Climate Wars 1: Fight for the Future, 2: Fightback, 3: The Battle Begins〉, pres. by Iain Stewart. BBC.

Renouf, Jonathan, (pd. & dr.), 2009c, 〈The Climate Wars 3: The Battle Begins〉, pres. by Iain Stewart, BBC.

Roberts, Sam, (pd.), 2000a, ⟨Brain Story 1–6⟩, pres. by Susan Greenfield, BBC.

Roberts, Sam, (pd.), 2000b, ⟨Brain Story 3: The Mind's Eye⟩, pres. by Susan Greenfield, BBC.

Salisbury, Mike, (pd.), 2002, ⟨The Life of Mammals 9: The Social Climbers⟩, wr. & pres. by David Attenborough, BBC/Discovery Channel co-production.

Scott, Ridley, (dr.), 1992, ⟨1492: Conquest of Paradise⟩, Paramount Pictures.

Usborne, Tim, (pd. & dr.), 2008a, ⟨Atom 1: The Clash of the Titans⟩, pres. Jim Al-Khalili, BBC.

Usborne, Tim, (pd. & dr.), 2008b, ⟨Atom 3: The Illusion of Reality⟩, pres. Jim Al-Khalili, BBC.

Vicente, Mark, Chasse, Betsy, & Arntz, William, (drs.), 2004, ⟨What the Bleep Down the Rabbit Hole?⟩, Lord of the Wind Films.

Wachowski, Larry & Andy, (dr.), 1999, ⟨The Matrix⟩, Warner Brothers.

웹사이트

김주완, http://blog.naver.com/kjw570?Redirect=Log&logNo=20015808119.
다음 백과사전, http://enc.daum.net/dic100/view_top.do

Bax, Jaap, C. W., Philosophy of Pattern: The Philosophy Homepage of Jaap Bax, http://www.metafysica.nl/.

Bohm, David, 1995, "Soma-Significance: A New Notion of the Relationship between the Physical and the Mental", Dynamical Psychology: An International, Interdisciplinary Journal of Complex Mental Process, 1994~1995, http://www.goertzel.org/dynapsyc/1995/bohm.htm

GaBany, R. Jay, Cosmotography: CCD imagery of the heavens, http://www.

cosmotography.com/

Gandhi, Mohandas K, 1929, "The Story of My Experiments with Truth",
  http://www.swaraj.org/shikshantar/gandhi_experiments.html

Hayes-Bohanan, James, 2008, "An Inconvenient Geography: Global Climate
  Change", http://webhost.bridgew.edu/jhayesboh/climate/index.htm.

Kochmer, Casey, "What is the Third Eye?", Personal Tao, http://personaltao.com/
  taoism-library/articles/what-is-the-third-eye/

Langan, C. Michael, 2002, "The Cognitive-Theoretic Model of the Universe: A
  New Kind of Reality Theory", http://www.megafoundation.org/CTMU/
  Articles/Langan_CTMU_092902.pdf

Ryan, Philip, Oct. 26, 2007, "Einstein's Quotes on Buddhism", Trycicle, http://
  tricycleblog.wordpress.com/2007/10/26/einsteins-quotes-on-buddhism/

Thanissaro Bhikkhu, (trans.), 2004, Alagaddupama Sutta: The Water-Snake
  Simile, MN 22, Milbridge: Access to Insight, http://www.accesstoinsight.org/
  tipitaka/mn/mn.022.than.html

The Buddhist Blog, May 22, 2005, http://thebuddhistblog.blogspot.
  com/2005/05/einstein-on-buddhism.html

Tucker, Robert B., (interviewed), 1983, "Ilya Prigogine: Wizard of Time", http://
  www.edu365.cat/aulanet/comsoc/visions/documentos/interview_
  prigogine1983.htm

Wikipedia, http://en.wikipedia.org/wiki/

제3의 눈

시선의 변화와 문명의 대전환

2011년 11월 7일 초판 1쇄 발행

지은이 김용호
펴낸이 한철희
펴낸곳 돌베개
출판등록 1979년 8월 25일 제 406-2003-018호
주소 (413-756) 경기도 파주시 교하읍 문발리 파주출판도시 532-4
전화 (031) 955-5020 ㅣ **팩스** (031) 955-5050
홈페이지 www.dolbegae.com ㅣ **전자우편** book@dolbegae.co.kr
블로그 blog.naver.com/imdol79 ㅣ **트위터** @dolbegae79

책임편집 소은주
편집 김태권·이경아·권영민·이현화·조성웅·김진구·김혜영·최혜리
디자인기획 오필민·권으뜸
디자인 이은정·박정영
마케팅 심찬식·고운성·조원형
제작·관리 윤국중·이수민
인쇄·제본 영신사

ⓒ김용호, 2011

ISBN 978-89-7199-446-7 03400
책값은 뒤표지에 있습니다.

이 도서의 국립중앙도서관 출판시도서목록(CIP)은 e-CIP홈페이지(http://www.nl.go.kr/ecip)와
국가자료공동목록시스템(http://www.nl.go.kr/kolisnet)에서 이용하실 수 있습니다.
(CIP제어번호: CIP2011004501)